本书为 2012 年度教育部人文社会科学研究青年基金项目"基于环境群体性事件的环境治理模式创新研究"（项目编号 12YJCZH113）的成果。

环境治理多中心合作模式研究

——基于环境群体性事件

李雪梅　著

人民出版社

前　言

　　2007 年党的十七大提出要建设社会主义生态文明,2012 年党的十八大将"生态文明建设"提升至与经济、政治、文化、社会四大建设并列的高度,纳入"五位一体"的中国特色社会主义建设总体布局。这对中国社会的发展具有重要而深远的影响,也是中华民族面对全球日益严峻的生态环境问题而作出的庄严承诺。但与此同时,我国的环境群体性事件却以年均 29%的速度递增,而且对抗程度非常高,不但严重影响了我国的国际形象,更严重危害了社会的和谐和稳定。环境群体性事件的出现绝非偶然,而是我国长期累积的环境问题、环境风险的暴露和凸显,是各种环境矛盾的集结点和环境冲突的阶段性的总爆发,它集中体现了我国现行环境治理模式的弊端。所以,要有效化解和避免环境群体性事件,应对性策略是不够的,而应该在分析其原因、发生逻辑和特征的基础上提出一个更具有根本性的措施即环境治理模式的重新建构。

　　本书通过对环境群体性事件进行解剖,发现了环境群体性事件所集中反映的环境治理当中的浅层和深层问题,进而通过结构—功能分析,找到了环境群体性事件与环境治理模式之间的内在关联和环境治理模式创新的应然路径。分析发现:我国现行的环境治理模式是一种政府单中心模式,即一种主要包括政府和企业两类部门的二元对立型的环境治理模式,政府与企业之间构成一种两级别、分层次的管理与被管理关系,社会公众在其中发挥的作用极其有限。面对日益复杂的环境问题,该模式所固有的在主体构成上的要素缺陷必然导致包括权力结构、行为结构和知识—心智结构在内的结构性缺陷,并最终导致在利益协调、行为激励和管理效率等方面功能性的削减与不足。

鉴于政府单中心模式的弊端,本书综合运用多中心理论,构建了我国环境治理多中心合作模式。该模式致力于解决三方面问题:一是扩充要素,即从主体构成入手解决谁来治理的问题;二是调整结构,即从治理体制方面解决主体间的权利配置问题;三是完善功能,即从治理机制方面解决治理的过程和目标问题。具体说来:

环境治理的多中心合作模式在基本特征上应该包括主体多元性、客体确定性和权力多向性三个方面。其中主体多元性强调的是多中心合作模式下环境治理的主体要素,是多中心合作模式的形式要件,其解决的是谁来治理的问题;客体确定性决定了这些主体要素如何组合、各主体间权利如何配置,它是多元主体参与的载体和权力多向度运行的保障;权力多向性是对整个环境治理系统运行的描述,是多中心合作模式的核心问题。

环境治理的多中心合作模式应该包括三个主要环节:多中心的环境治理制度供给环节、合作式的环境治理制度实施环节以及多元的环境冲突解决环节。结合前述三方面基本特征,可以确定环境治理各主要环节所要完成的主要任务。

环境治理多中心合作模式的运行不是自发实现的,必须依靠环境治理网络的建立,环境治理网络是该模式的运行机制。本书论述了环境治理网络的形成、特征,并用博弈论的方法分析了环境治理网络的运行过程。

从现实层面考察,环境治理的多中心合作模式能否最终建立,取决于环境治理的几个主要环节能否在治理网络这一多中心秩序中运行,这也是多中心合作模式在环境治理实践中的展开。具体措施包括建立多中心的环境治理制度供给体系、建立合作式的环境治理制度实施模式以及建立多元的环境冲突解决机制。

模式设计的最终目的是在实践中应用,本书最后将以渤海环境治理为例,对多中心合作模式在现实中的应用加以论证和说明。

目　录

第一章 绪论

第一节 问题提出与研究意义

一、问题提出

环境治理效果好坏直接关系到经济与社会的持续发展,在我国目前经济发展迅速而环境资源质量不高且人均资源量少的情况下,尤其如此。我国的环境治理始于 1978 年。三十多年来,我国的环境治理力度逐渐增强,主要表现为环境立法体系框架基本形成、环境管理体制几次调整、环境保护方针和原则基本确立、环境保护制度不断完善、环境保护投资逐年增加以及环境管理手段不断丰富和拓展等。

2007 年党的十七大提出要建设社会主义生态文明,2012 年党的十八大将"生态文明建设"提升至与经济、政治、文化、社会四大建设并列的高度,纳入"五位一体"的中国特色社会主义建设总体布局。这对中国社会的发展具有重要而深远的影响,也是中华民族面对全球日益严峻的生态环境问题而作出的庄严承诺。

表 1.1　污染治理项目投资总额及占当年 GDP 比例(2004－2013)

	2004	2005	2006	2007	2008	2009	2010	2011	2012	2013
污染治理项目投资总额(亿元)	1908.6	2388.0	2567.8	3387.6	4490.3	4525.2	6654.2	6026.2	8253.6	9037.2
污染治理投资占当年GDP(%)	1.40	1.31	1.23	1.36	1.49	1.35	1.67	1.27	1.59	1.59

(数据来源:全国环境统计公报)

　　但必须看到,长期以来我国的经济增长很大程度上是建立在牺牲环境的基础之上的,而且迄今为止很多地方和企业还没有摆脱这种增长思路,所以尽管我国的环境法制框架已经基本形成、环境保护制度正在不断完善、环境保护投资也在逐年增加,但是我国的环境状况却仍然不容乐观、环境形势依然严峻。2005 年 1 月 27 日,评估世界各个国家和地区环境质量的"环境可持续指数"(ESI)在瑞士达沃斯世界经济论坛正式对外发布。在全球 144个国家和地区中,中国位居第 133 位。[①] 由美国耶鲁大学环境法律与政策中心、哥伦比亚大学国际地球科学信息网络联合世界经济论坛发布的《2014 年全球环境绩效指数(EPI)报告》显示,在全世界 178 个参加排名的国家和地区中,中国以 43.00 分的得分位居第 118 位,即倒数第 61 位,排名依然十分靠后。[②] 环保部的官员也公开表示,中国当前的环境保护状况可以用四句话来概括:局部有所好转,总体尚未遏制,形势依然严峻,压力继续增大。[③]

　　更有甚者,随着现代化的不断推进,我国长期以来累积的环境风险开始凸显、环境矛盾开始日益暴露,近年来陆续在各地区出现的波及范围不同的环境群体性事件就是各种环境风险和环境矛盾的集中表现,代表性事件如

①　曹明德:《从"环保风暴"看环境法治存在的问题》,《华东政法学院学报》2005 第 2 期,第 3 页。

②　张欣、郝春旭、董战峰:《2014 年全球环境绩效指数(EPI)分析与思考》,《环境保护》2015 年第 2期,第 55—59 页。

③　周生贤:《环保形势依然严峻 努力建设美丽中国》,《中国网》2012 年 11 月 12 日,http://news.china.com.cn/18da/2012－11/12/content_27087381.htm。

2005 年 4 月浙江东阳画水镇化工污染事件、2006 年 8 月陕西凤翔"血铅"案、2007 年 6 月厦门 PX 事件、2009 年 7 月湖南浏阳市零散镇头镇镉污染事件和 2011 年 8 月大连 PX 事件等。据国家信访局的统计,环境群体性事件以年均 29% 的速度递增,而且其对抗程度明显高于土地征收征用、城市建设拆迁、企业重组改制等其他群体性事件。陆续爆发的环境群体性事件不但严重影响了我国的国际形象,更严重危害了社会的和谐和稳定。为什么会出现这种情况? 应该如何及时有效地化解和避免环境群体性事件? 这些都是值得我们深刻反思的问题。

本书认为:环境群体性事件的出现绝非偶然,而是我国长期累积的环境问题、环境风险的集中暴露和凸显,是各种环境矛盾的集结点和环境冲突的阶段性的总爆发,它集中体现了我国现行环境治理模式的弊端。要有效化解和避免环境群体性事件,只有应对性策略是不够的,而应该在分析其原因、发生逻辑和特征的基础上提出一个更具有根本性的措施,本书认为这一根本性措施即为环境治理模式的重新建构。

有鉴于此,本书将对环境群体性事件进行深入剖析,希望从中发现环境群体性事件所集中反映的环境治理当中的浅层和深层问题,并进一步找到环境群体性事件与环境治理模式之间的内在关联以及环境治理模式创新的应然路径。本书将以多中心治理理论为基础,构建我国环境治理的多中心合作模式。该模式针对现行的环境治理模式,致力于解决三方面问题:一是扩充要素,即从主体构成入手解决谁来治理的问题;二是调整结构,即从主体间的权利配置入手解决环境治理的体制问题;三是完善功能,即从治理的过程和目标入手解决环境治理的机制问题。

二、研究意义

环境治理直接关乎经济与社会的持续发展。正如有学者所说:"在可持续发展中,环境和资源不仅是经济发展的内生变量,而且是经济发展规模和速度的刚性约束。"①环境治理模式则是决定环境治理绩效的重要因素之一。严峻的环境形势已成为我国建设社会主义生态文明、构建社会主义和谐社会的严重障碍。在这种情况下探讨环境治理模式的创新问题,无疑具有理论和现实的双重意义。

第一,本书基于对环境群体性事件的分析来研究环境治理模式的创新问题。这一方面有利于深入分析环境群体性事件的复杂原因和演化机理,避免了环境群体性事件研究陷入应对性;另一方面也使得对环境治理模式创新的研究更贴近现实问题、更有的放矢。

第二,从当前看,我国对环境治理理论的反思和建设尚缺乏总体思路的突破,对环境治理模式还缺乏明确的概念界定和性质分析,相关研究往往零散、不系统,很多研究对环境治理模式以一种晦暗不明的态度做了模糊处理。本书将对多中心合作模式进行理论建构,即通过构建环境治理多中心合作模式的基本框架,厘清其概念,理清其基本的要素、结构和运行机制,力争使对环境治理模式的研究更系统、更有针对性。

第三,理论的清晰有利于实践的进行。长期以来,我国社会各界一直在呼吁环境治理领域的公众参与、信息公开等,甚至环境管理部门本身也希望有更加合理、有效的环境管理方式方法。但是,这些要求在实践中并没有得到很好的满足,所以寻求适当的途径让社会各界都积极有效地参与到环境治理中来至关重要。本研究对环境治理模式的设计以及对该模式的实现机制的探讨将为上述诉求的实现提供不同于以往的途径,从而有助于我国环境治理实践的持续推进和效能的不断提升。

---

① 王兵:《环境约束下中国经济绩效研究:基于全要素生产力的视角》,人民出版社 2013 年版,第 2 页。

第二节　国内外相关研究综述

一、环境群体性事件研究现状及评析

1. 国外相关研究

国外尤其是以美国为代表的西方发达国家对环境群体性事件的研究是环境保护实践发展的产物,但通常他们不称之为"环境群体性事件",而是称为"环境抗争"或"环境运动"。19 世纪,出于自然景观维护和自然资源保护的目的,环境运动率先在英国和美国出现。尤其是 20 世纪 60 年代以后,随着环境问题的日趋严重和人们环境意识的逐渐增强,越来越多的人走上街头通过游行、示威方式给政府施压,要求政府采取有力措施保护环境、治理污染,环境运动因此蔚然成风,对环境运动的研究也就相伴而生并大量出现。相关研究主要从以下几方面展开:

(1)关于环境运动的定义

一种观点对环境运动的定义相对宽泛,无论是持续性的有组织的抗争运动,还是偶合性的群体抗议事件,都属于环境运动。如 Christopher A. Rootes[1]认为所有与环境议题相关的非官方组织及其开展的各种集体活动都属于环境运动范畴;DieterRucht[2]则认为只要是由非国家主体实施的、与环境议题相关的且以明确表达不满或相关社会与政治要求为目的的集体行动或公众行动都是环境运动。

另一种观点对环境运动的定义更加严格。例如 Diani Mario[3]认为环境

---

[1] Christopher A. Rootes. " Environmental Movements and Green Parties in Western and Eastern Europe. " in M. Redclift and G. Woodgate(eds.). International Handbook of Environmental Sociology. Cheltenham & Northampton M. A. ; Edward Elgar,1997 , p. 326.

[2] 转引自郇庆治:《80 年代末以来的西欧环境运动:一种定量分析》,《欧洲》2002 年第 6 期,第 76 页。

[3] Diani Mario. Green Networks: A Structural Analysis of the Italian Environment Movement. Edinburgh: Edinburgh University Press, 1995 , p. 5.

运动是在对环境议题的共同认同和关注的驱动下参与集体行动的、无组织隶属关系的个人、群体及正式化程度不同的组织,通过非正式的互动而形成的非体制性的、松散的网络。这种网络与临时形成的集体行动不同,在时间上具有一定的持续性,在活动上具有一定的连续性。[1]

（2）关于环境运动的成因

John Hannigan[2] 将这一问题称为环境议题的建构,认为其条件包括科学权威的支持和证实、环境问题与知识的科学普及、受到媒体的注意、以符号和词汇修饰和包装议题、有可见的经济刺激以及制度化的支持者几方面。

更多学者是从公正角度探讨环境运动的成因,即认为是环境不公导致了环境运动的爆发。这一观点在关于环境运动成因的研究中一直居于主流。有研究者总结出环境公正研究的几种理论模型:一是理性选择模型,强调市场选择与技术理性在工业选址和居民居住选择中的作用;二是社会政治模型,强调不同社会群体在抵制有害工业选址和迫使污染者清除污染的能力方面存在差异;三是种族歧视模型,强调由于种族偏见、种族优越感及信仰等原因,低收入群体和少数民族群体聚居区被有意作为污染地点。这三方面原因都会导致环境不公进而可能导致环境运动的爆发。[3]

（3）关于环境运动的过程

Roger Cobb[4] 等人从行动主体角度出发,认为环境运动的发展经历了这样一个历程,即从"关切的民众"（attentive public）扩展到社会的"一般大众"（general public）再到拥有最终决定权的决策者,整个过程体现了不同主体间利益的角逐。

---

① 参见韩艺:《公共能量场:地方政府环境决策短视的治理之道》,社会科学文献出版社 2014 年版,第 144 页。

② ［加拿大］约翰·汉尼根:《环境社会学》,洪大用等译,中国人民大学出版社 2009 年版,第 81—82 页。

③ 参见张金俊:《国外环境抗争研究述评》,《学术界》2011 年第 9 期,第 223—231 页。

④ Roger Cobb, Jennie – Keith Ross, Marc Howard Ross. "Agenda Building as a Comparative Political Process. " The American Political Science Review. Vol. 70,1976,p. 129.

Bert Klandermans① 主张从"多组织场域"的视角来研究社会运动,他认为社会运动历程是在多组织的张力场中发展、变化或衰落的。

(4)关于环境运动的类型

这方面的研究成果主要是日本学者饭岛伸子作出的,她概括了环境运动的四种类型,即反公害—受害者运动、反开发运动、反"公害输出"运动和环境保护运动。②

(5)关于环境运动功能的反思

这是进入 21 世纪以后出现的一个新的研究趋势。

Maurie J. Cohen③ 认为美国的环境运动更关注的是景观和野生动物保护,在手段上习惯于运用诉讼、院外影响等政治手段,对技术集中的政策项目一直保持警惕,所以在生态现代化和创新驱动方面发挥的作用有限。

Arthur P. J Mol④ 则基于环境 NGOs 在环境运动中发挥的重要作用,进一步强调环境 NGOs 应该在生态现代化方面发挥更大的作用。

Tim Forsyth⑤ 分析了泰国的环境运动,指出以往的研究往往用民主来定义环境运动的功能,事实上从发展中国家环境运动的实践看,其功能不仅是民主取向的,尤其是底层民众所发起的环境运动,往往与生计联系在一起,如果仅用民主来看待,可能会忽视环境运动的潜在功能。

从发达国家关于环境运动的研究来看,因为环境运动的实践起步早,他

---

① 　[美]贝尔特·克兰德尔曼斯:《抗议的社会建构和多组织场域》,载[美]艾尔东·莫里斯、卡洛尔·麦克拉吉·缪勒:《社会运动理论的前沿领域》,刘能译,北京大学出版社 2002 年版,第 118 页。

② 　[日]饭岛伸子:《环境社会学》,包智明译,社会科学文献出版社 1999 年版,第 98—111 页。

③ 　Maurie J. Cohen. Ecological modernization and its discontents:The American environmental movement's resistance to an innovation – driven future. Original Research Article Futures, Volume 38, Issue 5, June 2006,Pages 528 – 547.

④ 　Arthur P. J Mol. The environmental movement in an era of ecological modernisation. Original Research Article Geoforum, Volume 31, Issue 1, February 2000,Pages 45 – 56.

⑤ 　Tim Forsyth. Are Environmental Social Movements Socially Exclusive? An Historical Study from Thailand Original Research Article. World Development, Volume 35, Issue 12, December 2007, Pages 2110 – 2130.

们的相关研究也较为深入,既形成了系统的理论体系,又结合新的实践对既有理论进行了反思,这些都是值得我们借鉴的。但也要注意,因为基本政治制度的不同,西方学者关于环境运动的一些观点尤其是在政府与社会的关系方面的一些激进观点我们应该注意批判吸收。

　　2. 国内相关研究

　　我国学术界对环境群体性事件的研究起步较晚,国内的期刊中相关文章出现于 2007 年以后,到 2011 年为止总共仅有十几篇,但从 2012 年至今,对环境群体性事件的研究却呈爆发式增长。这种研究状况与我国环境群体性事件近几年才凸显有关,而且已经引发了学者和社会的广泛关注。

　　现有研究主要做了如下工作:①分析环境群体性事件出现的原因,主要包括政府片面追求经济效益,对环境保护重视不足;企业过度追求经济利益,社会责任意识不强;民众生存权益受损,权利救济缺失。②分析环境群体性事件的特点,如区域性强、成员复杂、诉求多样化、具备和理性,等等;③提出环境群体性事件的应对策略。

　　当前研究提出了一些非常好的思路,如陈文铂[①]提出现行的单向制约机制一方面限制其他纠纷解决方式的发展,另一方面又造成一种权力依赖,所以应当强调企业和社会的参与;容启涵[②]从政治学角度提出近年频发的环境群体性事件背后可能存在一个"诱发链"。堵不如疏,协商民主作为现代民主实践的重要途径之一,不失为从根源消解矛盾、避免冲突的优先之选;冯晓星[③]认为全过程参与才能令公众维权走在前面,从而避免环境群体性事件的出现;房影[④]借助科塞的冲突理论提出预防和化解环境群体性事

---

① 陈文铂:《从公共资源利用的视角看环境群体性事件——从浙江东阳环境群体性事件切入》,《理论观察》2008 第 3 期,第 62—63 页。

② 荣启涵:《用协商民主解决环境群体性事件》,《环境保护》2011 年第 7 期,第 33—35 页。

③ 冯晓星:《环境群体性事件频发,公众如何理性维权》,《环境保护》2009 年第 17 期,第 22—23 页。

④ 房影:《环境危机引起的群体性事件的成因与对策研究——基于科塞的功能冲突论的分析》,《法制与社会》2015 年第 1 期,第 188—189 页。

件的应对措施;张新文①从更为宏观的角度进行研究,提出环境群体性事件的协同治理模式。

但是现有研究也还存在如下问题:①对环境群体性事件的原因的分析尚处在表层,对其发生机理和内在逻辑探讨不够;②当前提出的解决措施主要是一种应对策略,不足以有效地化解甚至避免环境群体性事件。本书认为应该在分析原因和发生逻辑的基础上提出一个更具有根本性的措施,这一根本性的措施就是环境治理模式的重新建构,而不是原有模式细枝末节的修补。

二、环境治理模式研究现状及评析

1. 国外相关研究

国外关于环境治理模式的研究主要集中在如下几个领域:

(1)关于环境治理主体变化的研究

相关研究在分析了仅依靠政府进行环境治理的弊端的同时,指出企业、公众以及环境 NGOs 都是可能的环境治理的主体。比如:

Spence David B② 对有关美国的环境法律体系是应该维护传统还是应该做出调整的争论进行了分析,从而指出了企业在环境治理中应该发挥作用。他提出:认为企业就是理性的污染者的传统观念需要改变了,应该重新思考传统的环境治理模式所认为的理性污染者所扮演的角色,其实,企业是倾向于守法的,很多违法行为的出现并非是故意的。

Savan Beth③ 等人认为:政府应该知道该作什么不该做什么,这就需要公众的监督。政府应为公众的监督行为提供支持,应该接受监督。

(2)关于多主体合作必要性的研究

①　张新文:《协同治理:环境群体性事件治理创新模式》,《江汉学术》2013 第 6 期,第 107—111 页。
②　Spence David B. The Shadow of the Rational Polluter: Rethinking the Role of Rational Actor Models in Environmental Law. California Law Review[J].2001,89(4):917 – 918.
③　Savan Beth, Gore Christopher, Morgan Alexis. Shifts in environmental governance in Canada: how are citizen environment groups to respond? Environment & Planning [J].2004,22(4):605 – 619.

多主体合作必要性的研究建立在对政府单独解决环境问题存在失灵的认识之上。

Arentsen Maarten① 的研究指出环境法律政策的制定需要公众和私营部门的参与以对政府施加压力,环境保护需要多层次的合作甚至包括国际合作。决策过程要有更多的利益群体参与。

比 Arentsen Maarten 的研究更进一步,Newig Jens 和 Fritsch Oliver② 的研究分析了多层次的管理是否和在何种程度上以及如何影响环境政策的实际效果,他们指出:参与者的环境偏好会影响决策的环境效果,而且,面对面的而不仅是双向的交流和沟通能对决策的环境效果产生更积极的影响。一个包含更多部门和政府层级的高质量的多中心体系要比单中心的政府管制对环境更有利。

Mark Pennington③ 对多主体合作必要性的分析建立在生态理性原则的要求之上,从而为多主体合作治理环境找到了另一个依据。他明确指出:因为社会过程和生态过程的复杂性、环境资源的公共性和环境保护成果的分享性,过去那种强调一个决策中心的治理模式已经不能满足要求了,只有基于古典自由理性主义的类似于市场机制的自发的多层次的环境治理模式才能适应生态理性原则的要求。

Marshall Graham R④ 的研究更为具体,他分析了社区如何在环境治理中发挥作用。该研究指出:基于社区的新模式的产生是因为政府解决地方环境问题的失灵。虽然现在政府正在更大范围内使用这种模式,但其实对该模式如何起作用并不了解。他认为奥斯特罗姆的嵌套原则可以回答这一问

---

① Arentsen Maarten. Environmental governance in a multilevel institutional setting. Energy & Environment[J]. 2008,19(6):779-786.

② Newig Jens,Fritsch Oliver. Environmental governance:participatory, multi-level-and effective? Environmental Policy & Governance[J]. 2009,19(3):197-214.

③ Mark Pennington. Classical liberalism and ecological rationality:The case for poly-centric environmental law. Environmental Politics[J]. 2008,17(3):431-448.

④ Marshall Graham R. Nesting,subsidiarity,and community-based environmental governance beyond the local level. International Journal of the Commons[J]. 2008,2(1):75-97.

题,而嵌套原则又受辅助原则的指导。

(3)关于多主体合作优势的研究

相关研究从多个角度对多主体合作治理环境的优势进行了分析,包括责任角度、文化和价值观角度、技术角度,等等。

从责任角度看,Eckerberg Katarina① 等人认为:政府与私营部门和社会的合作是将责任也向这些部门转移,所以合作有利于多种主体共同承担环境责任。

Parkins John R. ②从文化和价值观角度对该问题进行了研究,指出:多元管理回应了当前文化日益多元的挑战,能够将多元价值整合到法律政策的制定过程中。

Forsyth Tim③ 的研究从政策技术角度出发,指出合作式的环境治理模式可提高公众对环境政策和技术选择的参与度,从而提高政策的接受度。

Lockwood Michael④ 等人的分析更加全面,他们通过对澳大利亚环境管理的实践进行研究得出这样一个结论:社区与中央政府和地方政府合作的环境管理模式有利于综合考虑社会、环境和经济发展问题,有利于提高投资的效率,有利于权利的分享,有利于更好地将计划付诸实施,也有利于社区的学习和能力建设。

(4)关于合作后需注意的问题的研究

合作并不是一劳永逸、必然有效的,而是有许多后续的问题需要注意。

Tsang Stephen⑤ 等人用发生在香港的几个案例分析了信任在环境集体

① Eckerberg Katarina,Joas Marko. Multi – level environmental governance:a concept under stress? Local Environment[J]. 2004,19(5):405 – 412.
② John R Parkins. De – centering environmental governance:A short history and analysis of democratic processes in the forest sector of Alberta,Canada. Policy Sciences[J]. 2006,39(2):183 – 203.
③ Forsyth Tim. Cooperative environmental governance and waste – to – energy technologies in Asia. International Journal of Technology Management & Sustainable Development[J]. 2006,5(3):209 – 220.
④ Lockwood Michael,Davidson Julie,Curtis Allan,et al. Multi – level Environmental Governance:lessons from Australian natural resource management. Australian Geographer[J]. 2009,40(2):169 – 186.
⑤ Tsang Stephen,Burnett Margarett,Hills Peter,et al. Trust, public participation and environmental governance in Hong Kong. Environmental Policy & Governance[J]. 2009,19(2):99 – 114.

决策中的重要性。指出,主体之间必须保持持续的信任关系,否则合作无法持续,集体决策无法达成。

Gunningham Neil[①] 认为:一种新的由具有相同目标的各种各样的公众、政府机构和非政府组织进行合作的环境治理模式要比其中任何一种单一主体的治理都有效果,但其前提是要有参与对话机制、灵活性、包容性、透明度以及制度化的共识达成机制。

从上述文献可以看出,国外关于环境治理的研究在本世纪初就呈现出多主体、多层次的倾向,研究较为深入,且形成了理论体系。此外还可以看出,国外的研究大都结合具体的实例进行,这对理论在实践中的展开意义重大。受这些研究的影响,一些主要的西方发达国家的环境治理模式尽管具体内容因国而异,但大都能从中找到多中心的影子。如美国是由美国环保局(EPA)负责全国的环境管理工作,但其环境政策是经由利益集团的讨价还价形成的;英国的环境政策在不同利益纠结中更加协调,环境政策的执行则通过非正式手段;意大利、荷兰等国实行分散管理模式,环境管理职能分别由政府不同部门行使,它们一般都比较注重环境管理机构间的协调与合作,注重环境咨询机构的建设,等等。同样,这些研究成果也是值得我们借鉴的。

2. 国内相关研究

国内的相关研究主要集中在如下几个领域:

(1)关于环境治理的研究

伴随着改革开放以后生态环境治理活动的兴起,我国学术界也开始从不同的学科展开了对生态环境治理的研究,涌现出大量研究成果。其中一些研究成果从政府管理部门的视点出发,注重对治理实践进行宏观层面的研究,其影响甚至远远超出了环境治理领域,而成为二十世纪研究社会的可持续发展的重要成果。

---

① Gunningham Neil. The New Collaborative Environmental Governance:The Localization of Regulation. Journal of Law & Society[J].2009,36(1):145－166.

如曲格平[①]从 1972 年以来，一直致力于环境管理、环境政策和生态经济问题的研究，对我国的生态环境保护工作面临的一系列基本问题进行了长期深入的研究，为政府的环境管理与决策提出了许多富有成效的政策建议及对策。

一些学者就有关环境治理的背景、观念、关系等基本问题进行了分析，从而为进一步的研究奠定了基础、构筑了框架。比如：

张谦元[②]从农村的环境治理入手，指出环境治理离不开法律手段的运用，必须与法制相协调，要在完善实体法的同时使实体法的执行程序化。该研究对环境治理与法治的关系的论述有利于我们在法治的框架内构建环境治理系统、进行环境治理活动。

张纯元[③]基于我国的环境现实指出需要对环境治理进行观念更新，包括用现代持续发展观念代替传统发展观念；用全方位的效益观代替单一的经济效益观；用主要依靠科技进步代替主要依靠自然生殖和净化；用全盘系统治理代替个别治理；用三同步代替一先一后，等等。

李康[④]在系统地考察环境保护、可持续发展战略与环境政策法规之间的内在联系，并研究发展与资源环境之间的协调机制等理论问题的基础上，围绕环境政策的方法论以及政策设计的具体方法建立了环境政策学的基本理论框架魏羡慕，李红岩[⑤]提出了我国环境治理中需要正确认识、深入分析、积极探索的三个问题，即生态环境的地位、环境恶化的经济原因、环境治理的有效对策。同时提出了必须搞清楚的三个相互关系，即环境与人类生存和社会发展的相互关系，市场机制与政府干预两者作用的相互关系，治理环境的一般对策与根本途径的相互关系。

---

① 曲格平：《中国环境问题及对策》，中国环境科学出版社 1984 年版。
② 张谦元：《农村环境治理与法制协调》，《甘肃环境研究与监测》1993 年第 1 期，第 39—40 页。
③ 张纯元：《试论环境治理与观念更新》，《西北人口》1993 年第 4 期，第 1—5 页。
④ 李康：《环境政策学》，清华大学出版社 2000 年版。
⑤ 魏羡慕、李红岩：《环境治理中的几个内在关系》，《自然辩证法研究》2000 年第 10 期，第 63—66 页。

朱旭峰、王笑歌①对环境治理中的公平问题进行了研究,指出如何完善中国环境治理体系、健全地区环境治理结构是我国当前亟待解决的重要问题,提出"环境治理公平"的思想,探讨了中国环境治理的制度安排与执行绩效等方面存在的不公平问题,并基于此对中国环境治理公平提出若干政策建议。

还有一些学者论述了环境治理中政府与市场、与企业的关系,这些研究为关于多主体合作进行环境治理的研究奠定了基础。比如:

聂国卿②从经济学的角度分析了我国转型时期的环境治理,指出市场失灵和政府失灵是导致环境问题产生的经济根源。体制转型和现代化进程的加快也加剧了我国环境治理的困难。在此基础上提出了促进环境保护与经济发展相互协调的对策建议,包括:确立科学合理的环境治理目标;改革管理体制,强化政府作用;积极发挥产权在环境治理中的作用等。

樊一士,陆文聪③指出:为适应社会主义市场经济的快速发展,我国的环境治理应逐渐引入市场机制。

肖巍、钱箭星④认为:全球性环境问题的不断恶化,把各国政府推上了治理环境的前台,并成为近年来政府职能转变的一项要务。而政府在环境治理中的行为是有差异的,也会出现政府失灵的情况。他们进一步指出:政府之行使环保职能,必须具有为公众谋求整体利益和长远利益的使命感,并负责任地向社会提供环境政策、环境制度这样的公共物品,在宏观上坚持可持续发展的方向,在微观上发挥经过修补的市场调节功能。

陶志梅⑤指出了在解决城市环境问题的过程中存在的"重市场、轻政

---

① 朱旭峰、王笑歌:《论"环境治理公平"》,《中国行政管理》2007 年第 9 期,第 107—111 页。

② 聂国卿:《我国转型时期环境治理的经济分析》,《生态经济》2001 年第 11 期,第 21—29 页。

③ 樊一士、陆文聪:《企业化经营:区域性环境治理新模式》,《经济论坛》2001 年第 22 期,第 26—30 页。

④ 肖巍、钱箭星:《环境治理中的政府行为》,《复旦学报》(社会科学版)2003 年第 3 期,第 73—79 页。

⑤ 陶志梅:《从公共经济视角看城市环境治理中的政府职能创新》,《特区经济》2006 年第 11 期,第 211—213 页。

府"和"重政府、轻市场"两种错误倾向,从而提出了寻求政府与市场平衡的观点。

于晓婷,邱继洲[1]指出环境治理作为公益物品被理所当然地认为主要是政府的任务。但是,公益物品的特殊性使政府难以保证环境治理就可以绝对成功,因为政府存在办事效率低下、政府规模膨胀、公正性并非必然、政府决策失误、寻租行为等问题。由此提出在环境治理中应建立以市场调节为基础的,市场调节与政府干预相结合的有效机制。

(2)关于环境治理中多主体合作的研究

我国学者对环境治理模式的研究呈现出从单纯依靠政府到重视市场的作用再到重视多主体合作的轨迹。对多主体合作的研究出现在本世纪初,但直到2007年以后研究成果才多起来。主要研究成果如下:

朱锡平[2]认为:对于生态环境治理与保护,市场力量与政府力量最终无法从根本上解决环境恶化问题。只有凭借社会力量,才能使环境保护真正发挥出社会自主力量,通过政府、市场与公民的共同努力,并辅以市场机制为基础的政策措施,才能确保环境保护制度真正趋于成熟,实现环境、经济与社会的持续发展的目标。本文就政府、市场、公民社会在生态环境治理中的相互作用进行论述。

朱留财[3]依据西方环境治理与环境善治理论对圆明园整治工程前后反映出的环境治理理念进行了梳理,提出树立现代治理理念、构建环境公民社会、促进构建和谐社会的倡议。这些倡议的核心内容也是多主体合作进行环境治理。

杨曼利[4]的研究更具体一些,她研究了我国西部生态治理的模式问题。指出,随着西部生态治理活动不断深入,自主治理制度的作用凸现。作为一

---

① 于晓婷、邱继洲:《论政府环境治理的无效与对策》,《哈尔滨工业大学学报》(社会科学版)2009年第6期,第127—132页。
② 朱锡平:《论生态环境治理的特征》,《生态经济》2002年第9期,第48—50页。
③ 朱留财:《现代环境治理:圆明园整治的环境启示》,《环境保护》2005年第5期,第19—22页。
④ 杨曼利:《自主治理制度与西部生态环境治理》,《理论导刊》2006年第4期,第55—57页。

种依靠内在规则而运行的治理制度,自主治理制度在信息、成本和主体等方面具有明显的优势,有效地扩大了主体范围,提高了治理绩效。针对我国自主治理制度发育相对迟缓的现状,应当从发展民间环保组织、提高公众和企业环保意识、培育社区内自主治理组织、构建生态文化观等方面促进我国自主治理制度的发育。

张建政、曾光辉[①]认为环境治理按照不同的治理思路可以分为"法律管制型"、"经济激励型"和"公众参与型"三种途径,三者各有利弊。不断增长的人口压力要求我们必须在逐渐明晰环境产权制度和完善环境市场监督机制的基础上强调公众参与的环境治理思路,这是我国环境治理的根本途径和战略目标。

李勇[②]介绍了环境治理体系中的政府、企业和民间环保组织,并结合我国的实际分别论述了它们在环境治理中的重要作用。

黄栋、匡立余[③]指出单纯依赖于政府的传统环境治理模式存在缺陷,难以满足城市公众生活和生产的需要。他们借鉴利益相关者的概念,提出城市生态环境共同治理的思路。共同治理的主体包括政府、环保 NGO、企业、公众等,其中公众参与是共同治理模式有效运行的基础。

任志宏、赵细康[④]从公共管理方式变革和治理的角度讨论环境治理模式的转变。指出新模式的特征:从服务供给看,必须是一种多主体参与下的伙伴关系;在目标上,注重结果与顾客取向;在手段上,利用契约与市场;在结构上,是一种网络化的政策体系;在政治上,强调民主化,注重公众参与。

---

① 张建政、曾光辉:《人口增长压力下的环境治理途径分析与启示》,《人口学刊》2006 年第 6 期,第 21—24 页。
② 李勇:《论环境治理体系》,《安徽农业科学》2007 年第 18 期,第 46—47 页。
③ 黄栋、匡立余:《利益相关者与城市生态环境的共同治理》,《中国行政管理》2006 年第 8 期,第 48—51 页。
④ 任志宏、赵细康:《公共治理新模式与环境治理方式的创新》,《学术研究》2006 年第 9 期,第 92—98 页。

肖晓春①认为环境治理是建立在治理和善治理论基础上的对环境的宏观管理,它特别强调公民社会特别是民间环保组织在环境治理中的作用,认为塑造全面合作的环境治理模式的关键是要从制度层面合理规约政府与民间环保组织的治理边界。

肖建华、邓集文②指出不管是私有化——市场还是中央集权——利维坦,在生态环境治理中都已面临着深深的困境。建立多中心合作治理结构、提升政府环境治理能力、构筑公众参与的基础、建立政府与企业的合作伙伴关系将成为生态环境治理的有效途径。

胡小军③就我国环境治理结构的演变和发展情况进行了总结,指出我国环境治理结构的演变大致经历了以行政控制和命令手段为主导的一元治理、法治和市场手段相结合的二元治理以及政府、市场和公民社会互动与合作的多元治理三个阶段,而我国当前正处在由传统环境管理模式到现代环境治理模式的过渡阶段。

姜爱林,钟京涛,张志辉④指出城市环境治理模式是管理城市的方式、方法与规制。城市环境治理模式主要包括政府直控型环境治理模式、市场化治理模式与自愿性环境治理模式等几大类。分别从各自的涵义、特点、优缺点、形式、对策等方面对这几大类模式进行了分析。

目前我国的环境污染问题已严重制约了经济发展并降低了人们的生活质量,随之而来的环境治理也被越来越多的社会群体所关注。朱香娥⑤的研究认为:由于造成环境问题的经济原因比较复杂,单个的治理模式总存在

---

① 肖晓春:《民间环保组织兴起的理论解释——"治理"的角度》,《学会》2007年第1期,第14—16页。
② 肖建华、邓集文:《多中心合作治理:环境公共管理的发展方向》,《林业经济问题》2007年第1期,第49—53页。
③ 胡小军、丁文广、雷青:《环境管理中的公平问题探析》,《环境与可持续发展》2007年第4期,第47—49页。
④ 姜爱林、钟京涛、张志辉:《城市环境治理模式若干问题》,《重庆工学院学报》(社会科学)2008年第8期,第1—5页。
⑤ 朱香娥:《"三位一体"的环境治理模式探索——基于市场、公众、政府三方协作的视角》,《价值工程》2008年第11期,第2—4页。

这样或那样的弊端。因此,环境治理问题还要通过市场调节、公众参与和政府干预的协作,形成一个"三位一体"的治理模式,使环境治理达到最优。

与上述研究的思路相似,曾正滋①认为:当环境问题成为我国面临的重大公共问题时,传统的"强制—命令"型环境治理模式已经应对乏力。公共治理作为一种新兴的公共管理潮流,引导我们走向新的环境公共治理模式。综合公共治理理念与我国国情,"参与—回应"型行政体制是现今一种可取的改革路径。它保持政府的主导作用,强调政府与市场和 NGO 的合作共治。

杨妍②认为环境公民社会是公民及公民组织依据环境权益,积极介入和影响政府、企业等主体的环境决策和治理行为的公共领域及运行机制。中国的环境治理由原来的政府主导模式逐渐引入了环境公民社会元素,从而促进了环境治理体制的发展。环境公民社会中,公民环境参与和环境非政府组织的参与机制,对环境治理体制起到了不同的促进作用。环境公民社会的完善和发展是环境善治实现的基础。

朱德米③等人的研究更进一步,探索了多主体合作的方式和方法问题。他们认为:政府对企业环境行为的监管一直面临着三个挑战:由于信息不对称带来的交易成本过高,企业的环境成本与收益不确定,监管方成为被监管方的"俘虏"。在环境危机的压力下,地方政府采取了运动式的环境治理方式,企业面临着不确定的环境管制。地方政府与企业之间往往形成了"同谋"和"零和"关系。在目前中国环境管理制度框架下,地方政府与企业之间可以形成合作关系,本文以太湖流域水污染防治为案例,探索可能的路径和政策选择。

(3)关于多中心理论及其应用的研究

---

① 曾正滋:《环境公共治理模式下的"参与—回应"型行政体制》,《福建行政学院学报》2009 年第 5 期,第 24—28 页。

② 杨妍:《环境公民社会与环境治理体制的发展》,《新视野》2009 年第 4 期,第 42—44 页。

③ 朱德米:《地方政府与企业环境治理合作关系的形成——以太湖流域水污染防治为例》,《上海行政学院学报》2010 年第 1 期,第 56—66 页。

国内关于多中心理论的研究大概有 60 多篇,主要分布在如下几个领域:①多中心理论的介绍和解读;②将多中心理论应用与危机管理领域;③将多中心理论应用到城市管理领域;④将多中心理论应用到环境治理领域;⑤将多中心理论应用到其他公共管理领域。笔者将主要对介绍和解读多中心理论的文献、在环境管理领域应用多中心理论的文献及其相关文献进行综述。

第一,关于多中心理论的介绍和解读

王兴伦[①]指出:多中心治理是一种新的公共管理理论,并对多中心理论的基础和研究方法进行了分析,认为多中心治理为公共事务提出了不同于官僚行政理论的治理逻辑。

于水[②]认为:多中心治理理论在现实中最大的应用价值是提出在政府的治道变革中,打破单中心的政府统治模式,构建政府、市场和社会三维框架下的多中心治理模式。多中心的行政体制具有解决社会问题的巨大优势。

陈艳敏[③]认为:作为公共事物自主治理的制度理论的多中心治理理论,强调公共物品供给结构的多元化,强调公共部门、私人部门、社区组织均可成为公共物品的供给者,从而把多元竞争机制引入到公共物品供给过程中来。多中心治理理论的核心内容是自主治理和自主组织。自主治理理论的中心问题是一群相互依存的人们如何把自己组织起来进行自主性治理,并通过自主性努力以克服"搭便车"现象、回避责任或机会主义诱惑,以取得持久性共同利益的实现朱查松、罗震东[④]认为:多中心是一个令人向往的概念,是一个涉及地理、经济、社会、政治和行政等多个方面的动态的概念。

---

① 王兴伦:《多中心治理:一种新的公共管理理论》,《江苏行政学院学报》2005 年第 1 期,第 96—100 页。
② 于水:《多中心治理与现实应用》,《江海学刊》2005 年第 5 期,第 105—110 页。
③ 陈艳敏:《多中心治理理论:一种公共事物自主治理的制度理论》,《新疆社科论坛》2007 年第 3 期,第 35—38 页。
④ 朱查松、罗震东:《解读多中心:形态、功能与治理》,《国际城市规划》2008 年第 1 期,第 85—88 页。

张振华①认为:多中心理论是印第安纳学派制度分析的主要特点和核心内容,是相对于单中心而言的一种社会秩序和治理结构。在对若干概念进行分析的基础上,印第安纳学派运用多中心理论对美国大城市地区的治理、公共池塘资源和美国的立宪秩序以及公共行政体制等方面的问题进行了深入的研究,并由此提出了一个涵盖多中心的公共经济理论、多中心的自主治理理论和多中心的立宪秩序理论、多中心的公共行政理论在内的多中心理论体系。

学者们对多中心理论的介绍和解读有利于理清我们对该理论的认识,从而能更好地将该理论应用于我国的具体实践。

第二,关于多中心理论的应用

李成威②利用多中心理论对政府间职责划分进行了研究,认为政府间职责划分必须从政治和经济两个层面予以考量。政府政治统治职责是单一中心的,即政治统治的指令只能由中央政府发出,地方政府则在层层控制下有所分工。政府供给公共产品职责是多中心的,即各级政府相对独立地承担本级应该提供的公共产品。而政府政治统治职责虽然与供给公共产品职责之间有独立的范畴和实现方式,但却互相依赖并在某些情况下相互融合,从而说明政府间职责划分必须在单一中心与多中心之间求得均衡。

韩锋③认为:非排他性和非竞争性特点使得公共物品的供给成为政府的专利,然而信奉个人主义、经济人假设和市场交易原则的公共选择理论则打破政府的"神话",政策分析学派主张公共物品可以由市场和非营利部门来供给。与多中心治理思想相呼应,在公共物品供给机制上,悄然形成了政府、市场、非营利组织多中心供给机制,三者之间的合作供给机制扩大了公共物品的供给主体范围、丰富了供给方式和途径、提高了公共物品的供给

---

① 张振华:《公共领域的共同治理——评印第安纳学派的多中心理论》,《中共宁波市委党校学报》2008 年第 3 期,第 53—58 页。
② 李成威:《中国政府间职责划分的基本理论——单一中心与多中心之间的均衡》,《经济体制改革》2006 年第 2 期,第 7—11 页。
③ 韩锋:《公共物品多中心合作供给机制的构建——基于公共选择的视角》,《甘肃理论学刊》2009 年第 3 期,第 101—105 页。

效率。

第三,关于多中心理论在环境治理领域的应用

除了上述从宏观角度研究多中心理论的应用,在具体的方面,学者们主要在多中心理论应用的危机治理领域、城市管理领域以及环境治理领域。关于多中心理论在环境治理领域的应用,主要有如下学者进行了研究:

欧阳恩钱[1]认为政府与"治理"对环境问题解决的失败产生了对多中心环境治理的制度需求。这种以公民社会自主治理为基础,以复杂、多样、动态的制度安排为特征的环境控制系统因适应了治理对象与治理本身的不确定性特点而成为解决环境问题的根本途径。但其制度构建却不可能一蹴而就,它将主要是一个与实际相符的,以公民社会自主提供治理规则为核心的整体框架。基于这点,其实施路径必然是一个从局部向整体渐进扩散的过程。

张元友、叶军[2]从探讨在我国构建环境保护多中心政府管制结构的理论基础和现实条件入手,就政府、市场和公民社会在多中心环境保护政府管制结构中所扮演的角色作了设想。

肖建华、邓集文[3]认为:理论和实践已证明私有化——市场、中央集权——利维坦作为环境问题的解决方案均已遭遇失败,从而产生对多中心环境治理的制度需求。目前建构环境公共事务的多中心合作治理模式应简化政府环境管制、构筑公众参与的基础、推行环境管理的地方化及区域合作、建立政府与企业的合作伙伴关系。

杜常春[4]认为:环境的持续恶化将会极大地影响我国的可持续发展,随着公民社会的理念日渐深入人心,环境管理体制要进行改革,在环境保护中

---

[1] 欧阳恩钱:《多中心环境治理制度的形成及其对温州发展的启示》,《中南大学学报》(社会科学版)2006年第1期,第47—51页。

[2] 张元友、叶军:《我国环境保护多中心政府管制结构的构建》,《重庆社会科学》2006年第8期,第100—103页。

[3] 肖建华、邓集文:《生态环境治理的困境及其克服》,《云南行政学院学报》2007年第1期,第96—99页。

[4] 杜常春:《环境管理治道变革——从部门管理向多中心治理转变》,《理论与改革》2007年第3期,第22—24页。

充分发挥相关各方的作用,并充分利用法律、行政、经济和社会手段,改变环境保护仅由政府独立举办并过分依赖行政手段的局面,构建国家、市场、非政府组织、公民相互独立又相互合作的新型环境治理结构。

宣琳琳[①]将多中心理论应用于区域森林资源管理,探讨了各国政府、林业非营利组织和林业企业如何针对区域或国际协议采取后续行动,如何对现有组织进行改进。

上述研究对多中心理论在环境治理领域的应用进行了初步的探索和有益的尝试,为今后的研究提供了经验,也在一定程度上奠定了基础。

通过对国内已有的相关研究进行分析我们可以看出,创新环境治理模式、提高环境治理效能以适应我国经济社会可持续发展的需要已成为一个基本共识,多元主体参与已开始成为一个重要的研究方向。但是目前的研究还停留在起步阶段,研究的关注点既有重复性又有随意性,没有一个研究的系统框架,也尚未形成理论体系,而且没有提出具体的实施路径。这样的研究成果无疑不利于在实践中展开。

第三节　研究思路、方法与主要创新点

一、研究思路

借鉴国外的研究经验,基于国内的研究现状,本书将从分析环境群体性事件入手,找到其与环境治理模式的内在联系,揭示我国现行的政府单中心环境治理模式的弊端,在此基础上,以多中心理论为基础,构建环境治理的多中心合作模式并分析其运行机制和实现路径。研究思路图如下:

---

① 宣琳琳:《论区域森林资源多中心管理有效实施研究》,《商业研究》2008 年第 9 期,第 87—90页。

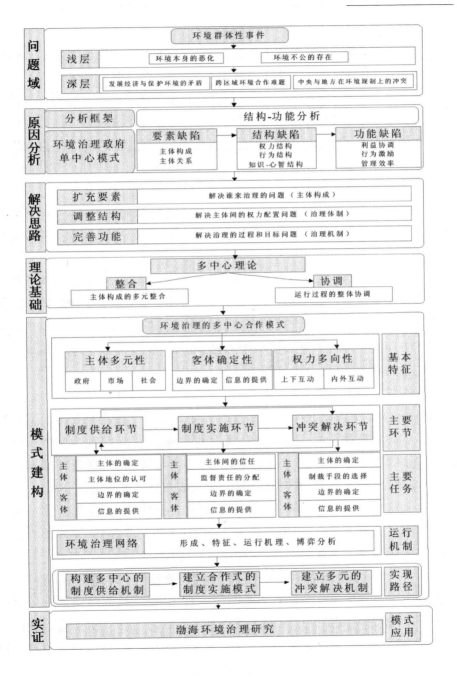

本书共分为八章。

第一章"绪论"。本章将从分析我国环境群体性事件频繁爆发和环境治理效率低下的现状入手,揭示基于环境群体性事件研究环境治理模式问题的现实意义和理论价值。并从国外研究和国内研究两个维度对环境群体性事件的研究现状和环境治理模式的研究现状进行综述和评析,以进一步彰显本选题的研究价值所在。并在此基础上,对本选题的研究思路和方法以及主要创新点进行说明,为构建本书的逻辑框架提供必要的理论准备。

第二章"环境群体性事件分析"。本章将对环境群体性事件进行深入分析,揭示环境群体性事件的发生原因、演变机理和特征等,探索环境群体性事件所集中反映的环境治理当中的问题,从而找到环境群体性事件与环境治理模式之间的内在联系。

第三章"环境治理的政府单中心模式分析"。结合环境群体性事件对我国现行环境治理的政府单中心模式进行分析。在阐发其内涵、描述其表现的基础上,对其理论假设及其内在问题进行分析,并最终从要素、结构和功能三方面揭示环境治理政府单中心模式的弊端,这样既论证了环境治理模式创新的必要性,也为如何创新指明了方向。

第四章"环境治理多中心合作模式的构建"。本章首先对多中心理论进行分析,为本书的研究提供理论基础。接下来对该理论在我国的适用性进行分析并结合我国的实际情况对理论进行修正,然后以此为基础构建我国环境治理多中心合作模式的基本框架,厘清相关概念,理清其基本的要素、基本特征、主要环节,并对每一环节应完成的具体任务进行分析。

第五章"环境治理多中心合作模式的有效条件"。本章揭示的是多中心合作模式的基本特征,主要包括三个方面:主体的多元性、客体的确定性和权力的多向性。本章将对这三方面进行具体论述。

第六章"环境治理多中心合作模式的运行机制——环境治理网络"。环境治理多中心合作模式的运行不是自发实现的,必须依靠环境治理网络的建立,环境治理网络是该模式的运行机制。本章将具体分析环境治理网络的意义、形成过程、特征及运行机理,并对多元主体在其中的利益与冲突进行博弈分析。这种分析与论证对于环境治理多中心模式的具体实施是有意义的。

第七章"环境治理多中心合作模式的实现途径"。本章探讨的是多中心合作模式的实现问题。多中心合作模式的实现有赖于三方面建设：一是构建多中心的环境治理制度供给体系；二是建立合作式的环境治理制度实施模式；三是建立多元的环境冲突解决机制。本章将对这三方面内容进行深入阐发。

第八章"环境治理多中心合作模式的应用——以渤海环境治理为例"。本章是本书的实证研究部分，尝试将环境治理的多中心合作模式应用于渤海的环境治理实践，以期对该模式进行进一步论证和说明。

二、研究方法

环境治理问题既是一个社会问题，又是一个管理问题，还是一个政治问题，十分复杂又亟待解决。因此本研究从环境管理学、环境社会学、环境经济学和环境政治学多学科交叉的视角来提出自己的解决思路。主要方法包括：

1. 案例分析方法。本研究将运用该方法对我国近年来发生的典型的环境群体性事件的发生原因、演变机理和特征等进行深入分析，以期初步构建一个分析环境群体性事件的理论体系。还要运用该方法对我国环境治理实践中的一些典型事件进行分析，以说明和论证环境治理的多中心合作模式。

2. 博弈分析方法。本研究将运用该方法对环境治理网络中的多元主体进行利益博弈分析，进而说明环境治理网络的运行。通过博弈分析可以看出社会公众的参与对政府和企业的博弈均衡有重要影响，促进和激励社会公众的参与意识、执法公开、降低诉讼成本和提高诉讼补偿是环境治理的必要条件。

三、主要创新点

本文的创新点包括以下几个方面：

第一，基于对环境群体性事件的分析来研究环境治理模式的创新问题。通过对典型环境群体性事件进行动态博弈分析，找到环境群体性事件的发生、演变机理与环境治理模式之间的内在联系，并建立起二者之间联系的分析框架。这一方面有利于避免环境群体性事件研究陷入应对性；另一方面也使得对环境治理模式创新的研究更贴近现实问题、更有的放矢。

第二，提出并分析了环境治理多中心合作模式有效的条件性。适宜于我国环境治理的多中心合作模式的有效性取决于三个基本条件，即主体的多元性、客体的确定性和权力的多向性。主体多元性强调的是多中心合作模式下环境治理的主体要素，是多中心合作模式的形式要件；客体确定性决定了环境治理主体要素的组合方式，是多元主体参与的载体和权力多向度的保障；权力多向性是对整个环境治理系统运行的描述，是多中心合作模式的核心问题。

第三，讨论了环境治理多中心合作模式的运行机理，对多元主体间的利益与冲突进行了博弈分析。结论是，社会公众的参与对政府和企业的博弈均衡有重要影响，促进和激励社会公众的参与意识、执法公开、降低诉讼成本和提高诉讼补偿是环境治理的必要条件。

第二章 环境群体性事件分析

第一节 环境群体性事件的原因、特征和演变机理

环境群体性事件的出现绝非偶然,而是有着复杂的原因,这些原因既有表层的,又有隐性的;从演变机理上看,环境群体性事件的出现和演变有自己的内在逻辑,而对这一内在逻辑的把握则有利于环境群体性冲突的解决和避免;从特征上看,环境群体性事件既有一般群体性事件的共同特征,又有区别于其他群体性事件的自身特征。对这些问题的分析是进一步研究的重要基础。

一、环境群体性事件的产生原因

1. 直接原因

环境群体性事件的直接原因可以归为两类:

一类是企业的经济行为导致公众的环境利益乃至身心健康受损,而诉求又长期得不到解决。比如 2005 年 4 月浙江东阳画水镇化工污染引发的大规模恶性群体性冲突和 2009 年 8 月陕西凤翔"血铅"案引发的恶性群体性冲突。

另一类是公众认为企业的经济行为会导致环境恶化、损害身心健康从而引发环境群体性冲突,比如分别发生于 2007 年 9 月和 2011 年 8 月的"厦门 PX 事件"和"大连 PX 事件"。

2.深层原因

尽管直接原因可以分为两类,但分析这些事件背后的深层原因,我们总能看到地方政府、企业和公众这三个不同的利益主体基于不同的利益考量所进行的利益博弈,主要表现为环境利益与经济利益的博弈。在博弈的过程中,一些地方政府不重视科学发展,单纯追求经济增长,甚至一些地方干部存在腐败现象,导致地方政府与追求利润的企业结成同盟,损害公众的环境利益。而公众则处在弱势地位,损害得不到应有补偿,最终导致因环境利益受损产生的纠纷升级为群体性的冲突事件。这就决定必须有一个利益协调机制对环境利益和经济利益进行协调,避免因经济利益而损失环境利益。

二、环境群体性事件的主要特征

1.出现双向转移趋势

一方面,随着工业化和城市化步伐的加快,污染越来越多地从城市向农村转移,使得近年来农村成为环境群体性事件的多发地。这也意味着,如果现有的治理模式不改变,"中国将会有更多的乡村陷入这种污染与暴动的低水平的重复"[①];另一方面,环境群体性事件又表现出向大城市转移的趋势,近年来多个经济较为发达的大城市发生超大规模群体性事件,人员更为复杂、诉求更为多元、处理起来难度也更大。但从事件的发展过程和民众在冲突过程中采取的手段来看,公众的理性化程度是不断提高的。

2.起因和诉求具备合理性

从环境群体性事件的起因看,一般是出现了现实的环境问题、环境利益遭受了现实的损失又长期得不到解决才会引发群体性事件,所以通常起因是具备合理性的。而从公众的诉求来看,尽管诉求比较复杂,包括经济利益、身心健康和环境权等,但是往往是这些利益和权利遭到了现实的损害或重大的威胁,民众才会提出这样的诉求,所以诉求绝大多数情况下也是具备

---

① 张玉林:《政经一体化开发机制与中国农村的环境冲突》,《探索与争鸣》2006 年第 5 期,第 27 页。

合理性的,当然也不排除冲突过程中有少数提出无理要求的故意闹事者。

3. 区域性特征明显

环境群体性事件都是由区域性环境问题所引发,通常环境问题所涉区域越大则环境问题越严重。环境群体性事件又会波及一定的区域,冲突波及区域的大小由环境问题所涉及的区域大小所决定。区域性强的特点要求必须有一个针对具体区域的具体问题来解决群体性事件的机制。

4. 开始出现规模化对抗性的趋势①

规模较大的重大环境群体性事件已经开始出现。这些事件都或多或少地出现了对抗化的趋势。

三、环境群体性事件的演变机理

环境群体性事件的发生、发展和结束是有其内在逻辑的,本书将其称作环境群体性事件的演变机理,通过对其演变机理的分析,我们可以得出许多有价值的结论。接下来我们就从博弈论的角度以现实中最为常见的因企业的经济行为所引发的环境群体性事件为例进行分析。从博弈论的角度分析环境群体性事件,我们会发现其演变过程其实也是一个动态博弈过程,这一过程因具体情况的不同包含不同的阶段。

在第一阶段,因企业的经济行为损害了公众的环境权益,所以公众面临两种选择,即接受或进行体制内抗争。如果公众选择接受,则群体性冲突不会爆发。若公众选择进行体制内抗争,则博弈进入第二阶段。

在第二阶段,公众的体制内抗争面临两种结果:一是抗争有效,公众通过行政或司法程序使得企业停止了损害行为并获得了赔偿,则群体性冲突不会爆发;第二种结果是体制内抗争无效,则公众又面临两种选择,即妥协或进行体制外抗争(主要包括串联、上访等)。如果公众选择妥协,则群体性冲突不会爆发。若公众选择进行体制外抗争,则博弈进入第三阶段。

---

① 童志峰:《对我国环境污染引发群体性事件的思考》,载《环境绿皮书:中国环境的危机与转机(2008)》,社会科学文献出版社 2008 年版,第 153 页。

在第三阶段,面对公众的体制外抗争,如果企业选择与公众和解,则群体性冲突不会爆发。如果企业无视公众的诉求甚至动用各种关系对公众进行强硬打压,则博弈进入第四阶段。

在第四阶段,面对企业的强硬打压,公众有两种选择,即妥协或进行有组织抗争。如果公众选择妥协,则群体性冲突不会爆发。若公众选择进行有组织抗争(即形成具有一定规模和组织的集会和上访),此时群体性冲突爆发,博弈进入第五阶段。

在第五阶段,地方政府会介入,博弈的主导权也会转移到地方政府手中。如果地方政府采取有效的协调措施,能够为公众所接受,则群体性冲突平息。如果地方政府对公众进行强硬打压,则博弈进入第六阶段。

在第六阶段,面对地方政府的强硬打压行为,公众具有两种选择,即妥协或暴力抗争。如果公众选择妥协,则群体性冲突结束。如果公众选择暴力抗争,则群体性冲突进一步加剧,博弈进入第七阶段。

在第七阶段,面对加剧的群体性冲突,上级政府会介入,一般情况下,上级政府的介入能够平息冲突,环境群体性事件结束。

第二节 环境群体性事件的危害及反映出的问题

一、环境群体性事件的危害

尽管环境群体性事件在我国当前的出现有其现实土壤,但不等于我们可以对其听之任之、放任自流,必须对其有清醒的认识。不可否认,环境群体性事件是民意的一种表达,对监督政府和企业的行为具有重要作用,但是它同时也会加剧社会的断裂,造成严重的价值失范和秩序失衡。

1. 环境群体性事件会造成环境与发展之间的人为对立

在当前的一些环境群体性事件中表现出一种民粹主义的思想倾向,即只要听说是核电项目、化工项目、垃圾处理厂项目等,就不加分析、立刻反对;面对不确定的环境危害,宁可信其有、不可信其无,宁可不上相关项目,也不能冒环境风险。这是典型二元对立思维。我国还处于社会主义初级阶段，发展是解决一切问题的总钥匙，而且，尽管长期以来我国的经济增长很大程度上是建立在牺牲环境的基础之上的，但是牺牲环境与社会发展之间并没有必然的逻辑联系。发展的问题必须靠发展才能解决，我们不可能也不必靠停止发展来解决环境问题。当务之急，我们必须正确认识环境保护与社会发展之间的相辅相成的关系，以环境保护优化经济发展，以发展的成果促进环境保护。而环境群体性事件恰恰会阻碍这一认识的确立。

2. 环境群体性事件会激化社会矛盾、加剧社会对抗

环境群体性事件本就是民众环境不满情绪的一种激烈表达，一旦处理不当，便会导致群情激奋，甚至会出现流血斗殴的情况，引发恶性环境群体性事件。这种非理性态度和批判对抗的情感爆发无益于问题的解决，任其蔓延下去只会激化社会矛盾、破坏社会秩序和法律的权威。而且，频繁爆发的环境群体性事件会加大广大社会公众对权力权威、知识权威和财富权威的疏远和对立感，加剧社会的分裂和对抗。

3. 环境群体性事件可能导致社会公众对环境决策的畸形参与

环境群体性事件会对政府的环境决策产生重大的影响，似乎是公众对环境决策的有效参与，但事实上迄今为止的环境群体性事件的解决方式并没有真正消除公众的戒备、获得公众的合作，对类似项目的决策和选点也没有多少参考和改进的价值，还没有跳出"大闹大解决、小闹小解决、不闹不解决"的怪圈。相反，现在的解决方式往往导致畸形参与。从当前环境群体性事件的结果看，其影响可分为两种情况：一种情况是公众情绪通过一种极端的表达方式得到了宣泄，但对环境决策并没有产生实质的影响；另一种情况产生了实际影响，但后果却令人担忧。因为面对群众的反对、为了防止事态扩大，地方政府往往会做出妥协，导致一些必要的建设项目迟迟不能开工甚至前功尽弃；还有一些项目虽然政府或企业迫于公众压力当时宣布停建，但一旦风头过去，立刻又偷偷摸摸开工。这说明公众的这种极端表达方式和畸形参与并不能取得同良性参与相同的结果。

二、环境群体性事件反映的问题

1.浅层问题

(1)环境本身形势严峻

2006年新任国家环保总局局长周生贤公开指出,中国的环境形势相当严峻,"三个高峰"同时到来:一是环境污染最为严重的时期已经到来,未来15年将持续存在;二是突发性环境事件进入高发时期,特别是污染最为严重时期与生产事故高发时期叠加,环境风险不断增大,国家环境安全受到挑战;三是群体性环保事件呈迅速上升趋势,污染问题成为影响社会稳定的"导火线"。①

环境群体性事件的频繁爆发反映出我国环境形势依然严峻。长期以来我国的经济增长很大程度上是建立在牺牲环境的基础之上的,而且迄今为止很多地方和企业还没有摆脱这种增长思路,所以尽管我国的环境法制框架已经基本形成、环境保护制度正在不断完善、环境保护投资也在逐年增加,但是环境状况却仍然不容乐观、环境形势依然严峻。

2005年1月27日,评估世界各个国家和地区环境质量的"环境可持续指数"(ESI)在瑞士达沃斯世界经济论坛正式对外发布。在全球144个国家和地区中,中国位居第133位。② 由美国耶鲁大学环境法律与政策中心、哥伦比亚大学国际地球科学信息网络联合世界经济论坛发布的《2014年全球环境绩效指数(EPI)报告》显示,在全世界178个参加排名的国家和地区中,中国以43.00分的得分位居第118位,即倒数第61位,排名依然十分靠后。③ 环保部的官员也公开表示,中国当前的环境保护状况可以用四句话

---

① 王冬梅、贺少成:《国家环保总局局长:三项制度应对"三个高峰"》,《工人日报》2006年2月13日。

② 曹明德:《从"环保风暴"看环境法治存在的问题》,《华东政法学院学报》2005年第4期,第3页。

③ 董战峰、张欣、郝春旭:《2014年全球环境绩效指数(EPI)分析与思考》,《环境保护》2015年第2期,第55—59页。

来概括：局部有所好转，总体尚未遏制，形势依然严峻，压力继续增大。①

再加上与公众日常生活息息相关又便于直观感受的大气污染、水污染和垃圾处理问题几乎每天都在困扰着广大公众，公众的环境不满情绪日渐强烈。这种不满积累到一定程度，必然造成对环境污染事件格外关注、对涉及环境污染的建设项目格外敏感、对自身环境权益的维护格外强烈，环境群体性事件就是这种不满情绪的集中爆发。

（2）环境不公的存在

20 世纪 80 年代，日本学者船桥晴俊、长谷川公一通过对新干线公害进行研究发现：大型公共基础设施建设往往会造成"受益圈"与"受苦圈"分离，受益者和受苦者分属不同的利害空间，从而提出了社会学当中的"受益圈与受苦圈断裂论"②。具体到环境领域，因为自身条件和社会条件的诸多不同，同一建设项目对不同主体的环境影响是不同的，有人受益、有人受害，即使在同一个时段中，污染和破坏生态行为也不只一般地关联着行为人和受害人，且在同为受害者的不同人或不同人群中，实际受到侵害的程度也往往因其社会地位、所拥有的财富、可凭借的社会资源不同而有所不同，由此就产生了环境弱势群体。

我国的环境弱势群体主要分布在污染企业周边、城市贫困地区和农村，学界将其划分为环境资源匮乏群体、环境污染受害群体、环境风险承担群体和生态建设受损群体四种基本类型。③ 这几种基本类型也反映了环境弱势群体的来源。因为缺少相关法律和政策的足够关注和支持，在环境侵害面前，弱势群体往往很难获得相应的救助和补偿。他们的现实处境已经越来越多地引起社会的重视，也反映出严重的环境不公。

面对屡治不止的环境问题，社会公众本就对自身环境权益和身心健康

---

① 周生贤：《环保形势依然严峻 努力建设美丽中国》，《中国网》2012 年 11 月 12 日，http://news. china. com. cn/18da/2012 – 11/12/content_27087381. htm。

② 王书明、张曦兮、鸟越皓之：《建构走向生活者的环境社会学——鸟越皓之教授访谈录》，《中国地质大学学报》（社会科学版）2014 年第 6 期，第 111 页。

③ 刘海霞：《中国环境弱势群体状况分析》，《中南林业科技大学学报》（社会科学版）2013 第 1 期，第 92 页。

存在担忧,再加上环境弱势群体这种环境不公现象的存在,出于对他人遭受环境侵害的感同身受,一部分社会公众开始不信任专家、不信任政府,再加上互联网对环境不公和公众不满的传播与放大,极易爆发环境群体性事件。

(3)公众环境参与的权利没有受到应有的尊重

2003年9月1日施行的《中华人民共和国环境影响评价法》第二十一条明确规定:除国家规定需要保密的情形外,对环境可能造成重大影响、应当编制环境影响报告书的建设项目,建设单位应当在报批建设项目环境影响报告书前,举行论证会、听证会,或者采取其他形式,征求有关单位、专家和公众的意见。建设单位报批的环境影响报告书应当附具对有关单位、专家和公众的意见采纳或者不采纳的说明。2006年2月,国家环保总局发布了第一个《环评公众参与暂行办法》,要求项目在环评的各个阶段都要公开有关信息,听取公众意见。2006年4月25日,又公布了《环境信息公开办法(试行)》。

但是,从2007年以来发生的几次影响较大的环境群体性事件来看,这些法律法规中有关公众参与的规定都没有得到严格的落实。无论是村民的"讨一个说法",还是城市居民的"他们漠视我们的权利",都表明了公众之所以奋起抗争,除了污染危及其基本生存外,很重要的一点是要"寻求承认"、"维护权利"。换言之,如果地方政府无视公众的环境知情权、参与权,将会成为引发群体性事件的不安定因素。

2. 深层问题

(1)发展经济与保护环境的矛盾

频繁爆发的环境群体性事件说明在我国发展经济与保护环境之间事实上还存在尖锐矛盾,经济与环境的协调发展还有待落实。

我国的粗放型增长方式由来已久。中国成立初期,中国为了快速实现工业化,提高综合国力,始终坚持工业优先的发展战略。因为以重工业为主,所以几十年来中国的经济增长一直呈现粗放型增长的特征。粗放型的增长方式使中国的经济增长在过去几十年中付出了高昂的环境代价,也是大气、水和土壤等污染严重的根本原因之一。首先,粗放型的增长方式使得环境承载力逼近边界。特别是 20 世纪 90 年代以来,自然资源和环境承载力不足越来越成为经济发展的"瓶颈",对经济增长的制约越来越明显,粗型增长模式变得越来越难以为继;其次,资源的高消耗导致了工业废弃物排放的急剧增多、环境污染严重恶化。中国单位 GDP 的废水、固体废弃物排放水平大大高于发达国家,单位产值的消耗强度也大大高于世界平均水平。

改革开放后,经过 1979 年和 1981 年两次国民经济调整,特别是从"九五"到"十二五"规划都将经济结构调整和转变经济增长方式作为主要任务,我国的经济结构有所改善,经济效率有所提高,但却过多地注重于改变造成这种高消耗、低效率的结果,而没有着重于消除造成这种结果的体制和政策原因。加之最近几年自然的和人为的灾害频繁发生,特别是 2008 年席卷全球的金融危机影响,使中国经济转型的进程与设计初衷渐行渐远,甚至在最近几年还出现了以过度投资为突出特征的"重工业化浪潮",给中国经济的持续稳定发展造成了严重威胁。[①]

中国工程院院士、原能源部副部长陆佑楣在 2013 年能源峰会暨第五届中国能源企业高层论坛上透露了一组数据,表明我国能源消耗高,但能效极低。在我国能源消费结构中,煤炭占 68.5%,石油占 17.7%,水能占 7.1%,天然气占 4.7%,核能占 0.8%,其他占 1.2%。2012 年我国一次能源消费量 36.2 亿吨标煤,消耗全世界 20% 的能源,单位 GDP 能耗是世界平均水平的 2.5 倍,美国的 3.3 倍,日本的 7 倍,同时高于巴西、墨西哥等发展中国家。中国每消耗 1 吨标煤的能源仅创造 14000 元人民币的 GDP,而全球平均水平是消耗 1 吨标煤创造 25000 元 GDP,美国的水平是 31000 元 GDP,日本是 50000 元 GDP。根据陆佑楣测算,在能源消费总量不变的情况下,如果中国单位 GDP 能耗达到世界平均水平,我国 GDP 规模可达到 87 万亿元;达到美国能效水平,GDP 规模达 109 万亿元;达到日本能效水平,GDP

---

① 李红利:《环境困局与科学发展:中国地方政府环境规制研究》,上海人民出版社 2012 年版,第 112、114 页。

规模为 175 万亿元。[①]

也是这股"重工业化浪潮",使得近年来在我国出现多起因化工项目所引发的环境群体性事件。

(2)地方私益与社会公益的冲突

这一问题涉及到中央与地方的关系问题。中央与地方关系的实质是以一定利益为基础并体现某种物质利益关系的占统治地位的阶级内部的一种政治关系和权力结构关系。作为利益的体现,中央政府代表的是国家的整体利益和社会的普遍利益,地方政府代表的是国家的局部利益和地方的特殊利益。[②] 新中国成立以来,我国的中央政府与地方政府的关系始终处于动态演进过程中,但总趋势是地方政府的分权程度在增强。经过几次中央与地方关系的改革,过去那种高度集中的中央与地方关系逐渐被打破,出现了地方分权多样化的格局,地方政府的独立性和自主性日益得到加强,这既符合经济社会发展的需要,也可以充分调动地方政府的积极性。但与此相伴随,地方政府的自我意识和地方利益也不断膨胀,导致地方政府经常从自身出发而忽略国家整体的政治和社会问题,在环境保护、自然资源开发利用等领域为了当前利益和局部利益而实行地方保护主义,从而影响国家的整体利益;在地方利益当中,因为经济利益是核心,所以地方政府在追逐经济利益的过程中经常以牺牲环境为代价,引发了社会公众的不满;此外,因为各个地方政府都以自身利益为核心,使得跨区域环境问题不断出现。跨地区环境问题需要地方政府之间合作解决,但因为都关注自身利益,所以它们在合作过程中经常遭遇"集体行动的困境",地方政府在跨区域环境治理中力不从心。环保部的官员曾发出感叹:"政府在环境保护方面不作为、干预执法及决策失误是造成环境顽疾久治不愈的主要根源",并且"政府不履行环境责任以及履行环境责任不到位,已成为制约我国环境保护事业发展的

---

① 王秀强:《中国单位 GDP 能耗达世界均值 2.5 倍》,《21 世纪经济报道》2013 年 11 月 30 日,http://finance. stockstar. com/MT2013113000000140. shtml.

② 郑永年:《论中央政府与地方政府关系》,《当代中国研究》1994 年第 6 期,第 12 页。

严重障碍"。①

无论是对整体利益的影响、对社会公众环境利益的伤害还是环境合作难题的存在,都直接导致一个非常严重的后果就是地方政府的公信力削弱。

政府公信力是政府通过履行职能、承担责任、回应公众诉求而获得的取信于公众、得到公众认可和支持的能力。尽管政府公信力是基于公众的主观判断而且其影响因素也是多元的,但最终基础还是政府在以上几方面的现实表现。可以说,政府公信力是政府治理能力的外化和治理水平的重要衡量标准。

当前我国地方政府面临的一个重要困境就是公信力的削弱,突出表现在环境群体性事件的处理中。从我国近几年的几次大规模环境群体性事件看,引发原因都是化工项目。化工厂虽然不属公共设施,但项目是否上马需政府批准、项目选址需政府决定,所以一旦公众不满,矛头直指地方政府,但大多数地方政府的表现不能令人满意。在招商引资、唯 GDP 至上的指挥棒下,项目决策的常规程序只看重投资上马的速度和投资项目的经济效益,而公众的意见和阻力、环境污染的代价、公众健康的代价等基本不在考查范围之内,甚至有些地方政府还会出面帮助清除不利于项目快速上马的因素。决策过程中信息不公开,决策过程远离公众视野,自然增加了公众参与的难度,也导致公众对项目决策过程的不信任甚至恐慌。② 以某地方政府处理因 PX 项目引发的群体性事件为例,该项目在公众毫不知情、环评并不规范的情况下就建成投产;此后因为泄露引发公众的担忧,地方政府也未出面作出说明;接下来尽管已有多个渠道释放出大批社会公众要以"集体散步"的方式表达不满的信息,但地方政府的消解和预防措施不力,环境群体性事件最终爆发;在事件过程中,地方政府因为急于安抚公众情绪,匆匆作出项目立即停产、厂址尽快搬迁的承诺,事件因此得以平息;但事后多家媒体调查证实,该化工厂还在原厂址继续生产,地方政府开出的只是一张空头支票。

① 许继芳:《建设环境友好型社会中政府环境责任研究》,上海三联书店 2014 年版,第 131 页。
② 李波:《民间环保组织在环境群体事件中的初次探索》,载《中国环境发展报告(2014)》,社会科学文献出版社 2014 年版,第 56 页。

上述事件集中体现了地方政府公信力的削弱,其负面影响是非常严重的,它使得广大社会公众产生了这样一种思想倾向,即政府不可信,因为政府与污染企业合谋;专家不可靠,因为专家是政府和污染企业的喉舌。

第三节　分析环境群体性事件的初步结论

通过对环境群体性事件的产生原因、特征、演变机理及其所反映的问题的分析,我们可以得出以下初步结论。

第一,企业之所以能够很轻易地损害公众的环境权益并最终导致环境群体性事件爆发,一个很重要的原因就是公众缺少体制内的协商、谈判的平台和渠道。必须有一个利益协调机制对环境利益和经济利益进行协调,避免因经济利益而损失环境利益。

第二,在我国当前的情况下,环境群体性事件之所以频发、企业之所以成为绝大多数环境群体性冲突的肇始者,很重要的一个原因就是地方政府与企业形成了"合谋",地方政府在很多时候为企业的污染行为提供了"保护伞"。

第三,在一些环境群体性事件中,地方政府的介入不但没有平息冲突,反而使冲突加剧,说明部分地方政府的公共性和公信力正在削弱,我们通常所认为的中央政府和地方政府在环境问题上的"利益一致性"假设是存在问题的。

第四,频发的环境群体性事件也说明了公众的环境维权意识在不断提高,因为拥有了更多的知识和信息,公众能够成为影响环境决策的重要力量。

第五,在环境群体性事件的发展过程中,意见领袖的作用非常重要,尤其是在城市超大规模群体性冲突中,环境NGOs作为意见领袖发挥了重要作用。

第六,很多环境群体性事件尤其是城市超大规模群体性事件的爆发,具体的环境问题往往只是一个导火索,公众在环境问题上积怨已久,冲突爆发的真正根源在于将公众排除在外的不合理的环境治理结构。

习近平主席在 2013 年 5 月 24 日中共中央政治局就大力推进生态文明建设进行第六次集体学习时特别指出："要建立责任追究制度,对那些不顾生态环境盲目决策、造成严重后果的人,必须追究其责任,而且应该终身追究。"[1]他在党的十八大工作会议上也明确提出,环境群体事件警示中共建设生态文明须保障公众决策参与权,凡是涉及群众切身利益的决策都要充分听取群众意见,凡是损害群众利益的做法都要坚决防止和纠正。[2] 可见,中央已经充分看到环境群体事件的危害,但是如何充分预防并有效解决日益增加的环境冲突和环境群体性事件,目前还缺少具有前瞻性、预防性和可持续性的有效措施。

从对环境群体性事件的上述分析可以看出,为了有效解决甚至避免环境群体性冲突,必须从根本上改变现在单纯依靠政府的环境治理模式。事实上,由于政府行为并非永远代表公共利益、信息不完全和政府能力有限、政府干预市场的成本扩张以及政府机构及其官员的寻租与腐败等[3],政府在越来越复杂的环境问题面前已经表现出力不从心、捉襟见肘。

---

[1] 习近平:《坚持节约资源和保护环境基本国策 努力走向社会主义生态文明新时代》,《新华网》2013 年 5 月 24 日,http://news. xinhuaneL com/politics/2013 – 05/24/c_115901657. htm。

[2] 蔡敏、海明威、任沁沁等:《"环境群体事件"警示中共建设生态文明须保障公众决策参与权》,《新华网》2012 年 11 月 12 日,http://cpc. people. corn cn/18/n/2012/1112/c350825 – 19551413. hhtml。

[3] 肖建华、赵运林、傅晓华:《走向多中心合作的生态环境治理研究》,湖南人民出版社 2010 年版,第 79 页。

第三章 环境治理的政府单中心模式

第一节 政府单中心模式的内涵和表现

一、政府单中心模式的内涵

这里有必要对"环境治理模式"这一概念加以分析。按照《辞海》的解释,社会学意义上的"模式"指的是研究自然现象或社会现象的图示和解释方案,同时也是一种思想体系和思维方式。英语中的"模式"(pattern)指的是一群人所共有的行为方式、思想状态、信仰及价值观念。综合上述两种解释,本书认为"环境治理模式"可以定义为基于一定的环境治理理念的治理内容、治理程序、治理制度和治理方法的集合,它作为一种结构性力量,在决定着环境治理的制度供给方式的同时,又决定着具体的治理行为的运作方式,并最终成为决定环境治理绩效的重要因素之一。

波兰尼在《自由的逻辑》一书中区分了社会的两种秩序,一是指挥的秩序,一是多中心的秩序。指挥秩序又可称为设计的秩序,这种秩序凭借终极权威,并通过一体化的上级指挥与下级服从的长链条维系着自身的"协调"与运转,实现着自身的分化与整合,波兰尼称这种秩序为一元化的单中心秩序。长期以来,我国采用的是一种单中心的环境治理模式,本书将其称为政府单中心环境治理模式。所谓政府单中心环境治理模式指的是一种主要包括政府和企业两类部门的二元对立型的环境治理模式,政府与企业之间构成一种两级别、分层次的关系系统。在这一模式下,环境治理过程以行政机关为中心向前推进,其基本的前提假设是中央与地方、与各行政部门是一个统一的利益整体,具有利益诉求的一致性,而公众和企业在环境保护方面是被动的,处于行政机关的对立地位。

二、政府单中心模式的表现

我国的环境治理从理念到实践,都体现着政府单中心,行政机关的作用贯穿于环境治理的各个环节。

第一,环境治理在价值导向上是行政权力、公民义务本位。

表现为现行环境治理重政府环境权力轻政府环境义务、重政府环境管理轻政府环境服务、重政府环境主导轻公众环境参与、重对行政相对人的法律责任追究轻对政府的问责。具体说来,政府单中心模式对政府设定的权力过多,规定的义务却少,对政府违法行使职权或不履行环境管理职责的问责更是缺失。反之,对行政管理相对人(包括普通的公民、被管理的企业、事业单位,以及其他社会组织等)所赋予的权利过少而要求的义务过多,违反环境法律义务要承担全面的法律责任。政府在环境治理体系中居于权力主体地位,行政管理相对人则处于义务主体地位。①

第二,从具体操作来看,政府是唯一的管理主体,处于绝对的主导地位,无论是宏观政策的制定还是微观层次的监督执行,基本上都是由政府直接操作。

从宏观政策制定看,政府及其部门主导环境立法过程并影响立法的内容。以全国人大常委会制定的法律为例分析,尽管按照我国《立法法》的规定许多部门和人大代表都有权提出法律案,但在立法实践中,现有的绝大部分环境法律都是由相关政府部门起草的法律草案,再由国务院向全国人大常委会正式提交法律案的。而且对这些法律草案的审查往往都能获得通过。可见,政府及其部门的主导作用是非常突出的,地方性法规制定中这种情况就更为普遍。此外,在行政机关立法方面,行政立法本身就是现代行政

---

① 张建伟:《政府环境责任论》,中国环境科学出版社 2008 年版,第 15 页。

权扩张的反映,政府及其部门在其中当然起着主导作用,其在是否立法、何时立法、如何立法等方面都拥有决定权,且其立法过程处于封闭的行政系统中,缺少外界的参与。① 可见,从程序上来说,在这种政府主导的立法模式下,从立法规划的确定,到法案的起草、提案、审议等各个阶段的活动,基本上都是在国家机关的层面进行。对于社会而言,国家立什么法,涉及哪些内容,很难知晓。直到法律颁布以后,主管部门才开展大规模的自上而下的法制宣传活动。最后法律实施情况如何,存在哪些不足和缺陷,社会发展变化是否需要进行立法完善,又很难反馈到立法机关。而从内容上来说,法律规范的内容本身在很大程度上是行政部门利益博弈的结果,更多体现的是政府部门的管理需求。

第三,在环境法律规范的操作层面即执法环节,政府拥有更大的主导权。

"规则制定权力扩大到行政机构,这又导致了操作层次上政府行政的主导权。"②在我国,法律规范的实施是政府直接操作,在执法上政府拥有绝对的主导权,环境执法部门与相对人是一种命令与服从的关系。相应的在执法手段的运用上表现出对行政命令手段过度依赖,各种口号式、运动式的"突击检查"、"集中整治"、"统一行动"、"大整顿"等专项治理行动正说明了这一问题。相反地,对经济手段和社会手段应用较少,同时司法机关的作用也没有得到发挥。

第四,由于政府的强势支配地位,迄今为止的几次环境管理体制的变革也表现为政府的"一元"推动,属于政府供给主导型的强制性变革。③

从1972年至今,我国的环境管理体制随着经济体制的演变而经历了一个从无到有、由弱到强、从不健全到逐步健全的过程。期间进行了几次重大

---

① 张建伟:《政府环境责任论》,中国环境科学出版社2008年版,第101页。
② 迈克尔·麦金尼斯、文森特·奥斯特罗姆:《民主变革:从为民主而奋斗走向自主治理(上)》,李梅译,《北京行政学院学报》2001年第4期,第90页。
③ 张元友、叶军:《我国环境保护多中心政府管制结构的构建》,《重庆社会科学》2006年第8期,第100页。

的变革,主要包括1974年12月国务院成立由20多个部委组成的环境保护领导小组;1982年国务院撤销环境保护领导小组,将其业务并入城乡建设环境保护部,在该部内设立司局级机构环境保护局;1984年5月成立国务院环境保护委员会,领导组织协调全国的环境保护工作;1984年底,经国务院批准,城乡建设环境保护部环境保护局改为部委归口管理的国家局,对外称为国家环境保护局,负责全国环境保护的规划、协调、监督和领导工作;1988年国务院决定把国家环境保护局从城乡建设保护部中划分出来,作为国务院的直属机构和国务院环境保护委员会的办事机构,统一监督管理全国的环境保护工作,确立了国家环境保护局作为国务院环境行政主管部门独立行使环境监督管理权的地位;1989年,全国人大常委会颁布了《中华人民共和国环境保护法》,奠定了我国现行环境管理体制统一监督管理与分级、分部门监督管理相结合的基本模式;1998年将环境保护局升格为部级的国家环境保护总局,作为国务院主管环境保护工作的直属机构;2008年3月,组建环境保护部。可以看出,由于政府的强势支配地位,迄今为止的几次环境管理体制的变革表现为政府的"一元"推动,属于政府主导的强制性变革。

第二节 政府单中心模式的理论假设及其分析

一、政府单中心模式建立的两个理论假设

环境治理的政府单中心模式建立在这样两个理论假设之上:

1."利益诉求一致性"假设

政府单中心模式先验地认为中央政府与地方政府是一个统一的利益整体,具有环境利益诉求的一致性,而公众和企业在环境保护方面是被动的,处于行政机关的对立地位。

2."理性经济人"假设

按照经济理性原则去行动,环境这样的公共物品会成为亚里士多德所

说的"最少人关照的事物"。政府单中心模式因为建立在这一假设之上,所以其看重"命令—控制"的作用,将企业和公众作为被管理者和义务主体。

二、对两个假设的分析

上述两个假设在计划经济时期是很难被证伪的,因为经济发展还处于较低的水平,环境问题还不严重,再加上计划经济体制所人为塑造出来的国家利益与地方利益、社会利益与个人利益的一致,使得环境利益冲突还没有充分显现。但在今天所处的转型时期,这两个假设却都出现了问题。在经济转型过程中,由计划经济硬性塑造的社会利益和个人利益的统一开始分离,资源开始出现分散与转移,导致事实上的利益的分化,也对人们的观念意识产生两方面影响:一是承认地方政府、企业以及个人的独立利益存在合理性;二是民主意识觉醒,参政议政的愿望强烈。随着经济地位的提升以及受教育程度的提高,人们越来越希望通过参与政府的管理来维护自身的权益。具体到环境治理领域:

1."利益诉求一致性"假设忽视了中央政府与地方政府环境利益已经分化的事实

如果是在高度集中的计划经济体制下,中央政府与地方政府作为上下级政府机构,形成一种中央政府主导下的单向度的命令—服从关系。中央政府控制中央政府能够控制的经济活动,而地方政府则按照统一部署,控制中央政府按具体情况所下放的经济活动。地方政府既没有独立的经济利益,也没有相应可供控制的社会资源,往往只能按中央的意图行事,体现出对中央政府高度的依从关系。但是在当前的社会转型时期,中央和地方政府的关系发生了深刻变化。正如我们前文分析的,行政性分权和经济性分权相结合的"放权让利"改革,使地方政府在财政收支、投资、外资外贸等方面拥有更大的决策自主权,可支配的资源也得到相应拓展,地方政府日益成为推动地区经济增长的主体。中央与地方政府间不再是单纯的行政隶属关系,而在一定程度上成为具有不同权力和利益的对等的博弈主体。地方政府扮演着双重代理角色:一方面,它是地方微观主体(企业、个人和其他团体)的利益代表,追求本区域利益最大化;另一方面,它又代理中央政府,按照中央政府的发展战略意图,落实中央政策。这种双向代理角色使得地方政府和中央政府的目标既存在一致性,又有差异性,它们从不同理性出发而导致的博弈便不可避免。[1]

在环境治理方面也一样。通常说来,中央政府是以统筹全国经济社会的可持续发展为最终目标,更关注资源和环境的保持,在治理污染的时候会站在全社会、全国家的高度,对工业企业的治理具有坚决性,决不会姑息。

地方政府则不同。目前中央与地方的关系仍然是以经济总量为导向。在改革发展的新阶段,这种以经济总量为导向的中央地方关系使得中央政府的宏观调控目标与地方政府的政绩评价之间始终存在难以克服的矛盾,导致地方政府更多地关注本地区中短期内的经济增长和财政收入的提高。在这种情况下,一些地方政府热衷与招商引资,却因此而弱化了政府的公共服务能力,使政府的公共服务职能严重不到位和缺位。此外,因为环境污染所造成的社会成本具有外部性,可以转嫁给其他地方,地方政府可能企图将污染成本转移给其他地区或中央政府,这也使得地方政府不愿意去治理环境。"我国多数环境法律法规之所以执行不力,中央下达的节能降耗、保护环境的指标之所以执行不力,根源在于这些指标既不符合下级政府的经济利益,也不符合下级政府的政治利益,因而得不到地方政府真心实意的支持"。[2]

因为这种利益诉求的不一致,地方政府经常会在环境治理中采取机会主义行为,主要包括:

(1)逆向选择和道德风险

逆向选择(adverse selection)通常是指在信息不对称的状态下,接受合约的一方一般拥有"私人信息",并且利用另一方信息缺乏的特点而使对方不利,从而使博弈或交易的过程偏离信息缺乏者的愿望。也就是说,逆向选

---

①　肖建华、赵运林、傅晓华:《走向多中心合作的生态环境治理研究》,湖南人民出版社 2010 年版,第 168 页。

②　孙佑海:《影响环境资源法实施的障碍研究》,《现代法学》2007 年第 2 期,第 34 页。

择是代理人在签约前隐瞒信息的一种机会主义行为。由于这种合约一旦达成对一方有利,而另一方受损,从而不能满足帕累托效率使交易双方共同得到剩余的条件。逆向选择导致的资源配置几乎总是缺乏效率的。道德风险(moral hazard)通常指交易合同达成后,从事经济活动的一方在最大限度地增进自身效用时作出不利于另一方的行动。由于不对称信息和不完全的合同使负有责任的经济行为者不能承担全部损失(或利益),因而他们不承担他们行动的全部后果,这引起博弈各方的效用冲突,导致博弈费用上升,资源配置效率低下。

前文我们已经分析过地方政府作为地方利益的忠实代表,具有自己的相对独立的经济利益,因此,它和中央政府的利益存在着明显的差异性。在信息不对称情况下,地方政府在和中央政府的博弈中就会产生严重的逆向选择问题和道德风险问题。地方政府的逆向选择指的是在中央和地方就某个方面达成共识(如制度的确认,经济增长速度指标的确定、税收上缴比例的制定等)以前,地方政府隐瞒真实信息的机会主义行为。地方政府的道德风险指的是在中央政府和地方政府就某个方面达成共识或说"签约"之后,地方政府隐瞒信息(包括类型和行动)的机会主义行为。

地方政府在环境治理过程中很容易产生逆向选择和道德风险。中国的地方政府既具有双向代理的功能,又具有自己相对独立的经济利益,同时在和中央政府的制度博弈中又具有信息优势。因此,在环境治理过程中,地方政府都可能利用自己了解当地情况的信息优势,使环境法律制度的制定和实施朝着符合自己利益最大化的方向发展,偏离甚至违背中央的意图和全国整体环境利益。

环境治理过程中地方政府的逆向选择和道德风险的具体表现见表3.1:

表 3.1 环境治理过程中地方政府逆向选择和道德风险的具体表现

	逆向选择 （事前的机会主义行为）	道德风险 （事后的机会主义行为）
制度供给环节	隐瞒真实立法信息	降低环境标准
制度实施环节	逆向环境策略	地方保护主义

隐瞒真实立法信息指的是在中央进行环境立法需要地方提供立法信息时,地方为了避免中央出台对其不利的较为严格的法律而向中央隐瞒真实情况、提供虚假信息的行为;降低环境标准指的是地方在针对中央立法订立地方法规时擅自降低环境标准和要求的行为;逆向环境策略指的是中央立法出台后,地方在实施过程中擅自采取一种与中央立法相违背的策略的行为;地方保护主义指的是针对具体的污染企业或污染行为,地方政府为其提供保护伞进行包庇的行为。例如 2006 年春内蒙古自治区托克托县发生的政府"护污"事件。为帮助石药集团内蒙古中润制药有限公司等几家制药企业排放"没地方放了"的污水,县政府要求农民将污水掺在黄河水里灌溉农田,并给予减一半税费的优惠。由于村民不同意,县政府动用执法力量,由副县长带队开着十几辆小车、警车和救护车到村头,以协商之名强制农民执行县政府决定。于是,黑色的污水通过引黄灌渠进入燕山营镇、双河镇、伍什家乡等地农田。类似事件说明,在处理利益集团博弈与政府控制的问题上,往往会出现政府与企业合谋的情形。①

（2）搭便车

"搭便车"就是一个人可以免费使用自己未做过贡献的物品,它是地方政府之间容易产生的一种机会主义行为。各地方具有相对独立的经济利益,但是环境治理的成果却是共享的,尤其对于在地域上相邻或共同拥有某一水域的地方政府来说更是这样。在这种情况下,地方政府往往没有积极性主动进行环境治理。

（3）寻租和设租

---

① 杨解君:《可持续发展与行政法关系研究》,法律出版社 2008 年版,第 244 页。

寻租指的是利用较低的贿赂成本获取较高的收益或超额利润,表现为权力上的"弱者"用金钱向权力上的"强者"发动攻势,最终获取非分收益;设租则是政府官员主动利用职务便利获取非法收益,是权力上的"强者"用权力或职业优势向权力上的"弱者"发动攻势。污染环境的企业给予地方政府或政府部门的官员经济利益从而使其放纵本企业的污染行为就是环境治理领域的一种寻租行为;负责环境监测的官员为了获取私利向企业提供不实的监测结果以使其逃避应缴纳的排污费就是典型的设租行为。

上述机会主义行为就导致了环境治理中的政府失灵。

2."理性经济人"假设忽视了环境利益关系的复杂性和公众、企业的主动性

经济转型带来的社会变革是多方位的:第一,大一统的利益格局被打破,由多元利益的框架所取代。地方利益、行业利益、个人利益开始凸显,国家利益与地方利益日益分野,个人利益与公共利益也在分离;第二,竞争的氛围形成。市场经济除了市场主体在经济领域内的激烈竞争外,也把各级政府推到了竞争的前台,导致了行政领域的激烈竞争。为了促进地方经济的发展和维护地方的利益,各级政府都在最大可能地争取项目、资源、政策等,竞争已渗透到政府管理的各个方面;第三,社会结构发生了巨大变化。以身份等级为主的社会结构逐渐解体,社会的博弈能力普遍增强。随着社会财富的增加,中央政府直接控制的比例减小,许多财产掌握在地方和私人手中,导致国家对社会绝对控制的松动,行业管理、社会自治等多种力量也在平行生长;第四,社会环境的变化决定了人们思想观念的改变,中国传统文化中的绝对效忠、绝对服从的基础已经不复存在;第五,公众参政议政的愿望强烈。随着经济地位的提升以及受教育程度的提高,人们参与管理的呼声日高,希望通过参与政府的管理来维护自身的权益;第六,信息技术日益发达。信息技术的进步极大地提高了信息的传播速度,也对政府处理信息和回应社会提出了及时、高效的要求;第七,对公共服务的需求日增。市场竞争的加剧使得对弱势群体的帮助变得愈加重要,教育、卫生、文化、环境

保护等问题日渐突出,等等。①

具体到环境治理领域,转型时期资源的分散和转移导致的利益的多元化也带来了权利的社会化,社会公众因为拥有了更多的知识和信息而成为能够影响国家的经济、政治、文化和社会生活等各个领域的巨大社会力量,他们对环境问题严峻性的认识和对高品质生活的追求能够对我国的环境保护产生巨大的推动力量,他们需要的是有更多的机会参与进去。此外,尽管许多企业为了追求短期的经济利益而做出了污染环境的行为,但随着我国环境状况的恶化和国际国内市场对环境友好产品的呼声越来越高,企业对环境与经济的关系的感受将日益深刻,他们需要的只是更多的激励。

环境治理政府单中心模式的应用有其特定的历史背景,也产生了一定的效果。但在转型时期这一模式所固有的缺陷就显露出来了。通过上面的分析我们可以看出,在经济转型时期,各种主体的环境利益诉求已经发生了变化,但是环境治理的政府单中心模式却忽视或否认了这种变化,其前提假设是存在问题的,即:地方政府、政府部门与中央政府在环境利益上是一致的;公众和企业在环境保护方面是被动的。这就导致政府单中心模式带有一种理想化的倾向,容易忽视实际的作用变量和作用机制的价值。这在很大程度上构成了环境治理政府单中心模式的问题的根源。

第三节 政府单中心模式的三重缺陷

庇古在其著作《福利经济学》一书中曾用外部性理论来解释环境问题的根源,该理论或说"市场失灵"理论就成为人们探讨环境治理问题的前提。在这一认识基础上,经济学家们提出了不同的环境问题的经济学解释之道,主要包括新古典主义经济学的"庇古税"途径、新制度经济学的产权途径以及对微观经济主体的行为进行规制的国家直接干预途径。在这些解决市场失灵问题的途径上,政府的角色是不同的,但却都是非常重要的且是

---

① 杨解君:《可持续发展与行政法关系研究》,法律出版社 2008 年版,第 114 页。

必不可少的。也即是说人们认为在环境治理问题上无论政府做什么都是正确的。然而这一看法受到了 20 世纪 70 年代兴起的以布坎南为代表的公共选择学派的挑战。该学派认为：对政府的性质和作用我们应该进行重新审视，政府并不像我们通常认为的那样代表全民的利益，其所追求的也是某种特殊的利益，因为那些以投票人或国家代理人身份参与政策或公共选择的人也是"经济人"。因此，政府在通过制定公共政策对经济生活进行干预的过程中也存在失灵，即"政府失灵"。对"政府失灵"的传统解释是指政府对经济的干预并没有达到克服市场失灵、弥补市场缺陷的理性目标，相反，由于外部条件的缺失和自身的缺陷，政府在干预经济过程中反而产生了新的问题，影响到市场功能的有效发挥，引起了更大的效率损失。① 自此，人们分析与解决环境问题又有了一个新的理论工具。

　　具体到环境治理的政府单中心模式的弊端，从本质上来说也就是"政府失灵"。但是，用"政府失灵"来解释这种弊端又是过于笼统的，"政府失灵"在环境治理的政府单中心模式下具有具体的表现形式，必须对此进行细致的分析。

　　系统理论告诉我们，系统包含特定的要素，这些要素组成一定的结构，从而具备一定的功能。我国现行的政府单中心模式的环境治理模式作为一个动态的、渐进发展的系统，因为忽视了环境治理中的多种实际作用变量和作用机制的价值，面对日益复杂的环境问题，该模式所固有的在主体构成上的要素缺陷必然导致包括权力结构、行为结构和知识—心智结构在内的结构性缺陷，并最终导致在利益协调、行为激励和管理效率等方面功能性的削减与不足。

一、要素缺陷

　　现行的政府单中心模式下，环境管理的主体是各级行政机构，包括中央政府、省、市、县各级地方政府相关的各级政府部门。政府主体处于绝对的

---

① 张建伟：《政府环境责任论》，中国环境科学出版社 2008 年版，第 20 页。

主导地位,无论是宏观政策的制定还是微观层次的监督执行,基本上都是由政府直接操作。政府一方面通过制定环境标准和环境政策,强制企业削减污染排放、进行污染治理,另一方面负责收集污染信息、发出削减污染的指令并对违反规定者施以处罚。而政府与企业以外的其他社会力量,如公众和环境 NGOs 无论是其正面的对环境保护的作用还是负面的对环境的破坏,都没有得到应有的重视,导致他们在环境治理中发挥作用的空间相当有限①。大多数地方环保部门虽然对公众参与有了一定的理解,但一般只将公众的作用定位在"参与"的层面,对于社会各类主体可以自主地发挥力量开展环境保护即进行环境治理认识不足。此外,环保部门对社会力量参与环境治理可能带来负面作用过分担忧也束缚它们对社会力量的运用。

事实上,因为地方利益的存在,地方政府往往会在环境治理过程中采取寻租、设租等机会主义行为。与此同时,社会公众因为拥有了更多的知识和信息而成为能够影响国家的经济、政治、文化和社会生活等各个领域的巨大社会力量,他们对环境问题严峻性的认识和对高品质生活的追求能够对我国的环境保护产生巨大的推动力量,他们需要的是有更多的机会参与进去。此外,尽管许多企业为了追求短期的经济利益而做出了污染环境的行为,但随着我国环境状况的恶化和国际国内市场对环境友好产品的呼声越来越高,企业对环境与经济的关系的感受将日益深刻,他们需要的只是更多的激励。

但政府单中心模式却忽略了这种变化,出现了主体的缺位、错位和越位。首先在中央与地方的关系上没有注意区分,缺少对地方的机会主义行为进行制约的制度和机制;在环境保护的具体运作过程中,政府机构在严峻的环境形势面前越来越不堪重负;另一方面,市场在资源配置上的基础作用没有得到发挥,企业在环境保护方面的积极性没有被调动起来,始终处于一种被动的地位,大多是在受到政府压力的情况下被动地进行污染削减和污

---

① 王芳:《结构转向:环境治理中的制度困境与体制创新》,《广西民族大学学报》(哲学社会科学版)2009 年第 7 期,第 9 页。

染治理;与此同时,环境 NGOs 和公众在环境法治中发挥作用的空间更是相当的有限。

二、结构缺陷

要素缺陷不可避免地会导致结构缺陷。环境治理政府单中心模式的结构缺陷指的是环境治理的性质与权力设置、实现方式之间的不配套,主要表现为权力结构的缺陷和行为结构的缺陷。

1. 权力结构的缺陷

权力结构反映了环境决策权的分配和限制。文森特·奥斯特罗姆认为,"单中心政治体制的重要定义性特征是决定实施和变更法律关系的政府专有权归属于某一个机关或者决策机构,该机关或机构在特定社会里终极地垄断着强制权力的合法行使。因而,在单中心政治体制中,拥有终极权威的人和服从该权威的人之间,决策权能的分配是极不平等的。"①这一论证在我国的表现正是环境治理政府单中心模式的权力结构缺陷。首先,立法权由政府独掌导致立法成为各个相关政府部门谋求管理权的手段,同时缺少对权力的制衡;其次,中央决策者负担过重,而下级却经常歪曲他们所传递的信息,以取悦上级或隐瞒下情。这种信息丧失和信息沟通的扭曲会导致失控,从而使得实际绩效与期望出现差距;此外,政府单中心模式的运行需要中央政府对地方政府的绝对控制,地方政府的自律较差。在这种情况下中央一旦失控,就会出现地方各自为政的混乱局面。所以严格说来,"单中心秩序根本就不是秩序,只是某一个权力中心对边缘一切行动者的操纵性建构"。②

2. 行为结构的缺陷

权力结构的缺陷进一步导致了行为结构的缺陷,主要表现为:一、管理手段单一。我国目前的环境管理还是以命令—控制手段为主,市场机制还

---

① [美]文森特·奥斯特罗姆:《多中心》,毛寿龙译,http://www.docin.com/p-475029.html。
② 孔繁斌:《公共性的再生产:多中心治理的合作机制建构》,江苏人民出版社 2008 年版,第 28 页。

不完善,市场配置资源的基础地位和作用受到牵制,环境保护的市场化机制还没有形成,市场机制在环境保护中的运用和发展还远不如其在经济领域中成熟,环保产业还存在诸多问题。社会机制不完善,社会手段的运用不充分;二、执法方式表现为运动式执法。公众游离于环境管理之外,致使许多环保行动表面上是轰轰烈烈极为时髦的口号,社会基层却常常是无动于衷;三,冲突的解决机制单一,一旦出现环境利益冲突,只能寻求体制内的矛盾解决方式,且多为行政机关解决,司法机关作用都极其有限。

3. 知识—心智结构的缺陷

知识—心智结构的缺陷是一种在环境治理理念和知识上的缺陷,它既是前述权力结构缺陷和行为结构缺陷的认知基础,又因受到该二者的影响而强化。知识—心智结构的缺陷存在于各种主体之中。因为这种缺陷,政府官员将企业和公众放在自己的对立面,认为自己与他们是管理与被管理的关系,企业与公众在环境保护方面就是被动的,需要被管理;企业缺乏责任意识,违法排放污染物现象严重;社会公众认为环境治理是政府的事,自己在环境破坏面前是无能为力的,只能寻求政府的救济。

三、功能缺陷

环境治理政府单中心模式的功能缺陷是其要素缺陷和结构缺陷的必然结果。主要表现在三个方面:一是利益协调功能的不足,二是激励功能的缺失,三是管理效力的不足。

1. 利益协调功能的不足

利益协调既包括不同利益类型之间的协调主要是经济利益与环境利益的协调,也包括不同利益主体之间的利益协调。

利益协调是建立在利益冲突的基础上的。经济利益与环境利益的冲突主要表现在四个方面:首先,同样的经济过程对不同的利益主体产生的对立;其次,同样的经济过程在特定的情况下对同一个利益主体产生的对立;第三,同样的经济过程可以表现为经济利益与未来的环境利益之间可能存在的对立;第四,同样的经济过程可以表现为此空间经济利益的获得和彼空间环境利益的损失之间的对立。[①]

　　我国目前正处于转型时期,也就是1978年以来的一个相对剧烈的变革期。这种转型主要包括从传统农业国向工业国的转变、从计划经济体制向市场经济体制的转变、经济增长方式从粗放型向集约型的转变。在这一转变过程中,由计划经济硬性塑造的社会利益和个人利益的统一开始分离,资源开始出现分散与转移。由此,经济的转型对人们的观念意识产生了两方面的影响:一是注重对短期经济利益的追求。资源的分散和转移在承认了地方政府、企业以及个人的独立利益存在合理性的同时,也刺激了人们追求短期经济利益的行为取向;二是民主意识觉醒。转型时期资源的分散和转移导致的利益的多元化也带来了权利的社会化,社会公众因为拥有了更多的知识和信息而成为能够影响国家的经济、政治、文化和社会生活等各个领域的巨大社会力量。具体到环境治理领域,这种经济的转型和人们观念意识的改变也带来了包括中央政府、地方政府、企业和社会公众等在内的不同主体环境利益诉求的变化。

　　但是从现行的政府单中心的环境治理模式看,对上述这些变化的关注和回应还不够,还缺少体制内的环境利益表达和协调机制以及相应的利益冲突的处理机制,所以导致社会公众经常不得不寻找体制外的途径和方式来表达和维护自己的环境利益,情况严重了就会导致环境群体性事件的爆发。

　　2.激励功能的缺失

　　激励功能的缺陷包括两个方面:

　　一是对社会主体和市场主体的激励不足。当前政府单中心模式的环境治理主要偏向于从消极的预防、治理污染和生态破坏的角度去规定行为人的义务,而不是从赋予个体种种权利以最大限度地利用环境资源获得经济利益与环境利益的角度去调动行为人的主动性。从而使理性"经济人"利

---

① 严法善、刘会齐:《社会主义市场经济的环境利益》,《复旦学报》(社会科学版)2008年第3期,第46—51页。

用环境资源追求利润的合理性未能得到恰当的承认与维护,使行政相对人对于环境法规的认同感和义务感受到降低或阻碍,使行政相对人的利益与积极性得不到充分诱致,使主体的自觉守法的意识难以充分弘扬。而这无疑也违背了环境法治的精神。[①] 政府单中心模式表面上看似强化了政府的环保职责,实际上却会限制个体进行环境保护的积极性、限制个体通过合法手段利用环境资源的主动性与可能性,从而剥夺或部分剥夺个体的环境利益,并且会进一步否定其利用环境资源获得其他利益的可能性。激励的缺位不仅制约了社会环境权益的充分发展,使其无法有效地将社会力量激励和动员到环境治理中来,它所导致的更为直接的后果是公众在环境保意识和环境保护行动上的"政府依赖"。"无论是社会组织、企业,还是公民个人,均把环境保护看做是政府的责任,自身参与环境治理的行为十分有限,参与的程度与效率也不高"。[②]

二是对地方政府的激励不足甚至逆向激励。正如前文分析的,环境治理的政府单中心模式忽视了地方政府与中央政府在环境保护方面的利益不一致性,所以缺乏对地方政府进行环境保护行为的激励措施也就不可避免了。

3.管理效力的不足

管理效力的不足表现为两个方面:

首先,管制者疲于应付,成为"救火队员"。目前环境管理的现状,可以"管得过多,统得过死"来描述。"管得过多"意味着管制的面宽、点多,政府把大量责任揽到自己身上,百密难免一疏,管制者与被管制者在数量和精力上的严重不对等,导致管制者信息不对称情况继续恶化,管理漏洞层出不穷,这是现行制度的必然结果。"统得过死"表明企业面对过多的管制条款,程序过于复杂,发挥正向积极性和能动性的可能不大,严重限制了企业

---

① 钭晓东:《论环境法功能之进化》,科学出版 2008 年版社,第 285 页。
② 王芳:《结构转向:环境治理中的制度困境与体制创新》,《广西民族大学学报》(哲学社会科学版)第 31 卷第 4 期,第 9 页。

技术进步和制度建设的积极性。[①]

　　第二，"运动式"治理效果不佳。这在我国近年来掀起的三次"环保风暴"中表现明显。2004年至2005年，以松花江重大污染事件为中心的第一次环境危机爆发，国务院布置了连续三年的"打击环境违法保障群众健康"环保专项行动，在全国范围内掀起了第一次"环保风暴"。结果是尽管一些群众反复投诉的环境污染问题得到了初步的解决，但只是治标而不治本。2006年我国爆发了以水污染为主的第二次环境危机。对此，中央政府发动了第二次环保风暴。这次环保风暴还是寻求体制内的解决途径，采取了各种口号式、运动式的"突击检查"、"集中整治"、"统一行动"、"大整顿"等"专项治理"行动。"风暴"过后发现，企业的污染尽管出现了一时的缓解，但一段时间之后又继续反弹。面对这种屡禁不止的局面，原国家环保总局现在的国家环境保护部在2007年掀起第三次"环保风暴"，推出了"区域限批"政策。该政策已经是现有法律政策框架下环境保护部所能动用的最大限度的行政手段，是最强硬的行政性治理机制了，但目前的结果已经显示出该政策所取得的成果乏善可陈。事实证明这种"头痛医头、脚痛医脚"的"运动式"治理不足以解决我国的环境问题。

　　正是因为这三种缺陷，环境治理实践中出现了种种无序现象。比如体制问题导致管理部门之间争权夺利、冲突频繁发生，"九龙治水"、水却依然污染就是明显一例；比如中央行政机关主导环境立法带来"法律部门化"的不良后果，立法成为不同部门之间争夺管理权的手段，而地方因为立法权限小，所以很少针对全国性环境立法结合本地区的实际制定相应的实施细则，即使有，也多是全国性环境立法的翻版，导致可实施性差；比如很多地方政府受传统政绩观的影响，为污染行为提供保护伞，以牺牲环境为代价换取短期经济利益；比如环境管理部门的执法者存在"设租"、"寻租"行为，利用手中的权力通过放任某些企业污染行为为个人谋取私利；又比如环境管理手

[①]　肖建华、赵运林、傅晓华：《走向多中心合作的生态环境治理研究》，湖南人民出版社2010年版，第279页。

段单一,对罚款过于依赖,而现行法律规定的罚款额度又很低,对企业形成负面激励,导致污染企业宁可交罚款也不去治污;再比如公众很多时候因为缺少法律救济途径而在污染损害面前求助无门,等等。正如有学者所言,我国环保事业多年来所取得的成效很多是以牺牲相当多的资源配置效率和经济效益为代价的,而且现行环境政策无法从根本上改变环境状况恶化的严重局面,①说明我国政府单中心的环境治理模式亟需变革。变革的目的有两个:一是强化和规范政府主体的作用;二是给予其他主体发挥作用的更大的空间。这两方面目的并不矛盾,恰恰是对环境问题的综合性复杂性、环境保护的科学技术性、环境事件的突发性、环境保护的不确定性的回应。

转型时期是一个问题与机遇并存的时期,它在导致一些无序现象出现的同时,也孕育着解决问题的因子。首先,中央作为国家的最高领导集团,能够把环境利益作为国家的长期利益来追求,并靠政治上的绝对权威和社会资源的综合调控等方式实现其所追求的环境利益;同时,转型时期资源的分散和转移导致的利益的多元化也带来了权利的社会化,社会公众因为拥有了更多的知识和信息而成为能够影响国家的经济、政治、文化和社会生活等各个领域的巨大社会力量,他们对环境问题严峻性的认识和对高品质生活的追求能够对我国的环境保护产生巨大的推动力量,他们需要的是有更多的机会参与进去;此外,尽管许多企业为了追求短期的经济利益而做出了污染环境的行为,但随着我国环境状况的恶化和国际国内市场对环境友好产品的呼声越来越高,企业对环境与经济的关系的感受将日益深刻,他们需要的只是更多的激励。当然,上述这些因子任何一项单独发挥作用都不足以解决我国严峻的环境问题,必须探索一种模式将它们有机地整合起来使之共同发挥作用。

此外,"治理"概念本身的演变也使得构建一种新的多主体合作的环境治理模式成为必要。按照《韦伯斯特新国际辞典(1986)》的定义和解释,

---

① 马小明、赵月炜:《环境管制政策的局限性与变革》,《中国人口资源与环境》2005 年第 6 期,第22 页。

"治理"的传统含义指的是"统治的行为或过程",它意味着"统治的官员、权力或功能"以及"统治的方式或方法"或"统治制度"。可见,治理的传统含义基本上是作为国家的统治行为来使用的。但是,从20世纪70年代开始,伴随着经济全球化浪潮和后现代主义思潮的兴起,"治理"的含义发生了深刻的变化,甚至与传统的"统治"和"政府控制"对立起来。全球治理委员会于1995年发表的名为《我们的全球伙伴关系》的研究报告对"治理"的新含义做了非常明确的表述。指出:"治理是各种公共和私人的机构管理其公共事务的诸多方式的总和。它是使相互冲突的或不同的利益得以调和并且采取联合行动的持续的过程。这既包括有权迫使人们服从的正式制度和规则,也包括各种人们同意或以为符合其利益的非正式的制度安排。它有四个特征:治理不是一套规则,也不是一种活动,而是一个过程;治理过程的基础不是控制,而是协调;治理既涉及公共部门,也包括私人部门;治理不是一种正式的制度,而是持续的互动。"①可见,"治理"本身已经演变成为一个内含着多中心意义的概念,环境治理当然也不例外。环境治理模式从单中心到多中心转变,这也是还"治理"本真的含义。

---

① 俞可平:《全球化:全球治理》,社会科学文献出版社2003年版,第6页。

第四章 环境治理多中心合作模式的构建

第一节 理论基础：多中心理论

多中心理论产生和发展于第二次世界大战以后，是美国印第安纳大学政治理论与政策分析研究所的埃莉诺·奥斯特罗姆与文森特·奥斯特罗姆夫妇及其研究团队共同创立的。尽管这一理论的学术背景是政治学、公共管理和公共政策，但其理论出发点、内涵、实质和影响却远远超出这些领域，该理论以透彻的制度分析、严密的逻辑论证和深厚的实践关怀为诸多社会问题提供了解决之道。凭借该理论，其主要创立者之一埃莉诺·奥斯特罗姆不仅获得了美国塞德曼政治经济学奖，而且获得了 2009 年诺贝尔经济学奖。

多中心理论主要包括多中心的社会秩序理论、多中心的公共经济理论、公共事物的自主治理理论、公共事物的可持续发展理论和多中心的城市治理理论五个部分。这五个部分是有机联系、密不可分的。其中，关于社会秩序的理念是贯穿其理论始终的主旋轴，是多中心理论体系的根本理念；为这一理念提供基础性视角的是这一理论对经济学的关注，而且因为研究对象涉及的主要是公共事物，所以，这种经济学关注就集中体现在了关于公共经济的观点之中。在对公共经济的研究中，奥斯特罗姆夫妇等人揭示了公共领域"另一只看不见的手"的运行逻辑，奠定了多中心理论体系的基础；具体到日常社会生活层面，因为我们面临的大量问题都是公共池塘资源的治理问题，因此，埃莉诺·奥斯特罗姆在大量经验研究基础上提出了颇具影响的公共池塘资源治理之道,即公共事物自主组织与治理的集体行动理论;在多中心理论体系中,对公共事物与发展关系的关注是一以贯之的主题,对这一关系制度层面的解剖与设计是其理论一以贯之的方法,什么样的制度才能促进公共事物、进而促进社会的可持续发展成为多中心理论体系的智慧内核;城市是公共事物高度密聚的空间场所,因而也是多中心理论涉足最为频繁的场域之一,所以,多中心的城市治理理论也是多中心理论的重要组成部分。

在多中心理论的五个部分中,主要由埃莉诺·奥斯特罗姆完成的公共事物的自主治理理论居于基础地位,所以,下文将以该理论为主对多中心理论的提出、内涵、主要特征和意义几方面进行具体介绍。

一、多中心理论的提出

公共事物的自主治理理论建立在对已有的公共事物治理之道的反思之上。埃莉诺·奥斯特罗姆首次系统地总结了人们用以分析公共事物解决之道的理论模型,指出:传统的公共事物治理的理论模型有三种:哈丁的"公地悲剧"、"囚徒困境"博弈模型和奥尔森的"集体行动的逻辑"。这三个理论模型都描述了特定情况下的公共事物总是得不到关怀的必然的悲剧性结果,说明了个人的理性行为最终导致的却是集体的非理性。基于这三种理论模型,传统的政策方案提供了解决公共池塘资源占用者集体行动困境的"两条道路",即利维坦方案和私有化方案。利维坦方案是指由中央政府决定谁能够使用公共池塘资源、他们能够在什么时候使用这些资源、怎样使用这些资源,并且由中央政府对他们进行监督,对违规者进行惩罚。而私有化方案则主要是指通过创立一种私有财产制度来终止公共池塘资源的公共财产制度,由私人企业对公共池塘资源进行占有、使用和管理,通过市场调节来实现对公共池塘资源的可持续利用。利维坦和私有化方案都进行了这样的预设:共同拥有公共池塘资源的人们不可避免地跌入陷阱,并只能通过一种外部力量——国家或市场对公共池塘资源的占用进行组织和管理,这样才能克服集体行动的困境,实现对公共池塘资源的可持续利用①。

在运用博弈论对上述三种模型所隐含的博弈结构进行分析的基础上,埃莉诺·奥斯特罗姆进一步指出:上述理论和模型先入为主地认为外部效应由每一个人的行为所引起,因而产生悖论性的情境。在其中,个人会进行狭隘的、短视的计算,使得所有个人既害己又害人,而不寻找相互协作的途径来避免这一问题。② 事实上,上述理论模型是存在弊端的。

首先,因为他们所运用的理论假设存在局限性,所以导致结论过于悲观。他们认为囚徒困境博弈始终是基本的结构,并且一个层次的分析就已足够。但事实上,公共池塘资源中个人所面临的博弈结构并非是单一的囚徒困境博弈结构。该结构是可能存在,但并非唯一,保证合作的博弈结构也是现实可能存在的结构。

此外,上述理论模型对市场与国家的区分,忽视了个人行动与集体行动之间可能的互补性。行动的是个人,但个人的行动总是处于某一特定的环境中的。某个人的权利意味着其他人的义务,而该个人也有义务相对于其他人的权利作出行动。正如迈克尔·麦金尼斯和文森特·奥斯特罗姆在文章中所说的:"我们共享着某一体系的机会和约束,在其中我们在多方面的关系中过日子,这些关系确定了我们的能力和限度。像市场和国家那样的抽象概念导致我们犯错,因为我们是在各种各样的合作关系中过日子的。"③

正是基于对已有理论上述弊端的认识,埃莉诺·奥斯特罗姆认为,利维坦方案和私有化方案的理论模型——集体行动理论既不充分、又难以理解。不充分是指这些理论以"囚徒困境"为唯一结构,且分析只着力于操作层面,并没有完全考虑自主组织的内部变量和外部关键变量的影响;难以理解

---

① 陈艳敏:《多中心治理理论:一种公共事物自主治理的制度理论》,《新疆社科论坛》2007 年第 3 期,第 38 页。

② [美]埃莉诺·奥斯特罗姆:《公共事物的治理之道:集体行动制度的演进》,余逊达、陈旭东译,上海三联书店 2000 年版,第 2 页。

③ [美]迈克尔·麦金尼斯,文森特·奥斯特罗姆:《民主变革:从为民主而奋斗走向自主治理(上)》,李梅译,《北京行政学院学报》2001 年第 4 期,第 90 页。

则是指已为人们熟知的集体行动理论没有为公共事物治理提供明确的公共政策建议。这些理论模型的不足在于没有反映制度变迁的渐进性和自主转化的本质;在分析内部变量如何影响规则的集体供给时,没有注意外部政治制度特征的重要性;没有包括信息成本和交易成本等限定性因素。① 很多外部强制实施的规则都建立在过于简单的模型上,他们假定只有有限的最优选择才能够用来提高公共事物治理的绩效。但是,这些规则常常不符合公共事物特定的物质性特征。如对流动性资源(如水、空气、渔场等),私有产权就很难发挥它的作用。而在以利维坦为解决方案实施对污染排放的集中控制时,我们需要中央政府准确掌握公共资源的总量、明白无误地安排资源的使用、能够监督各种行为并对违规者成功制裁。只有在这样的情况下,博弈的结果才是最优均衡。然而现实并非如此。在自利经济人本性的影响下,不仅这种理想的"最优均衡"难以实现,而且创立和维持一个这样的中央决策与执行机构的成本也是巨大的。

有鉴于此,埃莉诺·奥斯特罗姆着眼于小规模公共池塘资源问题,在大量的实证案例研究基础上,开发了自主组织和治理公共事物的制度理论,从而进一步发展了集体行动的理论,为公共事物治理找到了一条多中心的道路,为保护公共事物、可持续地利用公共事物进而增进人类的福利提供了自主治理的制度基础。

二、多中心理论的内涵

"多中心"作为一个概念最早是由迈克尔·波兰尼在《自由的逻辑》②一书中使用,以证明自发秩序的合理性和可能性,迈克尔·波兰尼区分了社会的两种秩序:一种是指挥的秩序,它凭借终极权威,并通过一体化的上级指挥与下级服从的长链条维系着自身的"协调"与运转,实现自身的分化与整合。另一种是多中心的秩序,在该秩序下行为单位既相互独立、自由地追求

---

① [美]埃莉诺·奥斯特罗姆:《公共事物的治理之道:集体行动制度的演进》,余逊达、陈旭东译,上海三联书店 2000 年版,第 13 页。

② [美]迈克尔·波兰尼:《自由的逻辑》,冯银江、李雪茹译,吉林人民出版社 2002 年版。

自己的利益,又能相互调适、受特定规则的制约,并在社会的一般规则体系中找到各自的定位,以实现相互关系的整合。"多中心"理论继承了迈克尔·波兰尼的多中心秩序理论,同时更加强调参与者的互动和能动创立治理规则、治理形态。

在多中心理论中,"多中心"是指多个权力中心治理公共事务、提供公共服务。它意味着有许多在形式上相互独立的决策中心,它们在平等、竞争的关系中相互尊重对方的地位,通过形成各种各样的合约,从事合作性的活动并解决相互间的冲突。奥斯特洛姆等人将"多中心"一词从只是描述一种社会秩序的特征的词汇阐述和发展成为一种思维方式和理论框架,更成为公共物品生产与公共事务治理的一种模式。

从微观方面看,多中心治理意味着公共物品的多个生产者,公共事务的多个处理主体。即在公共物品的生产和公共事务的治理上,可以通过产权、契约等安排来由相互独立的分散的主体提供,从而将公共物品的生产和提供按照地域、特性等方面分散化。每个主体拥有该公共物品的有限生产权或该公共事务的有限处理权,并对自己生产的物品、提供的服务承担责任。在主体之间的关系上则既相互独立同时又具有千丝万缕的联系。多中心理论试图在保持公共事务公共性的同时,通过多主体提供性质相似、特征相近的物品,从而在传统的由单一部门垄断的公共事务上建立一种竞争或者准竞争机制。通过这种竞争,可以使各个生产者自我约束、降低成本、提高质量和增强回应性。

从宏观方面看,多中心治理意味着政府主体、市场主体的共同参与和多种治理手段的运用。传统观点认为公共事物应该由政府生产和提供。后来人们又认为市场应该介入公共事务治理,从而提出了建立以市场为核心的纯粹的"私有化"的思路。但是上述两种观点都没有跳出"政府—市场"非此即彼的治理模式,从其本质上讲都是一种单中心的治理思路,也各有弊端。政府垄断公共事务的生产和供给会造成公共物品的单一,无法满足多种偏好,甚至会导致效率丧失及寻租等一系列问题。而"私有化"策略则会导致"公共性"的缺失和公共利益的不足。多中心的治理模式跳出了这种非此即彼的思维局限,认为政府和市场都可以进行公共物品的生产、提供和公共事务的治理,这样既可以充分保证政府公共性、集中性的优势,又可以利用市场的回应性强、效率高的特点,是一种可以综合两个主体、两种手段的优势的公共事务治理的新范式。

此外,多中心理论还注意到了政府在多中心治理中的角色和任务的变化。该理论认为,多中心治理并不意味着政府从公共事务领域的退出和责任的让渡,而是意味着政府角色、责任与管理方式的变化。以往政府以公共物品的唯一直接生产者和提供者的身份参与了公共物品从生产到消费的整个过程,扮演着多重角色,承担着多重任务。而在多中心治理中政府不再是单一主体,而只是其中一个主体,政府的管理方式也从以往的直接管理变为间接管理,更多地扮演了一个中介者、服务者的角色。

三、多中心理论的主要特征

第一,强调公共事务供给的多元化。多中心理论提出公共部门、私人部门、社区组织都可以供给公共物品,这样就把多元竞争机制引入到公共物品供给过程中来,从而满足多种需求、提高服务质量、提高效率。

第二,强调自主治理、自主组织。埃莉诺·奥斯特罗姆在大量经验研究基础上所提出的公共事物的治理之道就是公共事物自主组织自主治理的理论。该理论主要研究了一群相互依存的人们如何把自己组织起来,围绕着特定的公共问题,按照一定的规则,采取弹性的、灵活的、多样性的集体行动组合,寻求高绩效的公共问题解决途径进行自主性治理,并通过自主性努力以克服搭便车、回避责任或机会主义诱惑,以取得持久性共同利益的实现。

第三,强调多元主体的参与和互动。多中心理论主张培育和增强民间对公共服务的主体意识,建立政府与民间的互动,从而促进公共服务的社会化,也降低公共机构的成本。

第四,强调多中心治理的制度安排。多中心治理要想实现,关键在于集体组织的建立和集体行动规则的确立。这也是一个包含设计、运作、评价和变更的渐进过程。

四、多中心理论的意义

奥斯特罗姆夫妇及其同仁关于多中心理论的研究是深刻的,为公共事物治理实现高绩效开拓了思路,也极大丰富了公共管理的知识和方法。与传统的治理理论相比,多中心治理有三个明显的优点:多种选择、减少搭便车行为和更合理的决策。

之所以说多中心治理提供了多种选择,是因为"多中心治理结构为公民提供机会组建许多个治理当局。"①从而使得每个人能够同时在几个政府单位中保存着公民身份,获得有效服务。多中心能够运行的一个必要条件就是独立的选举过程。"一个管辖单位的官员不能对其他管辖单位的官员行使上司权力,因此不能控制他们的职业发展。"②如果存在着管辖权的争论,就通过"行政等级以外的法院或其他冲突解决论坛裁定"③。因为存在着多个选择机会,公民就能够"用脚投票"或"用手投票"来享受类似"消费者权益"一样的更多的权利。

多中心治理的第二个优点在于避免了公共产品或服务提供的不足或过量。公共经济学认为,由于"搭便车"的存在,个人自动提供的公共产品往往是不足的,因此公共物品和公共服务必然应该由政府部门提供。然而,公共选择学派却认为政府也会"失败",因为政府官员存在着一系列"短视"行为;由于垄断生产经营,政府可能会忽略产品的成本和收益;由于规模单一,大量的具有外部性的事务难以合理根治;由于行政界限的僵化,存在付费的人不享受收益而享受收益的人却没有付费的情况,等等。多中心治理有助于维持社群所偏好的事务状态,通过多层级、多样化的公共控制将公共事务治理的外部性内部化;通过提高服务或产品的规模提高它的经济效益。这

---

① ［美］埃莉诺・奥斯特罗姆:《公共事物的治理之道:集体行动制度的演进》,余逊达、陈旭东译,上海三联书店2000年版,第41页。
② ［美］埃莉诺・奥斯特罗姆:《公共事物的治理之道:集体行动制度的演进》,余逊达、陈旭东译,上海三联书店2000年版,第41页。
③ ［美］埃莉诺・奥斯特罗姆:《公共事物的治理之道:集体行动制度的演进》,余逊达、陈旭东译,上海三联书店2000年版,第279页。

样,公共治理就具备了与私人治理相似的性质,从而大大减少了"搭便车"行为。

多中心治理的第三个优点在于公共决策的民主性和有效性。多中心治理强调决策中心下移,面向地方和基层,决策和控制在多层次展开。微观的个人决策以集体的和宪政层次的决策为基础,而集体的和宪政层次的决策需要尊重受其影响的大多数的意见,吸收和鼓励基层组织和公民参与。它的优点在于有效利用地方性的具体信息作出合理的决策。传统公共决策思想认为科学合理的决策应该由高层或中央政府作出,因为那里拥有先进的科学设备、高素质的专家和全面的文献资料。不可否认,对于一些全国性的公共问题的决策,中央政府及其部门拥有极大优势。但是对于直接与人们生活息息相关的公共问题来说,它的相关知识和信息具有很强的时间和地域性,由于高层官员或专家只能依靠偶尔下基层调研,导致对地方的了解存在着片面性,又难以全面掌握地方性知识,难于收集到较为全面的重要地方信息,因此,对这些问题的决策主要应该由生活于其中的居民以及由本地居民所控制的官员来进行。①

当今社会,一方面是公共问题的日益增多和复杂以及社会需求的愈益多样化和质量要求愈益提高,另一方面是政府因为结构与理性的缺陷及其自身难以克服的性质从而导致越来越难以满足上述的需求。人们越来越清晰地认识到,公共事务的公共属性具有不同的空间层次、时间层次、内容层次、物化形式,因而可以依靠多元主体、进行多种制度安排。同时,因为越来越多的私人事务只有依赖公共事务的有效治理才能有效解决,如良好的环境治理使个人受益,而个人无力解决此类问题,因此越来越多的私人事务日益呈现"公共"性质,必须依赖集体行动才能解决。② 正是多中心理论把多中心秩序与效率及社群利益关联起来,在市场与国家理论之外进一步发展

---

① 王兴伦:《多中心治理:一种新的公共管理理论》,《江苏行政学院学报》2005 年第 1 期,第 96—100 页。

② 邓集文、肖建华:《多中心合作治理:环境公共管理的发展方向》,《林业经济问题》2007 年第 1 期,第 49—53 页。

了集体行动理论,从而为公共事物的治理找到了一条颇具启发意义的全新路径。

第二节 多中心理论的应用

一、理论的适用性分析

多中心理论是一种对社会秩序的全新洞见,即在亚当·斯密的"市场"这只"看不见的手"之外还发现了公共领域另一只"看不见的手",在市场秩序与国家主权秩序之外发现了社会运转的多中心秩序。多中心理论来自于西方社会,对素有权利制衡偏好的人们有着重要的理论与实践意义,具体到发展中国家,其生命力同样不可阻挡。该理论的许多经验研究本身就着眼于发展中国家的现实。埃莉诺·奥斯特罗姆认为,存在于发展中国家的许多本土制度都具有无中心特色,这些具有无中心性的本土制度与多中心的制度安排原则具有基本的契合性,并且表现出旺盛的活力,是多中心制度发育与完善的适宜场域。

以多中心理论的独特诠释力与现实指导力反观我国目前的环境问题,反观我国目前的环境治理实践,有许多令人深思与得益之处。当前,公众要求良好环境质量的呼声越来越高,而政府单中心的环境治理模式却因效率低下、回应性低而越来越显得捉襟见肘。在这种情况下,多中心理论所展示的公共事物及其治理的内在逻辑无疑具有现实的导向意义。可以说,多中心理论在我国的适用既有理论上的应然判断,又有现实的物质基础。这一点可以从以下几方面看出:

(1)从环境问题本身来分析。首先,环境是一种公共事物,是社会的公共品。环境问题是作为公共事物治理理论的多中心理论天然的适用场域,该理论本身就有很多内容是针对环境资源问题展开的。其次,环境问题本身具有不同的空间层次、时间层次、内容层次和物化形式,需要因地制宜、因时制宜进行不同的制度安排,而这一要求与多中心理论所主张的多种制度安排是相吻合的。第三,多中心理论的一个核心内容是对主体多元化的强调,这一点符合我国目前环境利益主体日益多元化的现实。

(2)从环境治理来分析。对环境资源的享用面临着集体行动的困境,这是集体行动的一阶困境。环境治理是为了克服这种一阶困境而进行的制度安排,这一制度安排本身也是一种公共事物。当然这一公共事物不是良好的环境本身,而是保护环境的措施、政策和制度以及由此建立起来的环境新秩序。所以,环境治理也面临着集体行动的困境,即罗伯特·贝茨所说的"二阶集体困境"。① 多中心理论对这一问题做出了回应,可以说,制度供给所面临的"二阶集体困境"问题本身就是多中心理论的作用场域之一。从我国本身来看,我国目前的环境治理采用了一种政府单中心的模式,其所存在的问题正是这种"二阶集体困境"问题。多中心理论解决这类问题的主张理应适应我国环境治理效能有效提升的需要。

(3)埃莉诺·奥斯特罗姆是这样论述其研究对象的:"本书所研究的公共池塘资源的类型是有局限的:①是可再生的而非不可再生的资源;②资源是相当稀缺的,而不是充足的;③资源使用者能够相互伤害,但参与者不可能从外部来伤害其他人。因此,任何不对称的污染问题都不包括在内。"简单地说,其研究对象是小规模的公共池塘资源。但她同时也指出:"考虑到许多公共池塘资源问题和提供小范围集体物品问题的相似性,本书的发现应该有助于人们对可能影响个人为提供地方性公共物品而组织集体行动的能力的各种因素的理解。为组织集体行动的所有努力,不管是来自外部的统治者、企业家,还是来自希望获取收益的一组当事人,都必须致力于解决一些共同的问题。这些问题包括搭便车、承诺的兑现、新制度的供给以及对个人遵守规则的监督。一个对在公共池塘资源环境中如何避免个人搭便车、如何实现高水平的承诺以及新制度的供给的安排和规则遵守情况的监督的集中研究,也应该有助于理解在其他场合下人们对这些极重要的问题

---

① ［美］埃莉诺·奥斯特罗姆:《公共事物的治理之道:集体行动制度的演进》,余逊达、陈旭东译,
　上海三联书店 2000 年版,第 48 页。

的处理。"①从前面的分析我们可以看出,环境治理正是一个包含着搭便车、承诺的兑现、新制度的供给和对个人遵守规则的监督的问题,因此应该能够在奥斯特罗姆的研究中获益。

(4)多中心理论的学术背景非常深厚,包括政治学、公共管理学、公共政策学和经济学等。在研究中该理论也应用了包含经济学方法、系统论方法等在内的诸多学科的研究方法。因此多中心理论是一种综合性很强、适用性很广的理论,这种跨学科的理论和方法恰是环境治理所需要的。

二、应用过程中应注意的问题

理论的设计必须以对理论适用对象的能力和局限的实际评估为基础。应该看到,多中心理论最初是针对美国公共事务治理而提出来的一种理论模式,是从美国的政治、经济、文化等实际情况出发而设计的,尽管我国公民社会发展迅速,民主、法治观念不断深入,但无论是经济改革的市场化程度、公民权利的民主化程度、社会组织的自主化程度,还是政府权利配置的合理化程度,都与理论原本的要求存在差距。此外,多中心理论的制度设计本身也不能适用于所有的情况。埃莉诺·奥斯特罗姆自己也认为社会科学家的理论模型至多可以当作分析框架,因为"无法在一个模型中容纳下此等复杂的情形。当在模型关系中选择时,往往只能包括一个子变量群,即使如此,通常还会将其中的某些变量再设为零或某个绝对值。"②"人类所开发的每一个文化都包含着一些能够用于强化社群自主治理的原则,也包含一些能够用于削弱或者摧毁这些能力的原则。"③所以我们在应用多中心理论过程中不可能完全照搬而必须进行适当的修正,使之符合我国的现实国情。有几个问题必须给予注意:

---

① [美]埃莉诺·奥斯特罗姆:《公共事物的治理之道:集体行动制度的演进》,余逊达、陈旭东译,上海三联书店 2000 年版,第 50 页。

② [美]埃莉诺·奥斯特罗姆:《公共事物的治理之道:集体行动制度的演进》,余逊达、陈旭东译,上海三联书店 2000 年版,第 20 页。

③ [美]埃莉诺·奥斯特罗姆:《公共事物的治理之道:集体行动制度的演进》,余逊达、陈旭东译,上海三联书店 2000 年版,第 142 页。

1. 关于主体之间的关系

多中心理论认为主体之间是平等的，政府在多中心秩序下最重要的作用是以一种符合社会公正标准的方式去协助地方管辖单位解决他们之间的利益冲突，其所有的作用在本质上都是支持性的。而在我国目前的情况下，作为市场主体的企业尽管已经在一定程度上认识到了环境的重要性，但其本质特征决定了在经济利益面前还是会选择牺牲环境；环保产业市场还不完善，还需要国家出台各项规章制度给予支持；社会力量还处于薄弱期，公众还很难以个人的力量来改变政府的环境决策和企业的环境污染行为；环境 NGOs 近年来尽管数量越来越多，但发挥作用的方式还需要扩展，实际的作用力度还不强。可见，无论是市场主体还是社会主体，它们当前都无力单独承担起政府让渡出来的环境治理责任。所以政府还是要在其中发挥主力和主导作用，引导其他社会力量的参与，随着其他社会力量能力的增强，政府的这种主导作用会不断减弱。当然即使是目前，政府作用的大小也应分情况（大环境与小环境）分地区（发达地区与落后地区）区别对待。

2. 关于自主组织

多中心治理理论的核心内容是自主治理和自主组织。它要求众多具有不同动机、不同利益追求的异质性主体自主组织起来合作行动，并通过自主性努力以克服"搭便车"现象、回避责任或机会主义诱惑，以取得持久性共同利益的实现，同时完成公民社会充当初级行动团体的、自下而上的、自发的诱致性制度变迁过程，而政府仅以次级行动团体的身份对其加以促进。环境利益相同的社群或共同环境侵害的受害者可能容易组织起来，但对于其他主体来说，其参与更多地是基于意识形态，并且通常是利他主义的。因此，这种自主组织的形成更需要个人利益以外的原因来解释，如富有冒险、创新精神的文化特质、对环境公益的强烈信念等，这些在我国目前来说无疑还是欠缺的。另外一种情况，社会主体具有组织起来的意愿，但很多时候能力受限，所以自主组织是一个渐进的过程。因此，多中心理论在我国应用时，其自主组织需要外部的协助，这种协助主要来自政府，还可以来自环境NGOs 等社会团体。

3.关于模式构建的主旨

埃莉诺·奥斯特罗姆的多中心理论是运用博弈论探讨在政府和市场之外自主治理公共池塘资源的可能性,她的模型证明了人类社会大量的公共池塘资源问题在事实上并不是依赖国家解决的,人们的自主组织和自主治理是更为有效地解决公共事务的制度安排。在一定的条件下,面临公共事务困境的人们,可以依靠自己的智慧,确定他们的制度安排,改变他们所处的情景结构,从而避免"公地悲剧"。以这一认知为基础,本书认为随着我国公民社会的不断发育,社会公众自主治理能力不断增强,各种自发的社会运动和志愿者活动日益增多,与此同时更多的企业认识到利润提升与环境保护的正相关关系,从而越来越关注环境问题,这些都使我们有理由相信站在政府之外,市场和社会力量也是环境治理的重要主题,因此本书利用多中心理论构建环境治理新模式的主旨之一就是充分发挥市场主体和社会主体的作用。但正如前文论述的,中国的环境治理离不开政府的作用,所以环境治理新模式构建的另一主旨就是更好地发挥政府的作用。二者是不矛盾的。

在对多中心理论进行适用性分析过程中,上述三个问题是内在相关的。除这三个问题需要特别注意以外,我们还要充分考虑多中心理论产生的社会文化背景,所以在实际应用中必须结合我国的社会实际,吸收其思路和方法,构建适合我国国情的环境治理新模式。

三、环境治理多中心合作模式的框架设计

从管理的角度看,环境治理问题根本上是一个公共制度的供给和选择问题,是一个二阶集体困境问题。因此,对于多中心理论针对这种二阶集体困境提出的治理原则和思路,尽管我们不能完全照搬,但可以对其进行借鉴,设计我们自己的多中心合作环境治理模式的框架。

1.多中心合作模式的基本特征

传统的公共事物治理存在两种基本的模式:以政府为中心或者以市场为中心。实践经验表明:以市场为治理中心会产生诸如公用地悲剧、囚徒困

境和集体行动的逻辑困境等失灵现象,以政府为治理中心也会产生失灵现象。多中心理论正是针对市场或政府的单中心治理所存在的双重失灵问题而提出的一种新型理论分析工具,它主张公共事物的治理是一个多元化的互动过程,应该建立政府、市场和社会等多维框架下的多中心治理模式,通过多元合作、协商来解决公共治理难题;社会可以拥有多个权力中心和组织体制来治理公共事务、提供公共服务。概括说来,多中心理论强调治理客体的确定、治理主体的多元和权力运行的多向度。它为环境治理模式创新开辟了视野。依据该理论,环境治理的多中心合作模式的基本特征应该包括三个基本方面。

(1)客体确定性。环境治理的客体有多种类型,它可能是自然环境介质,如大气、水,等等;也可能是针对自然环境介质的行为,如排污权交易行为、垃圾回收行为等。所谓客体确定性指的是客体的边界和信息是确定的,从而使得客体能够成为多元主体的构成依据,主体及其关系、权力的行使都围绕确定的客体来设定,针对不同的客体,可以进行不同的设定。

环境治理的政府单中心模式在客体方面呈现出这样两个特点:一是针对同类环境客体在环境治理制度的供给上“一刀切”现象严重。我国地区差异显著,无论是地理特点、经济水平还是人们的消费习惯都有很大的不同,环境治理的结果好坏容易受这种差异的影响,但中国的环境法律制度很多是一刀切的,即针对不同地区的同一类环境客体做出同样的规定。这样的规定看似公平,但其实只是一种形式上的公平,往往造成事实上的不公平,当然也就会影响到环境治理的实际效果。另一个特点是我国环境治理的绝大部分客体之间都以行政区划作为严格的界限,这就导致我国的环境治理在很大程度上是各地方政府以行政命令的方式对本地区的环境事物进行的垄断管理,既排斥了本行政区域内政府之外的其他主体的参与,更排斥了本行政区域外其他主体的参与,政府之间也缺少信息的沟通和交流,具有相当程度的封闭性和机械性,人为造成环境治理效果的外溢和严重的“搭便车”现象。

所以,多中心合作模式下环境治理的客体确定性主要强调两个方面:一方面,在环境法律制度的供给上,改变那种针对同一客体全国一盘棋的现象,更多地考虑地区差异,满足不同地区的不同需要,以利于解决实际问题。同时,环境治理除了在必要的情况下以行政区划作为空间范畴外,更多地要打破政府行政区划的刚性界限,以具体的环境事物、环境问题和环境利益为中心形成作用的场域,消解日益凸显的"外溢性"。

(2)主体多元性。主体多元性指的是环境治理主体的要素构成具有多元特征,即多元主体参与环境治理。主体之间不是单纯的管理与被管理的关系,而是法律地位平等基础上的相互竞争、相互制约又相互合作的关系。

在现行的政府单中心模式下,环境治理主要由政府进行,政府要同时负责宏观层面的法律制定和微观层面的监督执行。市场在资源配置上的基础作用没有得到发挥,作为市场主体的企业在环境治理方面的积极性没有被调动起来,始终处于一种被动的管理相对人的地位,大多是在受到政府压力的情况下被动地进行污染削减和污染治理。环境 NGOs 和公众等社会主体在环境治理中发挥作用的空间更是相当的有限。

在现代社会公共事务管理中,依靠单一治理结构实现一切公共物品和服务的供给,这无疑是致命的自负。相反,促进多元主体加入环境的治理,这并不是政府推卸其公共责任,而是在寻求实现公共责任的合作途径。对于政府与承担环境治理责任的其他市场主体和社会主体来说,承担的也是公共服务的义务和责任;而对政府来说,培育多元主体、增强其承担环境治理责任的能力更是其政治责任,实际上体现了一种"政治成熟"。治理主体的多元化并不只意味着治理规模或治理范围的变化,其意义还在于由此而产生的制度安排的深刻变化。这不仅突破了以外在的和强制性制度为主的格局,而且大大地降低了制度运行的成本。[①] 在国外,治理主体多元化已经成为城市环境治理的一项基本原则。如美国许多城市调动利益相关者参与城市管理,而且制度化程度很高。常见的方式有议员和政府官员走访市民、公共舆论、听证会等。其中,听证会是一种应用广泛也最为有效的参与形

---

① 樊根耀:《我国环境治理制度创新的基本取向》,《求索》2004 年第 12 期,第 115 页。

式。在需要做决策时,把各利益相关者和专家召集起来,让各方阐明做或不做的理由,最后由大家表决决定。这样的决策过程可以广泛吸收各方面的意见,协调各方面的利益,提高决策科学水平,减少失误。① 美日等发达国家的实践表明,正是因为有了社会力量和市场主体的积极参与,其自然资源与污染防治的立法与实施才得到较大的发展,而且因为其从积极的权利确定和维护的角度来改善环境,而不是从消极的损害救济和赔偿中挽救和保持环境,所以它们的环境法成为各国竞相效仿的对象。

（3）权力多向性。环境治理中的权力主要包括决策权、执行权和监督权,其中决策权是核心。权力向度指的是上述各项权力运行的方向和权力主体之间相互影响的深度。我国现行的政府单中心的环境治理模式其权力向度是自上而下单向的,权力集中在中央,运用中央政府的政治权威,通过发号施令、制定法律政策和实施法律政策,对环境事物实行单一向度的管理。

环境治理多中心合作模式下的权力多向性描述了多元主体所构成的新的系统如何运行。具体说来,权力运行是一个上下互动的过程,即在多元主体围绕环境客体所构成的新的系统中,除了自上而下的权力行使方向外,权力中心还可以下移,再将其权力运作的影响传递到中央,使得权力向度呈现出上下互动的状态。此外,权力向度还呈现出以客体为中心的内外互动状态,即环境治理的权力运行不限于围绕客体所形成的自然场域,该场域外的主体也可以对场域之内的主体施加影响。

作为环境治理多中心合作模式的基本特性,客体中心性、主体多元性和权力多向性三者是紧密联系、缺一不可的。其中主体多元性强调的是多中心合作模式下环境治理的主体要素,是多中心合作模式的形式要件,其解决的是谁来治理的问题;客体确定性决定了这些主体要素如何组合、各主体间权力如何配置,它是多元主体参与的载体和权力多向度运行的保障;权力多

---

① 姜爱林:《论城市环境治理制度创新的含义、取向及其创新思路》,《黄河科技大学学报》2009 年第 3 期,第 57—60 页。

向性是对整个环境治理系统运行的描述,是多中心合作模式的核心问题。

2.多中心合作模式的主要环节

多中心合作治理之所以是有效率的,是因为它解决了制度设计中三个相互关联的难题。第一个问题是制度供给问题,即由谁来设计自治组织的制度,或者说什么人有足够的动力和动机建立组织。多中心理论认为,由于新制度的供给等同于提供另一种公共物品,因此在新制度产生过程中,一组委托人面临着一阶集体困境和二阶集体困境。然而,"在一个有限重复的囚犯困境博弈中,对局人确切收益的不确定性能够产生合作均衡和其他许多均衡。在这样的条件下,一个对局人会向另外一个对局人显示合作的意图,为的是使他们形成一系列互利有效的对局。因此,建立信任和建立一种社群观念便是解决新制度供给问题的机制。"①第二个问题是可信承诺问题。埃莉诺·奥斯特罗姆认为,在初始阶段,一个占用者在大多数人同意遵循所提出的规则的情况下、他(她)的未来预期收益流量作了计算后,可能会为了与其他人和睦相处而同意遵守这套规则。但是达成协议后可信的承诺是需要一定条件的。可信的承诺以可信的制裁和理性计算为基础。而且这种承诺是具有相互性的,"你遵守,我就遵守",即我遵守以你遵守为前提。但当诱惑发生时,没人去遵守其他人都在违背的承诺,此时占用者之间承诺的可信度就会降低。因此可信的承诺只有在解决了监督问题之后才可能作出,没有监督不可能有可信承诺。这也是多中心理论所解决的第三个问题。

埃莉诺·奥斯特罗姆进一步指出有效的治理体制必须遵循的八项原则:①清晰界定边界。公共池塘资源本身的边界必须予以明确规定;②占用和供应规则与当地条件保持一致。规定占用的时间、地点、技术(或)资源单位数量的占用规则要与当地条件及所需劳动、物资和(或)资金的供应规则相一致;③集体选择的安排。绝大多数受操作规则影响的个人应该能够

---

① [美]埃莉诺·奥斯特罗姆:《公共事物的治理之道:集体行动制度的演进》,余逊达、陈旭东译,上海三联书店2000年版,第71页。

参与对操作规则的修改;④监督。积极检查公共池塘资源状况和占用者行为的监督者,或是对占用者负有责任的人,或是占用者本人;⑤分级制裁。违反操作规则的占用者很可能要受到其他占用者、有关官员或他们两者的分级的制裁(制裁的程度取决于违规的内容和严重性);⑥冲突解决机制。占用者和他们的官员能够迅速通过低成本的地方公共论坛来解决占用者之间或占用者和官员之间的冲突;⑦对组织权的最低限度的认可。占用着实际自己制度的权利不受外部政府权威的挑战;⑧分权制企业。在一个多层次的分权制企业中,对占用、供应、监督、强制执行、冲突解决和治理活动加以组织。这些原则既包含对制度供给问题的解决,也包含对可信承诺与相互监督问题的解决。作为自主组织与治理的基本"构件"会通过影响激励而使资源相关者志愿遵循系统中的具体规则、监督规则的执行,并把公共池塘资源的制度安排代代传承下去。

在我国目前的实践中,环境治理是一个比较模糊的概念,缺少明确的界定,甚至很多时候仅仅被当作一种针对环境污染的技术行为,这无疑人为地削弱了环境治理的重要性,也在一定程度上导致了环境治理的无序状态。

根据多中心理论的上述内容,本书认为,环境治理应该包括环境治理的制度供给、环境治理的制度实施和环境冲突的解决三个基本环节。这三个环节与多中心理论所解决的三个难题是基本对应的,其中环境治理的制度供给环节对应于多中心理论的制度供给,环境治理的制度实施环节对应多中心理论的可信承诺,而环境冲突的解决环节则与多中心理论的有效监督相对应。环境治理的多中心合作模式能否建立,取决于这些基本环节能否在多中心结构中运行。所以各个环节都有相应的原则需要遵守,这也是实现多中心合作治理的基本要求。

(1)环境治理的制度供给环节

环境治理制度包括环境法律、法规、政策等正式的制度安排,也包括民间规则、风俗习惯等非正式的制度安排。环境治理的制度供给不是外在于治理活动的外在变量,而是产生于不同主体间的相互作用,并直接决定人们的微观治理行为的内生变量。制度供给是环境治理的重要环节之一,制度安排是否适当是决定环境治理绩效的重要因素。

该环节有如下几项原则需要遵守：

a、主体的确定：要明确参与环境治理制度供给环节的主体都有哪些、这些主体所构成的群体的内部结构如何、每种主体在这一结构中发挥什么样的作用；

b、主体地位的认可：主体对环境治理制度供给的参与权是受法律保障的，主体之间应互相尊重这种地位；

c、边界的确定：环境法律规范所指向的对象即环境客体必须是明确的，客体的明确为多元主体的参与提供了载体；

d、信息的提供：该环境资源的信息必须明确提供，以使法律规范的要求与环境资源的状况保持一致，这些信息主要包括客体的规模、特性和内部结构等。

其中，a、b 两项是关于主体的原则，c、d 两项是关于客体的原则。

考察我国环境治理制度供给的实践会发现一些与上述内容相关的问题，比如缺少非正式制度的作用空间、环境立法忽视政府主体以外的其他主体的作用、公众的立法参与权缺少有力的法律保障、环境立法主体对立法对象的信息掌握得不够，等等。上述问题导致了我国现有环境法律制度的实施效果不好，而其问题的解决则有赖于在环境治理制度供给环节对上述原则的遵守。

（2）环境治理的制度实施环节

在现行的政府单中心的环境治理模式下，执法不力、法律没有得到很好的遵守已经严重影响了我国当前环境治理的绩效。从执法行为本身来看，其原因包括对执法行为缺少监督、执法者对执法对象缺乏了解等等。为了避免出现单中心模式的这些问题，作为多中心合作模式的重要一环，环境治理的制度实施环节有如下几项原则需要遵守：

a、主体之间的信任：针对各主体在制度供给环节做出的承诺，各主体在制度实施环节应该存在基本的信任，这是环境治理制度被有效实施即有效承诺的前提；

b、监督责任的分配:制度的有效实施离不开主体之间的互相监督,监督责任在各主体之间公平分配和有效实施是使得主体之间的承诺有效即环境治理制度有效实施的保障;

c、边界的确定:法律规范的遵守环节也必须明确环境对象的边界,确定的客体为制度实施环节的多元主体合作提供了载体;

d、信息的提供:该环节也必须对环境对象的相关信息明确掌握,当然该环节的信息与法律规范的供给环节的信息可能存在不同,因为两个环节的关注点是不同的。

其中,a、b 两项是关于主体的原则,c、d 两项是关于客体的原则。

(3)环境冲突的解决环节

无论是何种环境治理模式,冲突都是不可避免的,所以,环境冲突的解决应该是环境治理的重要内容之一,多中心合作模式也不例外。根据多中心理论所提出的有效治理原则,再结合我国现行单中心模式下环境冲突解决的实际情况,该环节应该遵循如下几项原则:

a、主体的确定:包括责任追究主体的确定和责任主体的确定两个方面;

b、制裁手段的选择:手段的选择与追究责任主体的选择必须有一定的关联性;

c、边界的确定:即受损环境资源或环境利益的边界的确定;

d、信息的提供:主要包括受损的环境资源或环境利益的信息的提供。

其中,a、b 两项是关于主体的原则,c、d 两项是关于客体的原则。

多中心理论认为:没有有效监督,不可能有可信承诺;没有可信承诺,就没有提出新规则的理由①。可见,环境治理的三个环境是紧密相关、相互作用的。没有环境治理制度的有效供给,谈不上制度的有效实施,环境冲突的解决也就失去了有效依据;没有环境治理制度的有效实施,制度就形同虚设,环境冲突也会日益增多;而没有环境冲突的有效解决,长此以往对制度

---

① [美]埃莉诺·奥斯特罗姆:《公共事物的治理之道:集体行动制度的演进》,余逊达、陈旭东译,上海三联书店 2000 年版,第 71—75 页。

的违反会更加严重,制度供给也就再次形同虚设了。

3.环境治理的多中心合作模式的三个基本特征能否具备、三个主要环节在实践中有效展开,取决于整个环境治理过程能否真正在多中心合作状态下运行,因此,探讨多中心合作模式的运行机制至关重要,本书将其界定为环境治理网络

环境治理网络是环境治理多中心合作模式的运行机制,也是客体确定性、主体多元性和权力多向性的实现机制。环境治理网络是多中心合作模式建立的关键所在,是环境治理向前发展的根本动力。本书将在后面的章节对其形成、特征、运行机理和多元主体的博弈过程进行具体论述。

4.多中心合作模式的框架结构

将以上分析的几个基本特征和几个环节结合起来,我们就得到了一个环境治理多中心模式的框架结构,如图4.1:

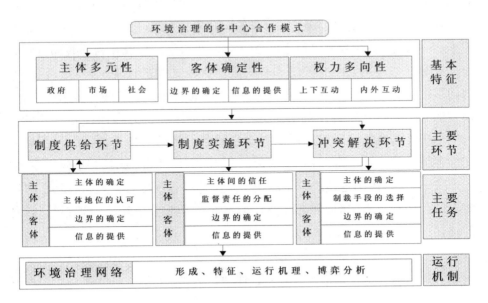

图4.1 环境治理多中心合作模式结构图

第五章 环境治理多中心合作模式的有效条件

尽管多中心理论由于西方学者的努力已经成为一种具有很强解释力的理论框架，其基本理念可以说为政治学家和政治家们广泛认同，但不能否认，多中心理论作为一种"理想类型"在转换为现实治理模式过程中，必然会遭遇到许多非传统理论所能解释和解决的复杂问题。

多中心理论并不认为所有的多中心体制必然是有效的，任何特定多中心体制的效率取决于操作关系与有效表现的理论上明确条件相一致的程度。这些有效表现的必要条件，一是不同政府单位与不同公益物品效应的规模相一致，二是在政府单位之间发展合作性的安排采取互利的共同行动，三是有另外的决策安排来处理和解决政府单位之间的冲突。所以，环境治理的多中心合作模式的有效性也取决于一定的条件。其条件与多中心合作模式的三个基本特征即主体多元性、客体确定性和权力多向性是一致的。这三个条件与奥斯特罗姆所说的三个必要条件是基本吻合的，其中主体多元性强调的是多中心合作模式下环境治理的主体要素，是多中心合作模式的形式要件；客体确定性决定了环境治理主体要素的组合方式，是多元主体参与的载体和权力多向度的保障；权力多向性是对整个环境治理系统运行的描述，是多中心合作模式的核心问题。

第一节　主体的多元性

作为多中心合作模式的有效条件之一，对主体多元性的研究主要包括多元主体共同进行环境治理因何可能、多元主体具体包括哪些以及它们之间的相互关系如何等问题。

多中心理论认为:"只要这些单位面临着类似的战略计算,策略是相互影响的,行动是同时发生的,都可以看作是多中心的分析单位"。[①]

美国学者雅诺斯基曾将文明社会分为四个领域:私人、市场、公众和国家。他认为这四个领域是相互抑制与平衡的,公众能与市场一起对国家的权力起抑制作用。公众和国家还可以联合起来对失去约束的市场权力加以抑制,当然公众本身也需要加以抑制以防止民主的滥用。这种抑制与平衡关系在环境法治领域同样存在。由于良好健康的环境是公众舒适生活追求的重要组成,因此公众对环境的变化最为关注。公众对污染企业排污行为的监控和受损的求偿直接影响到企业的经济利益乃至生存。当对抗的范围和程度扩大时,政府为平息群众不满和稳定政局,会放弃片面追求经济利益的政策,转而借助公众压力对企业的排污进行控制。而市场主体从环境资源利用过程中获得更多经济以及相关利益,也会和公众一起向政府施加压力以求更多的环境权利,从而促使政府采取措施保障个体的环境利益。[②]

关于多中心合作模式下的主体划分,有学者主张采用"国家——社会——市场——公民"四分法[③]。这一划分方法来源于雅诺斯基对文明社会四个领域的划分,但因为这种划分将社会和公民割裂开来,不符合我国目前的实际情况。我国当前公民社会还没有真正建立起来,公众的力量还相对薄弱,尤其是公众的环境参与意识和能力还不够高,同时环境NGOs的发展也还需要更加强有力的社会基础。有鉴于此,本书采用"政府——市场(企业)——社会"三分法,公众作为社会主体的一员出现,从而实现公众与环境NGOs等社会组织的相互支持和力量互补。

具体说来,当前我国处于市场力量不断增强、市民社会逐渐崛起的过程

---

① [美]埃莉诺·奥斯特罗姆:《公共事物的治理之道:集体行动制度的演进》,余逊达、陈旭东译,上海三联书店2000年版,第54—55页。

② 钭晓东:《论环境法功能之进化》,科学出版社2008年版,第286页。

③ 杜常春:《环境管理治道变革——从部门管理向多中心治理转变》,《理论与改革》2007年第3期,第22—24页。

中,这使得区别于国家这个环境利益主体的第二、第三法律主体的法律地位得以确立,而相应的权利与利益的维护成为历史的必然。原来仅作为公共利益的环境利益也由政府的一元独占向政府、市场、社会等多元支撑的趋势发展,并逐渐形成一个新的模式运作体系,以突现环境利益取向的多元性。在这种模式体系中,每一主体将围绕环境利益而形成错综复杂的关系网络:环境利益与经济利益的冲突与整合、环境公益与环境私益的冲突与整合。而每一种利益形态之间的冲突与整合都需要主体通过对其利益的行使和维护实现。诸如此类的现实决定了在社会转型中,要实现良好的环境利益保护与平衡,必须实现环境治理主体的多元化变革,实现多元主体的互动和互助。就环境治理主体的构成而言,除了政府作为环境公益的重要维护者代表国家承担环境治理的职责外,作为市场力量的企业以及作为社会力量的公众和环境 NGOs 等都应该成为环境治理的重要主体。①

一、政府主体

这里的"政府"是狭义的政府,包括中央政府和地方政府,中央与地方之间的利益不一致性由多中心的合作和制衡来解决,这一点将在后文论及。在政府单中心的环境治理模式下,从宏观层面的环境法律制度的供给到微观层次的监督执行,基本上都是由政府直接操作,其他力量发挥作用的空间相当有限。在法律规范的实施过程中,则采取了政府直接操作的手段,特别是大量使用了行政控制手段。即使是使用所谓"经济手段",也仍然是以政府为主体的直接操作的方式。因而在政府单中心的环境治理模式下,政府越来越不堪重负,导致环境治理效果不明显,这也引出了多中心合作模式的必要性。政府在多中心合作模式下应该发挥怎样的作用,这是我们必须重新考虑的问题。但是也必须看到在我国现在的社会条件下,政府的主导作用是不能抛弃的,包括中央政府在全国性环境治理问题上的主导作用和地方政府在地方性环境治理问题上的主导作用。

---

① 钭晓东:《论环境法功能之进化》,科学出版社 2008 年版,第 279 页。

在多中心合作治理模式下,哪些环境治理权益、权责"让渡"给社会主体、市场主体,需要针对具体的情况进行研究和设计,并且需要立法的规范和保障。就政府主体而言,目前存在着三个亟需调整的方面。

1. 上下级政府的权责设计

这一问题涉及到中央与地方的关系。作为利益的代表,中央政府代表的是国家的整体利益和社会的普遍利益,地方政府代表的是国家的局部利益和地方的特殊利益,所以通常我们将中央与地方的关系简单归结为"地方服从中央、局部服从全局"。但事实上,中央与地方的关系是错综复杂的。一方面,按照宪法规定:"中华人民共和国国务院,即中央人民政府,是最高国家权力机关的执行机关,是最高国家行政机关。"这表明国务院在整个国家行政体系中居最高地位,中央在与地方的关系中处于主导地位;另一方面,改革开放以后,为了适应市场经济发展的需要、充分发挥地方政府的积极性,中央与地方的关系又经历了几次改革,中央赋予地方更大的财权和事权,过去那种高度集中的中央与地方关系逐渐被打破,由中央集权逐渐走向地方分权。正是这两种趋势,导致中央与地方一方面是领导与被领导、管理与被管理的关系,同时相互之间的分工与合作也在不断增强。

但因为中央与地方之间的职责权限划分不明确,所以造成中央政府与地方政府以及地方各层级政府之间职责权限模糊不清,甚至存在缺位、错位现象,导致中央与地方的关系一直存在矛盾和冲突。一方面,存在中央干预地方事务致使地方政府不能有效行使自己职权的现象;另一方面,也存在地方政府越权和所谓的"变通"做法,导致中央政府的政令难以有效落实。再加上监督机制不健全,上下级政府之间缺乏有效监督,所以从地方政府的现状看,地区封锁、市场分割、资源争夺、投资失控、盲目引进、重复建设等现象严重,中央却没有足够的监督措施和制度;再一方面,地方政府也没有规范的手段和畅通的渠道去监督中央政府的决策,这也是存在"变通"的一个重要原因。环境保护权责不清严重制约着环境治理的有效性。目前诸多严重的环境污染现象出现后,都面临着无法追责的问题,而这种环境污染一经出现,其代价相当巨大。

　　所以要在政府机构的不同层级之间进行环境治理权责体系的设计,这涉及到两个方面:一是在政府系统内部的中央与地方之间以及各级地方政府之间进行明确划分事权和财权。事权的明确划分指的是要改变现行环境法律法规体系只粗略规定地方政府对当地环境负责而具体到如何负责、负责到何种程度、失职后承担何种责任则没有明文规定的局面,明确地方政府的环保职能与责任,以消除地方政府环保工作的缺位与机会主义行为;财权的明确划分指的是中央对地方进行财政支持,通过中央的财政支出来激励地方进行环境保护。财政分权的具体形式有环保专项资金制度和生态补偿制度等。二是健全和完善政府内部的监督制约机制。目前,很多学者着眼于对政府机关考核层面进行研究,诸如绿色 GDP 考核、干部考核的环境责任制等等,这些措施都有利于政府内部的监督。

　　2. 地方政府之间的环境合作问题

　　环境问题经常是跨区域存在的(本书探讨的主要是跨地方政府行政边界的环境问题),典型的如水污染、大气污染等,这对地方政府之间的合作治理提出了客观要求。但是因为地方利益的存在,现实中地方政府在跨区域环境治理中经常陷入"集体行动"的困境。我们以最典型的跨界河流水污染为例进行说明。因为地方利益的存在,所以站在地方政府的视角看环境治理是存在外部性的,本地环境质量的改善对邻近地区存在溢出效应。上游地区花重金对水污染进行治理,下游地区不承担成本却可以受益,在缺少利益协调机制的情况下,上游地区的"理性"反应经常是减少这种"公共品"的供给即不再进行污染治理。相反,上游地区向河流排放工业或生活污水,使下游地区工农业生产遭受损失,导致近年来我国跨区域水污染纠纷问题越来越多,引发了大量上下游地区的经济、社会矛盾。2001 年江浙交界水污染引发的筑坝事件,2003 年山东薛新河污染导致江苏徐州市停水半个月,2004 年河南、安徽污水下泄导致淮河污染的爆发,2005 年发生松花江重大跨行政区水污染事故,2007 年"太湖蓝藻"引发了"无锡饮水危机"事件。多年以来跨界的环境污染得不到有效的解决,已经成为中国环境治理上一个反复发作的顽症。

中国有关跨行政区域环境资源相关事务的处理,总体上采取的是相关责任部门相互协商的制度,如果协商不成,达不成一致意见,则由上一级政府进行裁决。再以水资源为例:在跨地区水资源管理上,中央可以在流域和流域间进行水资源的调配,但由于地域广大,中国的水资源分布极不均衡,东部和西部、北方和南方水资源差异很大。因此,上、下游地区对流域水资源的争夺就显得异常激烈。中央政府对水资源宏观调控制度事实上将各流域水资源分割成若干个区域水资源,再由地方政府代替中央政府直接行使对水资源的管理权力,一般是通过发放许可证的形式将水资源的使用权赋予其行政辖区的居民。在水资源稀缺地区的下游区域,水资源数量和质量经常得不到保证,跨界水事纠纷时有发生,而这些问题在互不隶属的两个区域之间很难通过协商解决,一般都要通过更至上一级的行政主管部门来裁决。但由于目前缺乏协调流域水事矛盾的原则性框架,为了平衡争议双方的利益,最终的裁决结果往往具有相当大的不确定性,甚至有些结果并不能得到双方的一致认可。可见地方政府环境合作具有复杂性和艰巨性。从原因上看,除了地方保护主义严重外,还有一个重要原因就是跨区域环境污染涉及的利益主体众多。仍以跨界水污染为例,其涉及的主体既包括省、市、区、乡镇各级地方政府,也可能包括流域上游的污染企业和流域下游众多的受污染困扰的用水户、养殖户等,甚至还可能包括最基层的村民委员会,而且各利益主体之间的关系复杂。

从当前的现状来看,要解决跨界环境问题、实现地方政府的有效合作,三方面工作必不可少,一是构建和完善跨界环境治理的补偿机制;二是建立专门的跨区域环境治理机构;三是必须探讨一种模式,让前述这些利益主体能够充分进行协商和博弈。

3. 同级政府内部环境权责交叉问题

环境治理包括很多方面,而这些方面往往是联系在一起的,因此在同一级政府内部,诸如环保部门、土地部门、能源管理部门等,担负着不同的环境治理权责,而这些权责在很多情况下存在着矛盾和冲突,如不加以协调,环境治理必然面临巨大挑战。

　　从我国当前的实际情况看,同级政府内部环境权责交叉问题严重。这一问题的出现与我国现行的环境管理体制有关。我国的环境管理体制是由环境行政管理部门统一管理,其他相关部门分工合作,使得许多新的管理机构被设置,各部门之间的管理范围和责任出现严重的重叠现象。而且由于缺乏严格的法律管理规定,环境管理机构的利益关系不明确,管理多头,呈现出十分混乱的局面。以中央一级为例,当前的国务院组成部门,以及相关直属机构、直属事业单位、部委管理的国家局中,有超过十个部门承担着生态保护和污染防治的相关职责。但在环境管理实践中,由于对统管部门、分管部门权限配置的立法规定过于笼统、模糊和不完善,导致众多环境管理部门从自己部门的狭隘利益出发,对有利可图的事务竞相主张管辖权,对己不利的事务和责任,则相互推诿,产生"踢足球"的现象,对其他行政部门行使职权采取不合作、不支持、不协助的消极对策,部门保护主义、条条主义盛行。在我国长期存在的"九龙治水"、水却依然污染现象就是明显的例子。

　　要改变这种状况,就必须规范环境保护部门的设置,明确各部门的职责和权利,避免职责重叠现象的出现,减少地方政府部门的干预,避免管理混乱的局面。从纵向关系上看,由国家环保部门进行统一的环境管理工作的组织和协调,自上而下,各级环境管理机构负责管理范围内的环境管理工作。地方环境管理部门进行环境分管机构和部门的划分,由主管部门进行统一的调度,各分管部门明确自己的管理内容和权利,不能跨区域管理,主管部门可以根据地方的实际情况制定相适应的环境管理方法,加强环境管理工作的强制性,各部门共同努力、良好监管和约束自己的行为,保证环境管理工作得到有效开展。

　　以上三个方面是规范政府主体及其行为过程中迫切需要解决的问题。

二、市场主体

　　市场主体这里主要指的是企业,包括普通企业和环保企业,除此之外,行业协会也应该在环境治理过程中发挥重要作用,应成为越来越重要的市场主体。

1.企业

在我国目前情况下,市场配置资源的基础地位和作用依然受到牵制,环境保护的市场化机制难以形成,市场机制在环境保护中运用和发展还远不如其在经济领域中成熟,我国的环保产业也还存在诸多问题,作为市场微观主体的企业仍然是环境污染的重要源头。从生态环境保护的角度看,企业在从事经济活动时和资源、环境以及服务对象发生着密切的关系,各类企业在向社会提供产品、为社会创造财富的同时,也不同程度的消耗着自然界的资源,对生态环境造成破坏和污染。因此企业是政府及公众的评价、管理和监督的主要对象。同时,现实又证明,如果企业认真执行国家生态环境可持续发展战略和行动计划,处理好企业行为与资源、环境的关系,也将极大地推进社会经济的可持续发展。因此,企业是当今社会十分重要且庞大的环境责任主体,企业必须在获取合法利润的同时承担环境责任。环境问题的解决离不开企业,必须充分调动企业自身进行环境管理的积极性和主动性,这在实践中已经被证明是可行的。

案例:着力环保,履行企业社会责任[①]

1956 年,燕塘牛奶在天河区建厂,为广州人乃至周边城市提供新鲜优质的牛奶产品。近六十年间,燕塘牛奶由一家本土企业,兢兢业业发展成广东燕塘乳业股份有限公司(以下简称"燕塘乳业"),并在去年上市,成为广东本土第一家奶企上市企业。作为华南地区第一大乳制品的企业,获得了"广东省著名商标"的燕塘乳业,在为消费者提供优质产品的同时,把发展绿色经济作为实现企业可待续发展的重要突破口和履行社会责任的体现。

发展:环保是企业的责任

燕塘乳业党总支书记、副总经理谢立民告诉记者,燕塘乳业年生产能力超过 15 万吨,平均每天乳制品供应量超过 150 万份,每年广东有超过 6 亿

---

① 林涛:《着力环保,履行企业社会责任》,《信息时报》2015 年 6 月 4 日,http://epaper. xxsb. com/showNews/2015 – 06 – 04/240540. html。

人次喝过"燕塘牛奶"。作为华南地区第一大乳制品的企业,燕塘乳业在环保工作上更要当仁不让地做好表率,下狠功夫,开展低碳行动,发展绿色经济已不再是企业的道德成本,而是成为企业可待续发展的新的突破口。

一个企业要在环保上达标,根本是意识上对环保责任的认同和重视。作为食品生产加工企业,燕塘乳业的管理层和基层干部,都会时刻了解环保法规和政策的动态。正如今年出台新《环保法》后,燕塘乳业高管层自行组织学习相关法规,确保管理意识和理念与时俱进,所有日常工作不与法律相抵。有了清晰的思路,才能在指挥日常工作时,时时留意处处重视,确保无论是生产环节还是产品包装,均要达到非常高的环保标准。

进入新世纪后,燕塘乳业改变了以往的环保思路,舍得投入资金去改善生产环境,升级生产设备,使得企业上下在思想和硬件上都能遵循环保策略。例如,早在2001年,燕塘乳业便更换了能源供应设备,不再烧煤而改用柴油,减少有害气体排放,这比起全省推行无煤生产要早了三四年。

谢立民还提到,除了生产线,技术人员还在包装材料上做了很多研究。用一次性的不可回收的纸盒包装牛奶产品一直是乳品行业的主流,采用这种包装便于储存和运输。但一次性纸盒的大量使用也消耗了大量的木材,这成为乳品行业实现绿色环保的瓶颈。近年来,为发展绿色经济,履行社会责任,燕塘乳业采用了环保的、可循环使用和可回收的包装物代替一次性纸盒的使用。如玻璃瓶就是最环保的乳品包装物,它可以循环使用超过10次,即使在使用中出现了破损,也能回收重新烧制,大大减少资源浪费。

燕塘乳业通过对消费者的积极宣传和推动,使玻璃瓶装奶的销售呈现了快速的发展,近年玻璃瓶奶的日销售量比2008年增长了将近10倍。玻璃瓶奶的销售占有量由两年前不足1%变为现在的超过20%。据不完全统计,仅此一项,一年就节约了2亿个一次性纸盒的消耗。同时,燕塘乳业还积极推动和使用可回收的新型塑料作为包装材料,计划今年要进一步提高使用新型包装材料的份额,进一步发展绿色经济,实现社会和企业双赢。

节能:升级设备效率提高三倍

近日,记者在走访燕塘乳业生产车间,动力部负责人邓先生介绍,近年来,燕塘乳业利用热能结合利用、节电改造,再辅之 ERP(企业资源计划)、VPO(生产最优化管理)等现代化管理手段,启动了节能减排、清洁生产的低碳行动。通过进一步的技术改造,不仅开展了低碳经济行动,实现了节能减排降耗,清洁生产。

近年来,燕塘乳业陆续更换生产线,升级生产工艺,在节能减排方面下了很大力气。"假设以往一度电可以生产一个单位的产品,现在可以生产三个单位,而且生产速度也加快了。不仅提高生产效率,在能源消耗方面更是大大减少,提高了生产效益。"邓先生还表示,新设备的好处在于高效和减少二次污染,无论是灌装、传输、包装等环节,均比以往有了更好的工艺,既反映出企业对效益的追求,同时也是企业符合现代化生产管理的要求。

2009 年,燕塘乳业安装一套热泵处理系统,利用夜间用电低谷产生的热能供锅炉使用,热泵产生的冷气则输入车间,使热能和冷气得到了充分利用,大大降低了能耗和用电的成本,减少了资源的浪费。据测算,不用三年就可收回全部投资。

污水处理:24 小时紧盯排污

对于食品生产加工企业而言,污水处理是生产环节中最不容忽视的工序,也是相对棘手的问题。燕塘乳业污水处理站助理工程师龙先生介绍,2002 年燕塘乳业升级污水处理站,一方面是满足生产升级的需要,另一方面也是应对日益严格的环保要求。多年来,污水处理站累计投入 1500 万元建设和升级,日均处理能力可达到 1200 吨。污水处理站以生物污泥处理法为主要的处理办法,参考德国及日本的先进技术,确保排出的处理水达到国家标准。龙先生表示,设备是硬件保证,还需要制度建设来确保。自运营至今,污水处理站建立起人 24 小时轮班制度,全天候检查设备运转情况,排除污水未经彻底处理而排出的情况发生。"我们还会定期检讨工作情况,自行学习先进的技术和管理经验,在人这方面也能保证。"

而在燕塘乳业的自营牧场里,也对排污处理有较高的要求。据介绍,牧场的排废类别中尤其是粪水处理,是项目最多的一项,需要对废水、牛粪、沼气等做不同的处理。牧场采用最先进的粪便处理设备,对牛粪实施固液分离,运用沼气进行发电等。据统计,一头奶牛每天的粪便产生的沼气可发1到2度电,就一个牧场2000头奶牛的规模计算,每年沼气的发电量将达到140多万度,仅此一项,每年节省电费约为80多万元。而经无害化处理后的粪液作为有机肥料全部提供给附近的农场种植天然橡胶,实现零排放,对周围环境不产生任何污染,化废为宝,经济效益和社会效益都非常明显。

企业搬迁:全面配套环保设备

目前,燕塘乳业已经在萝岗区选址建设新厂区,明年将整体搬迁。新厂区的设计思路遵循最优的环保标准,对污水处理、噪声处理、除臭处理都会达到一流水平。"新厂区周边没有民居,但我们还是会在减少噪声、除臭方面做好准备,这是一家企业应该自觉去履行的社会责任"。多使用电力供应,减少生产中的二氧化硫等有害气体排放。

另外,他们计划在新厂房顶铺设太阳能光伏板,利用太阳能进行发电,提高清洁能源的使用比例,实现进一步的节省减排。十多年来燕塘乳业在环保方面上投入的成本上千万,但这是一个企业该有的责任,也是立身之本,再多的投入都是值得的。

谢立民表示,明年是燕塘乳业成立六十周年,满一个甲子。而恰逢上市一周年,这将是燕塘乳业再次腾飞的机遇,焕发出新的生机与活力。燕塘乳业将会为消费者提供更优质的产品,并充分履行企业社会责任,实现多赢的局面。

2. 行业协会

当然在我国现阶段,大部分企业在大多数时候无法做到自觉自愿进行环境保护或参与到环境治理。因此,在加强企业环境标准化工作的同时,必须发挥行业监管的优势,充分调动行业监督部门的积极性。比如温州市合成革商会牵头成立环保自查自纠宣传队,到各会员企业检查指导环保工作,包括监督各会员企业环保治理设施运行情况、宣传相关环境法律法规、向企业推广先进环保经验、发现问题及时告知当事企业和商会以督促企业及时纠正,等等。温州市环保局有关人员称,由商会牵头成立环保自查自纠宣传队进行行业自律,此举延伸了环保部门的管理线。温州作为全国民间商会较为发达的城市,通过商会来推进行业自律,参与环保工作,是个不错的做法,给其他行业提供了很好的借鉴。

案例:行业协会撑起环保一片天
推广治污技术,强化企业自律,促进产业升级①

浙江省温州市环保局在积极创新环境保护社会化过程中开拓企业环境管理新模式,自2010年正式实施行业协会参与环境管理试点以来,架起了环保部门和企业有效沟通的桥梁,强化了行业企业环保自律,得到企业的认可和欢迎。

行业协会助推环境管理

温州市是亚洲最大的合成革生产基地。然而,企业布局散乱,治污技术缺乏,导致异味刺鼻,污水乱排。

2000年,温州合成革商会成立。"环境保护是商会成立后的重要工作。"商会秘书长郑笃权告诉记者,当时国内没有合成革行业"三废"治理措施,国家也未制订废气排放标准,行业的污染治理一直是困扰企业和管理部门的难题。

2002年,在环保部门引导和支持下,合成革商会和同济大学等单位共同出资上百万元,研发DMF(二甲基甲酰胺)废气净化回收治理技术,并在温州人造革有限公司进行试点。

2003年3月,这项技术设备通过国家组织的专家论证。"上午专家论证会一通过,下午我们就联合市环保局召开技术交流现场会,无偿向全行业推广。"郑笃权说。

全行业安装废气净化回收装置并投入运行后,行业面临的生存危机解除了。以往,浆料涂台是车间异味最大的地方,工人上班需戴防毒面具。改

---

① 晏利扬、赵晓:《温州市瓯海区环境保护局:行业协会撑起环保一片天》,《中国环境报》2012年9月24日,http://www.ohepb.gov.cn/newsinfo.asp? did=2426。

造后,原先工资最高都没人愿意干的活变成大家抢着干。记者在现场看到,因采用负压装置密闭操作,浆料涂台已闻不到一丝异味,工人连口罩都不用戴。这一技术也由商会在全行业免费推广。

几年来,环保部门、商会、科研单位多次联手,对合成革企业的废水、甲苯、丁酮、二甲氨等污染进行治理。商会还与有资质的企业合作,采取了集中治理的办法,于2007年建成了合成革固废(残液)无害化处置中心。

2010年3月,温州市环保局出台了《行业协会参与环保管理试点实施方案》(以下简称《方案》)。

温州市环保局局长郑建海说:"行业协会在行业内有好的基础,有威信。我们把试点作为全市创新环境管理的一项重要举措,以实际行动支持行业发展,同时也请行业协会来帮助我们做好环保工作。"

环保部门善用协会监管

温州市场经济发育早,行业协会随着个体私营经济发展而自发地产生并健全起来。经过长期接触,温州市环保局认为可以尝试将政府职能向行业协会转移,鼓励行业协会参与环境管理。包括温州市合成革商会在内,市电子电路行业协会、市电镀行业协会、市化工行业协会、市服装商会印染水洗分会及这5个社会团体在各县(市、区)的分支机构都被列入《方案》首批试点单位。

根据《方案》,行业协会主要参与3部分环境管理:一是由行业协会承接技术性、服务性职能,如操作工上岗培训、环评报告书(表)专家评审、环保治理方案评审等;二是就行政许可事项积极征求行业协会意见;三是向行业协会及时通报项目审批、许可证发放、行政处罚、排污费核定与征收等政府信息。

此外,《方案》还从组织保障、机制建设等方面进行了规定,并明确由市环保局领导一一对应联系试点协会。

行业协会参与环境管理,大大提高了行业企业环保自觉性。温州市环保局副局长王进光对这一点体会最为深切。"以前我们对企业说的最多的是'你们要怎么样',而行业协会面向企业说的却是'我们要怎么样'。"

市合成革商会从企业环境管理人员中选出 19 位队员,成立了环保自查自纠宣传队,每周两次集中检查企业治污情况,帮企业找问题。几个月下来,这支队伍受到了企业的普遍欢迎。

而在温州经济技术开发区,当地 13 家合成革企业自筹 65 万元资金,购买仪器,聘用 3 名工作人员,建立了废气检测室,每月对企业废气采样检测,自查问题,自我整改,并委托开发区环境监测站进行日常管理。

王进光认为,行业协会参与环境管理,不仅有助于推进企业环保自律,对提高环保透明度、缓和政企矛盾、推动决策科学化都很有好处。"我们有什么大行动,上级出台什么政策,都在第一时间与行业协会沟通,再由行业协会进行传达布置,传递面广,传递效率高。而当行业协会碰到问题时,我们也会积极运用行政力量尽力帮助行业协会健康发展,真正形成'政府减负、协会加强、企业受益'的多赢格局。"

深化合作不仅仅是治污

经过两年多的试点,行业协会在广度和深度上更多地介入到环境管理中。

成立于 1988 年 4 月的温州市电镀行业协会,多年来一直致力于行业集聚提升和产业的转型升级。早在 2005 年,协会结合环境整治要求,编印了《温州市电镀总体布局及发展规划》。2006 年,温州市首个电镀园区——鹿城区后京电镀基地开工建设,由区电镀协会牵头,各电镀企业组成业主委员会,全面负责方案设计、厂房建筑施工、污染治理工艺确定等工作,并引进了专业治污公司对园区污水处理厂进行专业运营管理。这一模式在温州市近两年的电镀行业大整治中得到借鉴和推广,并得到浙江省政府的充分肯定。

"现在我们重点抓入园后的环境管理,抓长效管理机制建设。"电镀行业协会会长董方钰介绍说,温州市瓯海区电镀园区内企业污水分质分流不清造成混排,加大了污水处理难度并增加了成本。协会协助区电镀协会和园区业委会,与运营公司共同查找问题,并从管理制度上建立起长效机制,组建电镀行业技术服务队,指导企业整治提升。

一些行业协会将目光瞄向了更高更远的层面。针对环保电线电缆没有统一的国家标准、市场产品自标"环保"的乱象,乐清市电线电缆行业协会于 2010 年 4 月提出申请制定与实施环保电线电缆联盟标准。经协会牵头,由会长单位兴乐集团为主体起草,协会中 26 家企业自愿实施联盟标准。2011 年 1 月,联盟标准实施,推动行业企业朝绿色环保方向转型。今年上半年,联盟标准被环境保护部科技标准司吸纳,上升为行业标准。

三、社会主体

市民社会是多中心结构的体制性基础。① 社会主体是多中心合作模式下环境治理主体的重要一维,社会维度的环境治理主体包括公众、环境 NGOs 和社区。

1.公众

（1）反思性的"复杂人"假设

人性假设作为一种对人的基本属性的认识,关系到环境治理模式的选择。

西方管理理论对人性的假设大致经历了四个阶段,也即存在四种人性假设:"经济人"假设、"社会人"假设、"自我实现人"假设和"复杂人"假设。"复杂人"假设是美国心理学家和行为学家埃德加·沙因（Edgar Schein）在 1965 年出版的《组织心理学》一书中提出来的,其基本观点是:每个人都有不同的需要和不同的能力,工作的动机不但是复杂的而且变动很大;一个人在组织中可以学到新的需求和动机,因此一个人在组织中表现出的动机模式是他原来的动机模式与组织经验交互作用的结果;由于个体工作和生活条件的不断变化,以及处在不同单位或同一单位的不同部门,人会不断产生新的需要和动机;由于人的需要不同,能力各异,对于不同的管理方式会有不同的反应;一个人是否感到心满意足,肯为组织出力,决定于他本身的动机构造和他同组织之间的相互关系。② "复杂人"假设认为"经济人""社会

---

① 孔繁斌:《公共性的再生产》,江苏人民出版社 2008 年版,第 242 页。
② 彭光灿、戚海茹:《"复杂人"假设审思:一种马克思主义的视角》,《重庆科技学院学报》（社会科学版）2009 年第 6 期,第 15 页。

人""自我实现人"的假设都从某一个角度反映了人的一些本质属性,有合理性的一面,但都不全面。人是复杂的,其需要是多种多样的,其行为会因时、因地、因条件的不同而不同。①

环境治理的政府单中心模式建立在传统的"经济人"假设之上。按照经济理性原则去行动,环境这样的公共物品会成为亚里士多德所说的"最少人关照的事物"。环境治理的政府单中心模式因为建立在这一假设之上,所以其看重"命令—控制"的作用,将企业和公众作为被管理者和义务主体。

关于人的基本属性的分析,多中心理论认为:人是有理性的,会权衡不同条件下的利益得失,并且这种得失权衡还会随认识改变而改变。与此同时,人的理性又是有限的,而且理性人的信息也是有限的。显然,多中心理论对人的属性的认识是一种复杂人性观。基于此,本书也做出了与"经济人"假设不同的人性假设,认为环境治理的多中心合作模式应该建立在反思性"复杂人"的人性假设之上。该假设包含几方面内容:首先,在充满不确定性的风险社会,面对复杂的环境问题,行为者不可能获得相关环境问题的所有信息,不可能拥有处理信息的完备能力,也不可能绝对理性地进行决策选择;第二,行为者有着复杂的动机,利己与利他共存,行为者之间的利益分歧和利益共享冲突交错;第三,行为者能够通过持续的学习,积累经验,改进过去的行为模式,提高适应复杂性和不确定性的能力;第四,行为者之间能够通过建立对话机制交流信息,克服有限理性的缺陷,约束自己的欲望,在利益互惠基础上采取合作行动,追求彼此都可接受的结果,实现共同的利益。②

反思性的"复杂人"假设看到了人们行为动机的复杂性和利益关系的复杂性,看到了人们能力提高的可能性以及采取合作行动的可能性。这一假设更符合现实的情况,因而也更有利于提高在其基础上进行的制度安排

---

① 王萃萃、刘宏杰:《"复杂人"假设对 NGO 志愿精神持久化的启示》,《中共郑州市委党校学报》2008 年第 1 期,第 73 页。

② 参见孔繁斌:《公共性的再生产》,江苏人民出版社 2008 年版,第 31 页。

解决实际问题的效果。

（2）公众的作用

公众是环境治理社会维度主体的重要基础。以往,我国公众在环境保护中发挥作用的空间很小,无论是其保护环境的正面作用还是破坏环境的负面作用,都没有得到重视。但随着社会的发展,公众的作用开始引发越来越多的重视。一方面人们认识到:广大公众的生活方式以及与之相适应的消费方式与环境密切相关,未来我们将拥有什么样的环境直接取决于社会公众选择什么样的生活方式和消费方式,如果广大公众继续挥霍浪费自然资源、继续无限制地追求物质享受,人类将面临巨大的环境危机。在此基础上人们还认识到:广大公众不仅可以通过改变生活方式改变环境,公众在环境面前还有更大的作为、还能够采取更加积极主动的行动。转型时期资源的分散和转移导致了利益的多元化,也带来了权利的社会化。社会公众因为拥有了更多的知识和信息而成为能够影响国家的经济、政治、文化和社会生活等各个领域的巨大社会力量,他们对环境问题严峻性的认识和对高品质生活的追求能够对我国的环境保护产生巨大的推动力量,他们需要的是有更多的机会参与进去。

案例：正在成长起来的绿色公民[①]

近年来,越来越多的公民参与保护环境的世纪行动,成为具有时代特征的"绿色公民"。

1. 拯救南京梧桐树事件

2011 年 3 月,一场"拯救南京梧桐树,筑起绿色长城"活动在南京轰轰烈烈地展开。南京市主城区内许多于 20 世纪中期栽种的梧桐树将因修建地铁被砍伐和移栽,引起部分南京市民的强烈不满,他们发起活动要求保护南京市内的行道树。30 万"南京市民"参与保护与他们朝夕相处几十年的

---

① 参见陈媛媛:《在公众参与中成长的"绿色公民"》,载《中国环境发展报告（2012）》,社会科学文献出版社 2012 年版,第 210—216 页。

梧桐树,为梧桐树系上绿丝带、与梧桐树合影、利用新媒体等传播方式,表现出新一代公民智慧表达、理性参与公共事务的良好素质。

媒体的跟踪报道将梧桐树事件推到了舆论的风口浪尖。黄健翔、孟非等社会人物在微博上对这一事件表示关注并予以谴责,希望立即停止砍伐移栽行为。针对南京市民及网络舆论的指责,南京市政府发言人首先表示那些梧桐树是被移植而非砍伐,同时也表示对"民众的误解与愤怒"的理解,但是发言人并未就根本问题做出回应。

3月14日,中山东路沿线的梧桐树上被人们系上了绿丝带,这是网友自发发起的"绿丝带行动",在梧桐树上系上绿丝带以抗议被伐。3月15日,中国国民党立委邱毅在微博中表示"若南京市政府再不停止砍树,他会在国民党中常会提案护树"。次日,邱毅在国民党中常会提案,希望透过海协会和海基会,协调南京市梧桐树砍伐事件。事件终于迎来转机。国台办在17日的新闻发布会中称相信南京市政府会妥善处理此事。

3月19日下午,上千南京市民在南京图书馆前集会,表达对政府砍伐迁移树木的看法,参加人群与事先来到现场的警察并未发生大的冲突。3月20日,南京市副市长陆冰称,地铁三号线的移树工作已全面停止。而政府将公开征集民意,以进一步优化地铁建设方案。9月11日,南京市城管局在召开了41次专题论证会后,公布南京地铁市政府站工程建设树木移植、砍伐审批结果,并发布了《关于进一步加强城市古树名木及行道大树保护的意见》。

2. 驴屎蛋、巴索风云与垃圾焚烧争议

在过去几年中,公民参与环境保护渐成潮流,类似这样的民意最终影响政府决策的事件屡屡见诸报端。

自2009年起,垃圾焚烧成了搅动社会的一大难题。在上海江桥、江苏吴江、广州番禺及其他许多地方,由政府主导上马的垃圾焚烧项目相继遭到民众抵制,并引发纷争、冲突甚至群体性事件。面对各地风起云涌的反焚烧浪潮,政府倍感压力,不得不调整方案和应对方式。

2010年3月,北京市政府相关部门邀请北京阿苏卫垃圾焚烧厂反建活

动领袖、网名"驴屎蛋"的黄小山,作为市民代表随政府代表团赴日本和澳门考察垃圾处理。这次考察令黄小山的观念发生了巨大的转变,逐渐理清了垃圾处理难题的症结。他改变了坚持反焚烧、与政府"死磕"的极端方式,力图以理性的方式对话。

2010年,北京市政府在600个居民小区基本实现了垃圾分类。2011年垃圾分类的范围继续扩大。但在实际操作过程中,垃圾分类遇到很多问题。有人能自觉分类,有人就做不到,一些垃圾清运车将居民辛苦分类的垃圾混合运到垃圾填埋场,导致一些地方出现公众和政府相关部门相互指责的现象。

2011年,黄小山在北京市政管委的支持下,在自己居住的社区设计并制作了一个垃圾分类处理站"绿房子",对居民的生活垃圾进行二次分类,在此基础上进行第二步分类运输、分类收集、分类处理,探索垃圾分类的新路径。用黄小山自己的话说,搞"绿房子"出钱又出力,目的只有一个,就是尽到一个公民的责任,"我不想指责谁,也不想抱怨谁,只想用事实证明,我一个普通公民都能做好的事,政府更应该有能力做好。"他用自己的行动和影响力推动着政府、专家、公众思考垃圾处理的问题。

广州番禺垃圾焚烧发电厂的反建事也有很多类似的发展路径。2009年,因政府拟在广州番禺地区建垃圾焚烧发电厂,附近居民举行了反垃圾焚烧的维权活动。2010年4月9日,网名为"巴索风云"和"阿加西"的两位反对垃圾焚烧的业主代表接受广州市番禺区政府邀请,到澳门参观考察垃圾焚烧厂。期间种种经历,让巴索风云对政府与公众之间如何良性沟通的问题深有体会。他希望让政府听到并回应公众的呼声,同时在具体事件中找到解决问题的方法,只有越来越多的人关心政府各项政策的制定和实施,施政透明化才能成为可能。

在各方努力下,公众和政府由对抗到对话、从博弈到妥协,一直到后来充分合作,在公众、官方等各方力量相互作用下,番禺垃圾焚烧事件变成一桩政府和民众良性互动的经典范例。2010年3月开始,番禺业主们在巴索他们的发动下在各自的小区里自发进行了"绿色家庭"垃圾分类活动,制作分类指南,一边学习一边实践。

3.卢为薇和范涛的《北京蓝天日记》

2010 年,两个喜欢摄影的北京白领卢为薇和范涛,因为想数一数北京蓝天的简单想法,用为期一年的时间,拍摄反映北京天空的照片,集结成《北京蓝天日记》。拍摄蓝天之后,他们继续着自己的环保之路。卢为薇和范涛和一家民组织打工子弟爱心会合作,把相机交给农民工子女,让他们继续跟踪拍摄北京的蓝天。

驴屎蛋、巴索风云、卢为薇和范涛以及 30 万南京市民等是正成长中的新一代绿色公民的典型代表。自发保护环境的公民主体正在从社会弱势群体,扩大到更具公共话语权和影响力的较高社会阶层市民。他们除了关心航班是否准点、高速铁路是否安全等与自身利益有关的部分,也日益关注环保等代表社会公共利益领域的问题。

从以上案例可以看出,中国的环境意识正在逐渐增强,环境参与的积极性越来越高。2013 年环境保护部宣传教育司编制的《全国公众生态文明意识调查研究报告》也显示:中国公众生态文明建设的参与意识正在显著增强,支持和参与生态环境保护的意愿也更加强烈。调查表明,对于党的十八大报告中提出的建设“美丽中国”战略,99.5% 的被调查者选择了高度关注、积极参与等选项,其余的被调查者选择了关注、愿意参与;当被问及“您了解生态文明吗”,93% 的受访者选择了解(“非常了解”为 14.7%),其余的被调查者表示会加强对相关知识的关注和学习。这些均表明公众对党和国家建设“美丽中国”的战略目标高度认可,并保持密切关注;被调查者对我国当前的环境状况高度担忧(“十分担忧”为 80.9%),尤其是对农村环境污染(“严重”为 80.5%)、土壤污染(“严重”为 82.3%)等区域性生态环境问题的严重性高度关注。这说明公众对国家的“美丽中国”建设具有很高的期待;多数被调查者也意识到,生态文明与“美丽中国”不仅事关环境安全,更进一步涉及与生活质量密切相关的环境优美问题,即环境不仅要是健康的,而且要是文明和美丽的,这样才能为人的全面自由发展提供基础性支撑；有77%的受访者会向身边的人宣传生态环保知识，经常这样做的达到11.8%；57.6%的受访者在购买空调、冰箱时会刻意关注能效标识，83.2%的受访者会积极配合参与垃圾分类，73%的受访者响应国家的"厉行节约、反对浪费"政策，以自身行动支持并参与"光盘"行动，这些均表明公众对于参与生态文明建设拥有较高的积极性和强烈的参与意愿。[①]

公众是环境权益最基本的主体，是环境法最基本的保护对象，也是所有类型的环境损害最终的受害者。所以，公众必须成为环境治理多元主体的一员，这是其环境权益的根本保证。但是必须认识到，无论是现在还是将来，无论是在我国还是在西方发达国家，公众以个人为单位参与环境治理过程总是存在成本高、力量弱的问题，所以，在充分承认和保障公众个人参与环境治理权利的合理性和正当性的基础上，我们应该积极寻找更加有效的公众参与方式和途径，本书认为NGOs和社区应该发挥越发重要的作用。

2. 环境NGOs

（1）我国环境NGOs的现状

环境NGOs即民间环境保护组织，是相对于政府环境保护组织而言的非政府组织的一种，是围绕生态环境的保护和维护人类的环境利益而开展活动的环境保护团体。考察西方发达国家尤其是美国的环境法治历史我们不难发现，美国的环境保护运动是自下而上开展的，针对已经出现的问题，经由民间环保组织向法院起诉、向议会呼吁、游说，最终通过立法，实现对污染和生态破坏的治理、补偿、监督和控制。我国的环境NGOs尽管起步较晚，但数量正在增多，截至2008年10月，全国共有环保民间组织3539家，比2005年增加了771家。其中政府发起成立的环保民间组织1309家，学校环保社团1382家，草根环保民间组织508家，国际环保组织驻中国机构90家，港、澳、台三地的环保民间组织约250家。如图5.1所示：

从近年来的实践来看，我国的环境NGOs正在走向成熟，其作用已经不

[①]　环境保护部宣传教育司：《2013全国公众生态文明意识调查研究报告》，中国环境出版社2015年版，第67—70页。

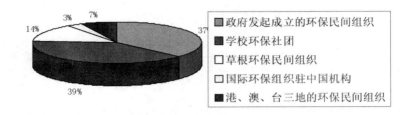

图5.1　2008年中国环境NGOs的分类及数量

（数据来源:《2008中国环保民间组织发展状况报告》）

仅仅停留在宣传方面,而是进入了环境决策等实质性参与阶段。如图5.2和图5.3:

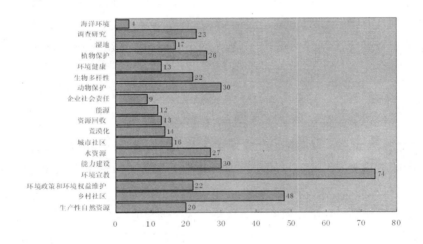

图5.2　我国环境NGOs的活动领域

（数据来源:《2008中国环保民间组织发展状况报告》）

　　环境NGO的优势在于它相对于市场有非营利性、志愿性的优势,相对于政府有自助互助性、民主参与性和多元代表性的优势,可以发挥市场和政府都难以提供的环境保护职能。[①] 而且在应对环境问题的时候,既不需要

---

① 肖晓春、段丽:《论民间环保组织的环境利益冲突协调功能》,《环境保护》2008年第2期,第61页。

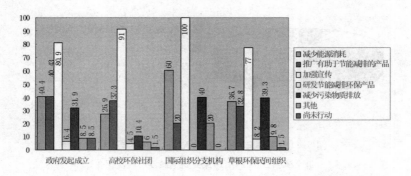

图 5.3　我国环境 NGOs 对节能减排活动的参与情况

（数据来源：《2008 中国环保民间组织发展状况报告》）

像政府那样一般要等到立法工作完成以后才能采取行动，又不需要像企业那样只在具有盈利性的领域开展活动，因而具有及时性、灵活性的特点。特别是对于暂时无法用统一标准去规范解决、又影响群众切身利益的环境问题上，环境 NGO 可以发挥重要作用。①

案例：层面高了，心态好了
——从参与《规划环评条例》意见征集看 NGO 的新变化②

　　环保志愿者杨东进入自然之友的网站，网站上《如何参与发表〈规划环评条例〉修改意见》的条目清晰地介绍了如何给《规划环评条例》征求意见稿提出意见，这个条目被大家称为攻略。第一步、第二步、第三步……提交。按照攻略指示图的提示，杨东在国务院法制办的网站上对《规划环境影响评价条例》（以下简称《规划环评条例》）征求意见稿提出了自己的建议。

　　从 3 月末国务院法制办就《规划环评条例》征求意见稿向社会征求意见起，环保民间组织就立即行动起来，号召和帮助广大公众积极参与。与早期简单地号召大家维护公共卫生和节约资源不同，环保 NGO 的参与正在走向

---

① 张密生：《论环境 NGO 与政府的协作关系》，《环境与可持续发展》2008 年第 2 期，第 54 页。

② 步雪琳：《层面高了，心态好了——从参与〈规划环评条例〈意见征集看 NGO 的新变化》，《中国环境报》2008 年 4 月 23 日。

国家立法和决策的更高层面;与早期参与时的热情有余、理性不足有所不同的是,如今的环保 NGO 更加成熟和理性。

与去年底《水污染防治法》修订公开征求意见时环保 NGO 态度的平淡不同,《规划环评条例》公开征求意见的消息一出,马上引起了环保 NGO 的重视。

"我们这次之所以这么积极地参与,正是吸取了《水污染防治法》修订征求意见时的教训。"自然之友的项目负责人张伯驹说,《水污染防治法》修订征求意见时,在法律出台的过程中,环保 NGO 没有积极发出声音,让法律、法规更有利于公众参与。结果,等法律正式出台后,发现公众的参与空间是有限的。而一部法律在颁布施行之后,却在一段时间内都不会再有改动。

张伯驹认为,现在公众参与的热情在逐步提高,大家需要更多的参与渠道,需要更多的空间去发挥,而这些都需要有法律、法规的保障。如果不在法律、法规出台的过程中争取公众参与的权利,就会使今后的很多参与都很被动。"所以,经过很多反思,当我们知道《规划环评条例》公开征求意见时,就觉得一定要尽可能地在前期积极参与,为下一步法律、法规实施阶段的公众参与创造条件。""国务院法制办的网上意见征集系统非常好,但是很多公众还是不熟悉,找不到在哪里发表意见。"张伯驹介绍,自然之友专门制作了一套攻略,配着指示图,告诉大家应该点击哪里进入,如何注册,怎么提交意见等。

这次征集意见的一个重要特点,就是几家环保 NGO 之间的合作。"环保 NGO 必须发出声音,而且要让决策者听到这种声音,感受到这种声音的力度,这就需要组织这个声音,不让这个声音很微弱、很零散。"张伯驹说,而且,环保 NGO 的资源和能力是有限的,需要共同推动,形成合力。与 2005 年圆明园湖底防渗事件时一家环保 NGO 发起后其他环保 NGO 声援不同,张伯驹认为,这次活动是几家环保 NGO 在策划阶段就共同参与,各取所长,分工合作。

环保 NGO 不是像早期那样为参与活动的本身而兴奋,而是进入了实质性参与。清华大学NGO研究所副所长贾西津认为，"这表明环保NGO走向了成熟，是特别好的现象。"

贾西津认为，在这次活动中，政府和环保NGO都采取了积极倾听互动的态度。一方面，政府的信息发布在开放态度、程序设置、时间提前上都有进步，另一方面，环保NGO也积极主动地回应，平和地接受邀请，认真地思考问题，有针对性地提出意见。"这为NGO的参与提供了有益的尝试、思考和路径，公众不只是有参与的理念，还有参与的行动，营造出公众参与的良好氛围。"

对于环保NGO联合行动的做法，贾西津认为，环保NGO之间的这种合作有助于理性地表达多元化的意见。"而且，每人一个版本很难形成统一，NGO内部的协调容易提出民间意见，这些意见具有专业性和针对性，决策者对有没有采纳、为什么没有采纳就容易进行反馈，从而与决策者形成对话，而不是单方的意见收集。"

从上面的案例可以看出，在国家的扶持、公众的支持和自身的努力之下，我国环境NGOs的力量正在增强，完全应该而且有能力成为环境治理多元主体中的重要一员。

（2）以环境影响评价（EIA）为例看NGOs的作用

前文说过，无论是现在还是将来，无论是在我国还是在西方发达国家，公众以个人为单位参与环境治理过程总是存在成本高、力量弱的问题，所以，在充分承认和保障公众个人参与环境治理权利的合理性和正当性的基础上，我们应该积极寻找更加有效的公众参与方式和途径，接下来，本书就以环境影响评价（EIA）为例谈一谈NGOs在公众参与中的重要作用。

我国的《环境影响评价法》将公众参与作为一项重要制度加以规定，这具有重要的意义。第一，公众参与EIA有利于维护公众的环境权益，是尊重和保护人权的体现；第二，公众参与EIA是社会主义国家人民当家作主的要求，是环境民主进而也是我国社会主义民主的体现；第三，通过公众的参与，可以更全面地了解和认识环境，从而使得决策更加科学；第四，公众参与

EIA 有利于事先了解各方面的利益和要求,平衡各方关系,化解环境等不良影响可能带来的社会矛盾。但不可否认,我国环评法对公众参与的规定仍然不完善,如对公众参与的具体形式并没有具体表述和操作上的细则,这很可能使公众参与成为缺乏实质内容的时髦用语和口号。所以,应该建构可实施的公众参与制度,开辟公众参与的实际渠道和形式,赋予公众参与环境影响评价以实质内容。本书认为,发挥环境 NGO 在这方面的作用就是一条有效途径。

越来越多的案例表明,我国的环境 NGOs 已经表现出作为“环境监护人”、弱势群体或公众环境利益的代表的端倪,正在成为保护资源、防治污染和防止生态破坏的重要力量。环境 NGOs 的发展使我们有理由相信它们会在公众参与 EIA 方面发挥重要的作用。

我们首先可以从分析公众参与 EIA 存在的问题入手谈环境 NGOs 的作用。

问题一:公众参与 EIA 的意识还不强、积极性不高。这里有体制等的因素,但环境教育也是一个很大的问题。在这种情况下,以进行公众环境教育、提高公众环境意识和动员志愿者采取实际行动保护环境为角色定位的环境 NGOs 的作用应该得到大大发挥。因为它们善于调用媒体和志愿者资源开展活动,能够积极倡导对政府决策等的公众参与,可以在社会上形成较为广泛的影响。例如以推动公众参与为己任的北京地球村环境文化中心。该中心 2002 年末成立的“社区参与行动”以社区建设的公众参与为宗旨,试图通过参与式培训,在社区和政府之间建立参与机制;2003 年“非典”过后,该中心以和居民利益密切相关的社区公共环境安全为题,通过“绿色社区论坛”,推动社区利益相关者参与公共事务的讨论和决策,意在培养社区内居民自发产生的中介组织,自下而上推动公众参与机制的建立。①

问题二:公众参与 EIA 能力还有待提高。规划和建设项目与人民的生

① 付涛:《中国的环境 NGO:在参与中成长》,载《中国环境与发展评论(第二卷)》,社会科学文化出版社 2000 年版,第 422 页。

活密切相关,对社会的发展起着重要的作用。对其进行环境影响评价的过程就是一个为决策提供科学依据的过程。让公众参与 EIA 就是为了利用公众对环境的了解,提高 EIA 的科学性和针对性,从而进一步提高决策的科学化水平。这就要求参与 EIA 的公众有较高的知识水平和较好的参与能力,否则就会事与愿违。但目前我国公众的知识水平总体来说还不高,参与能力还较差。主要表现在对环境问题的认识还不够,对规划和建设项目的理解和把握能力还不够,意见的综合和表达能力还不够等。这势必会影响公众参与的效果和水平,违背公众参与的初衷。这就为环境 NGOs 提供了活动的空间。环境 NGOs 的发起人和主要成员多为社会精英,而且其中不乏环境科学领域的专业人才。对环境的忧虑和高度的社会责任感使他们对环境问题具有较高的敏锐度和把握能力,较高的知识水平又使他们能够较好的整理和表达自己的意见。可以说环境 NGOs 具有专家优势。此外,他们还具有资金和技术优势。每年,许多大大小小的国际组织投入数百万美元支持中国的环境 NGOs,因为它们认为环境 NGOs 有利于促进中国公众参与和善治。很多环境 NGOs 得到了国际社会的资金和技术支持。具备了这样的专家优势和资金技术优势,环境 NGOs 就具备了较强的调查研究实力,可以更好地组织和代表普通社会公众参与 EIA,以达到提高 EIA 的科学性和针对性,从而进一步提高决策的科学化水平的目的。

问题三:公众参与 EIA 效率有待提升。影响公众参与 EIA 效率的因素有三:①意见冲突。因为具有不同的知识结构和利益要求等,即使是同一区域的社会公众,不同的人对环境及规划和建设项目的认知和理解也不同,这就可能导致不同的公众对同一问题持有差异或大或小的不同意见,政府机构和建设单位必须对这些不同意见进行把握和取舍,这无疑会影响 EIA 的效率;②沟通不畅。我国目前的公众参与 EIA 还是一个单向的过程,法律规定中缺少对公众的信息反馈机制。自己的意见是如何被政府机构或建设单位理解和把握的,是否得到了考虑和采纳,公众并没有获知的途径。这无疑会影响公众参与的效率,而且会影响公众参与的积极性;③力度不够。在没有有效组织的情况下,公众以个人身份参与 EIA 会造成力量分散。如果再存在前面提到的意见冲突,那么就会削弱公众参与的力度,造成政府机构或建设单位对公众的意见不够重视,甚至会使参与者感到人微言轻,降低了参与的积极性,从而影响公众参与 EIA 的发展。这时如果环境 NGOs 发挥作用,那情况就会大不相同。首先,作为公众环境利益的代表,环境 NGOs 不仅有能力,而且更易于以公众接受的方式对不同的意见进行协调,最终消除意见冲突,拿出一个为大多数公众接受的、更具有科学性的意见;④环境 NGOs 凭借自身的组织结构、人员、资金和技术等优势,可以更好地代表公众与政府机构或建设单位进行沟通,及时向公众反馈信息,使公众更好地了解自己的意见是否被考虑和接受;此外,针对公众个人力量分散的问题,环境 NGOs 可以起到很好的整合和代表作用,从而使公众的意见真正受到重视。可以看出,作为组织,环境 NGOs 对 EIA 的参与程度要远远高于个人,能够大大提高公众参与 EIA 的效率。

问题四:公众参与 EIA 还缺乏保障。尽管《环境影响评价法》规定对于公众意见有关单位和部门应该认真考虑,在环境影响评价文件中应当附具对意见采纳或不采纳的说明,但在具体实施过程中还存在许多问题,比如征求意见者应该征求哪些意见、不征求反对意见应受到何种处分等,环评法并没有规定。因此必须对相关单位和部门的活动进行有效的监督,才能使公众参与 EIA 真正得到保障。这方面环境 NGOs 具有天然的优势,应该充分利用。

另外,我们还可以从公众参与 EIA 的层次入手分析环境 NGOs 在其中的作用。公众参与 EIA 具有三个层次,环境 NGOs 在这三个层次都可以发挥其他机构或个人无法发挥的作用:

层次一:公众具有参与 EIA 的意识。在这一层次,虽然公众还没有进入具体的 EIA 过程,但却至关重要。这一层次需要环境教育方能实现。前面我们已经谈过环境 NGOs 在进行环境教育、提高公众参与意识方面的作用,这里不再赘述。

层次二:公众参与具体的 EIA 过程。在具体的 EIA 过程中,环境 NGOs 凭借自身在人员、技术和资金方面的优势,可以为公众参与提供各方面的支持。例如：有关规划或建设项目的信息公开是公众参与 EIA 的前提。公众只有了解了相关信息，才能对其环境影响进行评价。但因为知识水平等各方面原因的限制，公众可能不能很好地对公开的信息进行理解和把握。在这种情况下，环境 NGOs 就可以利用自身的优势，帮助公众了解这些信息，提示或指出公众应该关注的对象和应该提出的要求，使公众参与有一个良好的开端。

层次三：如果相关的公众被剥夺了参与具体的 EIA 的机会或其合理意见没有得到采纳也没有得到合理的解释或说明，那么相关公众有提出检举、申诉或控告的权利。我国的《环境影响评价法》对此没有做出明确规定，但这应该是公众参与 EIA 的题中应有之义。此时，环境 NGOs 作为公众环境权益的代言人，可以代表公众表达意见，为公众进行检举、申诉、控告提供强有力的支持。目前我国已经有环境 NGOs 进行类似的活动。以中国政法大学污染受害者法律帮助中心为例，它就是一家以法律学者为主体、专门通过热线、代理诉讼的方式向污染受害者提供法律帮助和司法救济的 NGOs。自1999 年成立至 2003 年 3 月，该中心共受理 46 个案子，结案 20 多件，完成4523 个电话咨询，接待来访 353 人次，回答来信 196 封。2001 年，中心启动了中国西部维权行动，在西部地区选择 10 件具有较大影响或典型意义、当事人无力付费的环境污染和生态破坏案件，进行法律诉讼，鼓励公众参与环境维权，对污染者和破坏者形成了压力，并推动了环境立法的进程。① 它的活动使我们有理由相信，环境 NGOs 必能在支持公众参与 EIA 上发挥同样重要的作用。

作为掌握着社会资源的非政府组织，环境 NGOs 在环境管理中具有政府组织无法比拟的优势，这种优势主要表现在：①生态中心性。政府以民族利益为中心，而 NGOs 以生态为中心，从而能够克服环境方面狭隘的民族主义；②信息灵活性。在信息交流、搜集和加工方面，NGOs 比政府更有优势，

---

① 　付涛：《中国的环境 NGO：在参与中成长》，载《中国环境与发展评论（第二卷）》，社会科学文化出版社 2000 年版，第 444 页。

又是政府与公众沟通的桥梁,其信息灵活性契合信息社会特点;③横向网络性。NGOs 不同于政府的垂直等级网络,而是横向网络体系,从而具有社会资本优势,更能促进人们的信息交流与合作,更有弹性、效率及创意;④人本性。NGOs 参与管理走的是一条自下而上的路径,在本土化、认同感及归属感方面具有优势,比政府机制更富有人文关怀。① 所以,环境 NGOs 能够而且应该在公众参与 EIA 上发挥重要的作用。鉴于我国环境 NGOs 目前力量还薄弱、影响还有限的现状,国家应该为环境 NGOs 的活动提供更开放的空间和更有利的政策支持,在《环境影响评价法》和其他环境法律法规的实施过程中对环境 NGOs 作为公众参与的重要形式及其参与的程序做出明确的规定,使公众参与 EIA 真正得到实现。

3. 社区

除了环境 NGOs,社区也是环境治理重要的社会主体。作为居民的日常生活之地,社区与居民的关系极为密切,社区的环境问题也直接关系到居民生活的质量和安全,所以公众以社区为依托参与环境治理不仅具有现实的可能性,也具有必要性。目前我们正通过倡导“可持续消费”和“可持续的生活方式”来减缓环境的压力,这也不可避免地将人们生活于其间的社区推到了环境保护的前沿。以上观点不仅仅是理论上的推论,现实生活中也的确涌现出越来越多的社区,它们以“圆桌对话”等形式,通过与影响社区环境的各利益相关方进行面对面的沟通和交流,解决了许多与居民生活息息相关、居民反映强烈不断投诉却又往往为政府部门忽视的环境问题。例如,2009 年 7 月,山东省济南市天桥区天发·西苑小区因为社区内多家饭店油烟扰民问题而召开社区环境圆桌对话,政府部门、排烟餐饮企业、居民代表三方经过多轮磋商,形成了“技术改造、无害排烟”的落实方案,并达成统一协议,从而有效地解决了这一问题。② 再如,从 2009 年 9 月开始,北京市昌平区阿苏卫周边社区的业主代表与北京市相关政府部门的官员以及垃

---

① 方言奇:《NGO 参与环境管理:理论与方式探讨》,《自然辩证法研究》2006 年第 5 期,第 61 页。
② 季英德、王学鹏:《圆桌对话:和谐社区的润滑剂》,《中国环境报》2008 年 11 月 12 日。

坂处理方面的权威专家一起,针对该地区的垃圾分类和垃圾焚烧问题进行了多次协商,寻求解决垃圾围城之道。我们从中可以看出社区在公众参与环境治理中的作用,就像《中国环境报》的记者所说的:"政府的态度从忽视到尊重民意,体现出政府的开明;市民在对抗无果后,转为积极与政府合作,共同解决问题,体现出公众的智慧。"①

案例:增强社区自治 拓宽公众参与思路
——记一次社区环境圆桌对话会议②

2007 年 12 月 25 日,在国家环保总局宣教中心及北京市环保宣教中心的指导下,北京市东城区清水苑社区召开环境圆桌对话会议,讨论社区周边施工噪声扰民问题的解决方案。清水苑社区位于北京市东城区北二环东直门立交桥北。有居民楼 11 幢,28 个楼门,居民 4000 余人,是上世纪八十年代建成的老旧社区。曾获得首都绿色社区、国家表彰绿色社区等环境保护荣誉称号。

由于市政建设和城市发展需要,东直门地区正在修建北京市交通枢纽工程,该工程是北京城市规划重点工程,已进行了两年多的施工建设。在此期间,由于施工噪声干扰了周边社区尤其是清水苑社区居民的正常生活,居民曾多次拨打东城区环保监督电话进行投诉,东城区环保局、东直门街道办事处就此事多次召集施工方与其进行磋商解决,但并没有从根本上解决问题。12 月 25 日,东直门街道办事处和东城区环保局召开了一次社区环境圆桌对话会议,探索解决上述问题的新途径。

东直门街道办事处承担了本次对话会议组织及主持工作。邀请了东城区环保监察大队、东二环建管办、东直门城管分队、东直门交通枢纽工程建设单位、施工单位代表作为责任相关方出席会议。受噪声影响的 6 号、8 号

---

① 陈媛媛:《尊重表明政府开明,合作体现公众智慧,碰撞中寻求沟通与合作》,《中国环境报》2010 年 3 月 24 日。
② 焦志强、祝真旭:《增强社区自治 拓宽公众参与思路——记一次社区环境圆桌对话会议》,《环境教育》2008 年第 2 期,第 76—77 页。

楼居民代表、楼门长、社区业主委员会代表及社区居委会的共四位代表作为利益相关方代表出席了对话会议。

主持人首先介绍了到会各方代表、会议议程和注意事项。由街道办事处代表介绍了会议背景及相关情况,随后,社区居民代表同建设、施工单位开展了交流、对话。

四位利益相关方代表分别代表居民、居委会、业委会发言,首先肯定了施工单位采取多种方式方法降低施工扬尘的作法,同时,也客观反映了施工对其生活造成的影响。希望施工、建设单位能遵守各项法规,尽可能降低施工噪声,尤其是夜间施工和人为噪声。

项目建设、施工单位表示:施工工程是市政府重点工程,受时间进度和施工条件的限制,建设过程中必然存在施工噪声,但都在法律规定范围内。由于管理欠完善和部分工人素质问题,存在人为噪声现象,单位将在今后加强对工人的教育和管理,杜绝此现象发生。对于夜间施工的问题,施工单位也进行了解释:由于前段时间属于混凝土浇灌期,根据工程技术要求,混凝土浇灌过程一经开始,就须 24 小时不间断施工。有些载重和运输车辆受北京市相关规定所限,只能在 22:00 以后才能进、出北京市区,由此造成的夜间装卸和施工现象,希望能得到居民的谅解。并表示今后对于此类现象,施工单位将提前作好公示、通告等工作。相关政府部门也表示将加强对施工、建设单位的监管力度,保证对话会上的承诺得到有效落实。

通过交流,居民了解了噪声问题存在的客观原因和今后整改计划,而且由于相关政府主管部门代表的出席,保障了对话会议的权威性和公信力,打消了居民对相关单位的怨气,平稳消除了可能激化的矛盾。

本次社区环境圆桌对话会议体现了三点鲜明特色:一是对话气氛平等、坦诚,参会各方发言主动客观,提出了中肯、具体、建设性的建议,体现了对话会议和谐、务实的特点。二是参会代表广泛、全面,一方面,利益相关方——居民代表分别来自社区居委会、业委会、楼门长代表和居民代表,充分代表各方居民的意见,保证了居民的环境知情权、参与权和表达权,充分实现了居民自治。通过居民代表不同角度的发言,有理有据的反映了问题,对问题的解决起到了推动作用。另一方面,本次对话会议邀请了造成环境问题的各方面代表,城管、环保监察、建管办、项目建设单位、项目施工单位代表出席会议并作解释工作,从各自工作角度提出了产生环境问题的原因、影响因素和解决方案,就居民的问题和意见分别给予回应,得到了居民的谅解。三是组织工作细致周密。由于是街道办事处承担会议的组织和主持工作,他们将此工作形象的比喻为"一手托两家",借助对话方式,一方面要对社区居民负责,解决该环境问题。另一方面要使相关责任单位起到整改提高的作用。为此,会议组织单位在对话会前开展了精心的组织协调工作,使参会各方对所讨论问题有了清楚的认识和改进方向,为会议顺利进行奠定了基础。另外,主持人主持经验丰富,站在中立的立场上,使参会各方能有所针对的交替发言,充分保证了各方的表达权,保持了会议平等协商的对话氛围,促成了问题的圆满解决。

通过本次对话会议,有效解决了社区面临的环境问题,为社区今后的环境管理及相关工作起到了参考借鉴作用。将对话方式引入到社区环境保护工作中来,在逐步完善基层民主和自治工作的基础上,将社区环保工作的外延扩大,通过与其他单位、政府部门及社会各界相结合,发挥了社区的主动性和居民参与的积极性,在有效改善了社区环境质量的同时,也丰富了绿色社区创建活动内容,拓宽了绿色创建思路。我们希望这种方式能持续健康发展下去,在全国各地落地生根,为中国的环保事业贡献更多的绿意。

在多元主体构成的环境治理系统中,政府直接作用于企业和社会力量,企业施加影响于政府和社会力量,而社会力量则可以以个人和集体(主要包括环境 NGOs 和社区)两种形式,直接或者间接地对政府和企业的环境治理行为进行干预。从多元主体在环境治理的多中心合作模式中所具有的结构性独立地位和所起的特定作用上来说,它们的地位是平等的。

第二节 客体的确定性

一、客体确定性的内容

依据环境治理多中心合作模式的框架设计,客体确定性包括两方面内容:一是客体边界的确定;二是客体信息的确定。

1.客体边界的确定

从环境治理多中心合作模式的框架结构我们可以看出,在环境治理的每一个环节所要遵循的原则中,都包括客体边界的确定,这是因为多中心合作模式的有效性要求多元主体的规模必须与该客体的规模相一致,至少不能小于客体的规模。

但实践中经常存在着"边界失效"的情况。前文我们已经分析过,在环境保护方面,地方政府与中央政府存在很大差异。中央政府因为是从整个国家利益的角度考虑环境问题,因此从中央的视角出发,环境质量的改善是不存在外溢效应的,任何局部的环境改善都是对国家整体环境质量的改善。但因为地方利益的存在,所以站在地方政府的视角看,环境治理是存在外部性的,本地环境质量的改善对邻近地区存在溢出效应。以最典型的跨界河流水污染为例,上游地区花重金对水污染进行治理,下游地区不承担成本却可以受益,在缺少利益协调机制的情况下,上游地区的"理性"反应经常是减少这种"公共品"的供给即不再进行污染治理。地方政府之间在污染治理上严重的成本—收益不平衡就导致了地区政府环境治理中的"边界失效",这对环境治理危害极大。因此,环境客体"边界"的确定非常重要。

环境客体边界的确定主要包括以下几方面:

一是客体物理边界的确定。环境客体的物理边界是其自然属性,确定环境客体的物理边界有利于完整的保持和发展环境客体的品质。根据环境客体被分割后是否会影响其功能以及是否会影响对该环境客体的保护,可以将环境客体分为不可分割的环境客体与可分割的环境客体。以河流为例,它就是典型的不可分割的环境客体,对河流的保护和治理应该将水源地、河流的所有流经地都包括进来统筹考虑,单独针对其中任何一段进行治理都不足以解决其污染问题,其效果将是事倍功半的。而土地则是典型的可分割的环境客体,因为对土地的分割一般不会影响其功能和对该土地的保护,起码从短期来看,对任何一块土地的有效保护都可以收到切实的效果,不会轻易受到其他块土地的影响。

二是客体权责边界的确定。环境客体权责边界的确定必须以物理边界为基础,对于不可拆分的环境客体必须拥有单一的权责主体,例如通常所说的河流流域管理,否则便极可能导致流域恶化而无法问责或难以问责的问题。因此,以多中心合作治理模式为依据,我国应探索强化流域管理,针对边界清晰的客体设置权责清晰、权责统一的治理主体。此外,产权的明晰也是客体边界确定的重要途径。科斯定理告诉我们,一旦产权是明晰的,交易成本将降低,市场将是帕累托有效的。所以,明晰的产权结构有利于产生外部性内部化的激励。所以应该尽可能地明确界定环境资源的产权。而对于产权难以直接界定的环境客体,如大气、水流,政府应该帮助实现环境资源的间接产权界定。

2010年初,辽宁省针对辽河的治理成立了辽河保护区管理局,这是我国第一家大河的河流"划区设局",实现了辽河治理和保护工作由以往的多龙治水、分段管理、条块分割向统筹规划、集中治理、全面保护的转变,是河流治理和保护的思路创新和体制创新,在全国河道管理与保护方面开创了先河。辽河保护区管理局的成立正是辽河这一环境客体物理边界和权责边界确定的产物,可以为环境治理多中心合作模式的建立提供极好的例证和借鉴。实践证明,辽河保护区管理局的设立是一项成功举措,经过几年的不懈努力,辽河流域水环境质量得到显著改善,按照化学需氧量考核,2012年12月,辽河流域43条支流全部符合五类水质标准。按照21项指标考核,2012年8月至12月,辽河流域内36个干流断面稳定达到或好于四类水质标准;10月至12月,54条主要支流达到或好于五类水质标准。辽河流域在污染得到治理的同时,流域生态文明建设也取得了阶段性成果。辽河保护区植被覆盖率由 13.7% 提高到 63% ,河滨带植被恢复到 90% 以上 ,监测到植物 225 种 、鱼类 40 种 、鸟类 62 种 、昆虫 87 种 ,辽河入海口斑海豹种群在逐步扩大。2013 年初 ,经环保部会同国家发改委 、监察部 、财政部 、水利部联合成立的考核组确认 ,辽河流域水质目前已达到国家要求标准。这标志着辽河如期摘掉了流域重度污染的帽子 ,率先从全国"三河三湖"重度污染名单中退出。[①]

2. 客体信息的确定

对环境客体信息的准确掌握是有效进行环境治理的前提条件。在环境治理的具体运作上 ,无论是治理制度的制定 ,还是治理制度的监督执行 ,或是环境冲突的解决和法律责任的追究 ,都建立在掌握信息的完全程度的基础上。比如 ,只有收集到完备的污染信息 ,才能针对削减污染制定规范 ,才能对违反规定者施以处罚。但我国目前的情况却是环境问题追责难 ,污染问题究竟从何时开始 、何时的何种行为或政策导致了问题的发生 ,几乎无从举证。因此 ,有关环境客体的信息的确定十分重要。我国环境信息的收集大多由政府独立承担。因为能力有限 ,再加上政府对许多具体的环境问题缺乏切身的感受 ,政府在很多时候越来越不堪重负 ,无法收集到关于具体环境客体的所有有价值的完全信息 ,导致制度的制定和实施与实际的需要不符。

大多数情况下 ,有关环境客体的具体信息掌握在生活于其中的公众手中 ,或是掌握在企业手中。所以必须有适当的制度设计使公众和企业掌握的信息能够进入政策制定和实施过程 ,能够对环境冲突的解决和责任的追究产生切实的影响。这也是多元主体参与环境治理的必要性之一。

至于客体的哪些信息需要确定 ,因具体情况的不同而有所不同。总的来说包括与客体直接相关的信息和与客体间接相关的信息两大类。直接相关的信息主要是有关环境客体的自然信息 ,比如地理位置 、特征 、环境容量 ,

---

① 霍仕明 、张国强 :《"三河三湖"治理中率先摘掉重度污染帽子 ,辽河管理"大部制改革"获得成功》 ,《法制网》2013 年 2 月 16 日 ,http://www. legaldaily. com. cn/bm/content/2013 - 02/16/content_4200218. htm? node = 20731。

等等;而与客体间接相关的信息则包括利用该环境客体的企业和公众的情况等,比如某企业向某河流的排污量,等等。另外还要注意到,尽管在环境治理的三个主要环节都要确定客体的信息,但每个环节所关注的具体内容是不同的。比如制度供给环节所关注的更多的是总量信息,而制度实施环节和冲突解决环节更多关注的是有关单个主体的具体信息。

二、客体确定性的意义

1. 客体确定性有利于环境制度的公平供给

环境治理中法律制度的供给关系到社会成员的切身利益,因此是否公平至关重要。环境决策公平的判断标准是决策主体制定的环境政策是否与人的承受能力和对环境造成的压力相匹配,是否保证了宏观环境政策与地区环境压力相协调。我国地区差异十分显著,无论是地理特点、经济水平还是人们的消费习惯都有很大的不同,环境治理的结果好坏容易受这种差异的影响。但在政府单中心模式下,我国的环境法律制度甚少考虑这种地区差异,而是针对不同地区的同一类环境客体做出同样的规定。这样的规定看似公平,但其实只是一种形式上的公平,其实往往造成事实上的不公平。以我国流域跨界水污染治理为例,目前我国流域跨界水污染治理模式属于指令配额管理模式。这种指令配额管理模式的显著特点就是中央政府先制定各个地区的污染削减配额,然后各个地方政府按照削减配额独立完成。这种做法严重忽视了上下游区域之间产业结构的差别导致的污染排放量的差别,更忽视了上下游不同地区之间相同产业所造成的社会成本与社会收益以及上下游不同地区效用的差别,从而导致上下游地区之间利益的冲突。[1] 相反,客体确定性更多地考虑不同地区的实际情况,有利于环境法律制度与地区环境压力相协调。另一方面,环境法律制度的公平还需要社会人群之间环境消耗和环境责任的匹配,客体确定性有利于针对具体的客体

---

[1] 易志斌:《地方政府环境规制失灵的原因及解决途径——以跨界水污染为例》,《城市问题》2010年第1期,第76页。

分析不同人群的环境消耗,从而实现环境责任与环境消耗相匹配。

2. 客体确定性有利于主体多元性和权力多向性的实现

主体多元性和权力多向性应该体现在实际的环境治理过程中,这要求必须有多元主体参与和多向度的权力运行的载体,客体正是这种载体。以具体的环境客体为中心,可根据其特点确定多元主体各自的优势领域,并在此基础上重新界定不同主体在环境治理中的地位,为不同力量留下各自作用的空间。此外,客体的确定可以实现决策中心从中央到地方的下移,是权力运行多向度的实现保障。

在我国目前的环境治理实践中,还存在着另一个严重的问题,即环境污染的追责难,其中一个重要原因就在于环境管理或环境保护过程中环境客体不完整、不明确,直接导致了责任主体的混乱状态。环境客体的确定性问题将有利于解决上述难题。

第三节 权力的多向性

作为环境治理多中心合作模式的有效条件,如果说主体多元性解决了多中心模式的形式问题,那么权力多向性则解决了多中心模式的实质和核心问题。环境治理的多中心合作模式正是在这种多向度的权力运作中实现的。

一、权力多向性的表现

在我国现行的政府单中心的环境治理模式下,权力的运行是自上而下单向的,一方面是政府体系内部中央政府对地方政府的命令和控制,另一方面是政府与企业之间政府主体对企业的管理和控制。以决策权为核心的各项环境治理权力集中在中央政府,政府单中心模式运用中央政府的政治权威,通过向地方政府和企业发号施令、制定法律政策和强制实施法律政策,对环境事物实行单一向度的管理。在具体运作上,中央政府既要负责宏观层面的法律制定和微观层面的监督执行,通过政治权威迫使地方政府与其一起通过制定和实施环境法律规范强制企业削减污染排放、进行污染治理，还要负责收集污染信息、发出削减污染的指令并对违反规定者施以处罚。在这一模式下，中央政府不堪重负，地方政府自律较差且容易失控，而企业因在环境保护方面的积极性没有被调动起来，始终处于一种被动的地位，与此同时环境NGOs和公众在环境治理中的作用没有得到发挥。

环境治理的多中心合作模式强调权力运行的多向度，要求权力的运行必须上下互动，即在多元主体围绕环境客体所构成的新的系统中，除了自上而下的权力行使方向外，权力中心还可以下移，再将其权力运作的影响传递到中央，使得权力运行呈现出上下互动和水平互动状态。不仅如此，权力向度还呈现出以客体为中心的内外互动状态，即环境治理的权力运行不限于围绕客体所形成的自然场域之内，该场域外的主体也可以对场域之内的主体施加影响。具体说来，这种多向度的权力运行既体现在包括政府、市场主体和社会主体在内的各类主体之间，也体现在同类主体之间，包括政府主体之间、市场主体之间以及社会主体之间。

1. 不同类别主体之间的权力运行

（1）政府主体与市场主体之间的权力运行

现行政府单中心模式下的主体关系是一种主要由政府主体和市场主体构成两级别、分层次的关系系统，权力的运行主要表现为政府主体通过法律法规和政策对市场主体进行的命令—控制。在多中心合作模式下，主体由政府主体和市场主体两维变成了政府主体—市场主体—社会主体三维，三维主体之间构成了一种单层次的关系系统。在其中，政府主体对市场主体的权力运作由单中心模式下的以命令—控制为主变为命令—控制、引导和服务为主。作为市场主体的企业对政府的作用由单纯的服从变为执行与参与和监督相结合，即除了执行政府发布的各项法律法规外，还要参与法律法规的制定以及政府倡导和发起的其他行动，并对政府的行为有了监督权。这样，政府主体与市场主体之间就不再是单纯的管理与被管理的关系，而是增加了合作关系。

对于政府主体与市场主体的环境治理合作，同济大学的朱德米教授进行了较为深入的研究,提出了如下思路:一是运用经济政策工具,将企业、项目的环评结果作为信贷决策的首道门槛,采用加减法,由此对企业的外部监管转化为内部的激励机制;二是提升企业环境管理能力,构建环境政策的传导机制,把政策信息准确地传导到企业,使企业家具有能识别这些政策信号的能力;三是推进企业的环境信息数据公开化,运用社会舆论力量约束企业的环境管理行为;四是实施环境治理代理人制度,通过第三方委托治理,政府出资建立管办分离的制度体系,使中小企业污染排放集中治理。①

(2)政府主体与社会主体之间的权力运行

在政府主体与社会主体之间也一样,政府对社会主体除了命令—控制,还应该对其进行引导、为其参与环境治理活动提供服务。而社会主体对政府的作用也应该包括执行、参与和监督,具体可以采取以下几种方式:第一是政策倡导;第二是制度性的信息、意见交流和对话;第三是申请的提出与回应;第四是申请信息公开、申请听证,提起行政复议和行政诉讼;第五是谈判和斡旋调停;第六是合作。② 尤其是合作这种方式更加值得关注,因为近年来我国正倡导政府向社会力量购买服务,环境领域也出现不少典型案例。比如2013年12月,贵州省清镇市人民政府向贵州省环保组织贵阳公众环境教育中心购买第三方环保监督服务③,由环境NGO对政府和企业同步开展监督,既监督政府相关环保职能部门依法履行职责的情况,也监督企业安全环保生产与履行环保义务情况;2011年9月,北京市朝阳区投资10万元,启动了首个政府购买社会组织服务的社区垃圾减量项目,项目首先在北京万科星园社区运行。④ 在运行过程中,自然之友为小区建立了"绿色账户",为鼓励居民参与垃圾分类,还建立了奖励机制,在每层楼的分类垃圾

① 朱德米:《地方政府与企业环境治理合作的关系》,《中国社会科学报》2012年11月21日。
② 李楯:《环境—生态保护:我们做了什么》,载《中国环境发展报告(2014)》,社会科学文献出版社2014年版,第17页。
③ 郄建荣:《政府出资购买NGO服务》,《法制日报》2015年1月12日,http://news.sina.com.cn/o/2015-01-12/065931387801.shtml。
④ 《环保NGO,政府购买之路如何走》,《中国环保网》2012年11月16日,http://www.huanbao.com/news/details17159.htm。

桶上,都贴上了考评表格,由清洁工对各层的垃圾分类情况打分,分数计入各家账户,获胜的楼层居民将会获得环保奖品。通过这项服务预计垃圾年产生量减量 40 吨;2013 年,北京地球村环境教育中心在密云县北庄镇开展的生态管护项目,根据"合同外包"协议规定,协助北庄镇进行生态环境建设与维护,做好清水河管护、镇域内的环境管理、垃圾分类和无害化处理、公路养护、生态管护员管理等工作。① 这些都是政府主体与社会主体合作进行环境治理的典型案例,它们超越了命令—控制,体现了权力运行的多向度。

(3)市场主体和社会主体之间的权力运行

在市场主体和社会主体之间的关系方面,单中心模式下二者之间在环境保护方面的互动是很少的。而在多中心合作模式下,市场主体可以对社会主体参与环境治理进行引导,市场主体也要积极参与社会主体所发起的各项环境治理活动。反过来,社会主体也可以通过自己的行为对市场主体进行引导和监督。如环境 NGOs 可以通过公益活动、展览、科研、社会调查等方式与企业合作,也可以联合编制污染企业名单社会各界力量对企业进行监督。另外目前我们所倡导的"绿色消费"观念就可以成为市场主体和社会主体之间互相引导的一种具体方式。为了让周围的社区居民更好地了解企业的环境状况,有些企业还积极推进环境信息公开,与公众建立了长期的环境交流机制。如江苏双登集团、东风日产乘用车公司通过召开周围居民环境信息沟通会、邀请群众参观厂区环保设施等方式,一方面让群众了解企业的环保工作,另一方面也接受群众的监督,这也是在企业与公众之间的互动。② 在环境 NGOs 与企业的互动方面,日本的经验值得我们借鉴。例如:有的环境 NGOs 通过对消费者有关环保型产品认知程度的调查,向企业提供相关市场信息,为企业制定推广环保产品的营销方案提供依据。同时,通过环保型产品的宣传和相关设计等促进企业采用环境友好型生产方式和

---

① 陈媛媛:《加把劲,让灵魂跟上脚步》,《中国环境报》2013 年 12 月 18 日,http://www.cenews.com.cn/sylm/hjyw/201312/t20131218_753769.htm。

② 刘秀凤:《环境保护部最近新命名 6 家国家环境友好企业》,《中国环境报》2008 年 9 月 12 日。

环保型产品的研究与开发。再如,日本"再利用运动市民之会"为了减少因造纸引起的森林资源消耗,与企业联手成功地开发出用榨糖后的废甘蔗渣制成非木材纸,并以此项产品销售收入的1%建立了一项基金,用于支持国内外的造林项目。① 下面案例中环境NGOs与苹果公司的博弈也很好地体现了市场主体与社会主体之间的互动。

案例:环境 NGOs 与苹果公司的博弈②

中国是IT产业名副其实的世界工厂,世界上一半左右的电脑、手机和数码相机产于中国。然而,作为世界IT产品加工业的中心,中国的环境也承受了巨大压力,其中重金属的排放问题应引起高度重视。2009年以来,湖南浏阳、陕西凤翔、湖南武岗、福建上杭、河南济源、江苏盐城、广东清远爆发的一系列重金属污染事件令国人震惊。据环境保护部统计,2009年环保部接报的12起重金属、类金属污染事件,致使4035人血铅超标、182人镉超标,引发32起群体性事件。铅、铬等重金属具有较强的毒性,一旦被释放进入环境,会在环境或生态系统中长时间存留、积累和迁移,积累到一定程度就可能引发公害事件。

自2009年起,公众环境研究中心、自然之友和达尔问就IT行业的重金属问题开展调研,并连续发布四期IT行业重金属污染调研报告。调研过程中发现一些为知名IT品牌大量供货的企业重金属排放超标违规,污染严重。

在通过调研初步梳理出超标违规的IT产品制造商与知名IT品牌间的

---

① 王津、陈南、姚泊:《环境NGO——中国环保领域的崛起力量》,《广州大学学报》(社会科学版) 2007年第2期,第37—38页。

② 综合摘编。参见王晶晶:《追究"苹果"供应链污染,呼唤绿色消费行动》,载《中国环境发展报告 (2012)》社会科学文献出版社2012年版,第168—176页。自然之友、公众环境研究中心、环友科技、自然大学、南京绿石:《苹果:透明撬动治污》,http://114.215.104.68:89/Upload/IPE% 20report/Apple_Opens_up_IT_Phase_VI_final_CN_20130207_.pdf。陈媛媛:《污染在黑幕下蔓延苹果供应链再遭污染指控》,《中国环境报》2013年1月30日,http://www.antpedia.com/news/ 57/n-281557.html。

供货关系后,30 多家中国环保 NGOs 共同致信 29 家 IT 品牌企业,就供应商违规问题进行确认,并希望 IT 品牌企业利用政府公开的环境信息对供应链进行管理,确保供应商的达标排放。在各界推动之下,20 余家 IT 品牌先后开始回应环保组织的质疑,着手加强对供应商的环境管理。这其中转变最大的当属苹果公司。

在前三期报告中,苹果公司表现出少有的傲慢,置若罔闻,是被调查品牌中表现最差的一家。面对其供应链环境管理的质疑,它先是坚持辩称有问题苹果公司自己会解决,不会与其他机构沟通;之后在上千消费者向其表达不同意见之后,苹果公司对质疑做出了简单的否认。面对后续的更多质疑,该公司又采取一味回避的态度。2010 年底,该公司才又简单回应,声称不能确认出现严重职业毒害和污染的联建科技是其供应商,同时要求提出质疑的环保组织"提供证据"证明其与苹果公司的供货关系。直至 2011 年2 月 15 日,苹果公司才在供应商管理报告中,首度承认了造成 137 名工人正已烷中毒的苏州联建是其供货商。但是此报告中写到的中毒者已经全部治愈,与事实严重不符,也并没有回应环保组织提起的环境违法企业的情况。

2011 年 8 月 31 日,五家环保组织发布第五期《IT 行业重金属污染调研报告》苹果特刊《苹果的另一面 2——污染在黑幕下蔓延》。调研发现苹果公司的供应商在环境、安全等方面存在诸多问题,其供应链的管理存在巨大缺陷,违背对公众的承诺。9 月中旬,在回避了一年七个月后,苹果公司终于第一次与环保组织进行了沟通,并在随后的两个月内多次和环保组织进行了谈判。2011 年 11 月 15 日上午,公众环境研究中心、自然之友、环友科技、南京绿石、达尔问自然求知社等五家环保组织在京与苹果公司举行了会谈。在会议中,双方就共同问题进行交流。苹果方面在会谈中表示,针对中国环保组织公布的调查报告,已经采取了一些针对性的措施,委托了第三方公司对部分中国供应商进行了第三方审核,并且约谈了十几家企业。但在此次会谈中,苹果仍以商业秘密为理由拒绝公布违规供应商的具体整改情况,而环保组织均认为,环境信息公开是苹果需要做的关键一步,企业环境的情况并不涉及商业秘密。此次谈判已过一个多月,苹果再度陷入沉默,没有新的消息。

从 2012 年开始,苹果公司又与环保组织进行沟通,进而开始全面跟进 NGO 对其供应链污染提出的质疑。经过长时间沟通、争论和磨合,苹果自 2012 年 4 月开始尝试使用 NGO 监督下的第三方审核,推动其供应商整改环境违规问题。

2013 年 1 月 29 日,公众环境研究中心、自然大学、自然之友、环友科技、南京绿石等 5 家民间环保组织在北京共同发布了第六期 IT 产业供应链调研报告,确认苹果公司在供应链环境管理透明度方面取得重要进展。

但是,苹果公司的供应商除了接受绿色选择第三方审核之外,至今没有就违规记录作出公开解释。因此,民间环保组织呼吁更多 IT 品牌能够借助信息公开和利益方参与,进一步推动高污染的 IT 材料供应商实质性提升环境表现。

2. 同类别主体之间的权力运行

在同类别的主体之间,也存在这种多向度的权力运作。首先在政府体系内部,多中心合作模式变单中心模式下中央政府对地方政府的绝对控制为适当分权,以达到不仅不会失控,而且还能发挥地方政府环境治理积极性的实际效果;在市场主体之间,单中心模式下企业为了追求经济利益而忽视环境,企业之间搭便车行为普遍存在,造成极大的环境负外部性。而在多中心合作模式下,企业之间可以为了环境利益而采取共同的治理行动;社会主体之间的关系也应该同市场主体之间一样,可以为了环境利益而采取共同的治理行动。

二、权力多向性的实现

多向度的权力运行如何实现呢?这是我们必须考虑的问题。本书认为要根据主体的不同进行具体的分析。

在政府系统内部的中央与地方之间,权力运行多向度要依靠分权来实现,包括事权的明确划分和财权的明确划分。事权的明确划分指的是要明确地方政府的环保职能与责任。我国现行环境法律法规体系只粗略规定了地方政府对当地环境负责,而具体到如何负责、负责到何种程度、失职后承担何种责任则没有明文规定。这造成地方政府环保工作的缺位与机会主义行为。① 财权的明确划分指的是中央对地方进行财政支持,通过中央的财政支出来激励地方进行环境保护。财政分权的具体形式有环保专项资金制度和生态补偿制度等。同时还应该注意到,分权必须靠法律来保障,即实现中央与地方关系的法治化。

而在多元主体之间,市场主体和社会主体对政府主体发挥的参与和监督作用实现的前提条件是二者环境意识和参政议政意识的提高,这需要引导和教育。发挥这种引导和教育功能的除了常规意义上的教育机构,还可以是政府、先进企业和环境 NGOs。此外,市场主体和社会主体对政府的监督也要靠分权来实现。而且这一作用要得到切实的发挥,必须有制度加以保障,这就需要法律发挥作用。当然,法律对这种监督权的保障既应该有实体方面的,也应该有程序方面的,二者缺一不可。市场主体之间、社会主体之间以及市场主体与社会主体之间的互动也需要这样的引导和法律的保障。

小结

从对环境治理多中心合作模式有效条件的分析可以看出,具有不同利益诉求的多元主体围绕确定的环境客体在多向度的权力运作基础上所形成的环境治理系统不同于政府单中心模式下的两级别分层次系统,因而可以避免政府单中心模式所固有的要素缺陷和结构缺陷,进而呈现出政府单中心模式所不具备的功能上的优势。

首先,有利于多角度地分析问题。政府单中心模式因为是以"管理"为

---

① 曾贤刚:《地方政府环境管理体制分析》,《教学与研究》2009 年第 1 期,第 37 页。

指导思想并存在主体要素缺陷,所以在很多场合我们关注的是"物"、是针对治理对象所制定的命令式的硬性指标,却忽略了环境问题背后的"人"的因素。多中心合作模式因为同时强调客体的确定和主体的多元而能够在关注"物"的同时也关注"人",从改变人的观念认知和行为方式入手提高环境治理效能。同时,从"人"本身来看,立场不同则看问题的角度不同,角度不同则关注和掌握的信息不同。多中心合作模式对多元主体的强调有利于我们更全面的分析环境问题,从而得出更合理的解决办法。

第二,有利于多种手段的运用。政府单中心模式因为把政府和企业看作是管理者与被管理者的关系,所以习惯于运用强制性的命令—控制手段。多中心合作模式的多元主体带来多种手段的运用,除了命令—控制手段外,也使得市场手段和社会手段的运用变得水到渠成。同时因为对主体和客体进行了充分的分析和认识,因此可以凸显出在何时何地、用何种手段、由哪种主体发挥主力作用而其他主体积极配合效果会更好。

第三,有利于实现多元主体的相互制约和协调。每种主体都可能具有自身问题,比如监管部门可能存在数据不实、环境 NGOs 可能存在极端环保的现象,这些对环境治理都是有害的。多中心合作模式对多元主体的强调和分析有利于我们清晰地认识他们各自的优缺点,进而实现相互之间的制约和协调。

第六章 环境治理多中心合作模式的运行机制
——环境治理网络

　　正如有学者所认为的那样,环境治理的多中心合作模式"不是简单地在行政单中心模式下机械地塞进一些民主化的改革成分——回应性、参与性等,而是寻找多主体合作的关系体系。"①在这种关系体系中,多主体不是简单的个体元素的集合,而是围绕客体所形成的一个重新构成的系统,具有单个主体所没有的新功能,表现为一种网络关系,我们称之为环境治理网络。环境治理网络是环境治理多中心合作模式的运行机制,也是主体多元性、客体确定性和权力多向性的实现机制。它主要通过对形成治理网络的主体要素的制度化安排,使得多元主体围绕环境客体的权力运作获得一个制度载体,实现功能的互补和利益冲突时的制衡,从而保证多中心合作模式能在合作机制中得到确定。其主旨是通过对各种主体的重新组合,最大限度地实现主体的潜能以推动环境治理效果的提升。环境治理网络是多中心合作模式建立的关键所在,是环境治理向前发展的根本动力。

　　与此同时,环境治理网络的形成和运行又有赖于环境治理主体的多元性、客体的确定性和权力的多向性。其中,主体多元性说明了环境治理网络的主体构成,客体确定性影响环境治理网络的结构形态,而权力多向性则描述了环境治理网络的运行状态,两方面呈现出一种相辅相成的关系。

　　我国目前的一些环境治理实践已经出现了环境治理网络的雏形。以长沙市开福区环保志愿者联盟促成村里污水处理厂上马一事为例,由当地的

---

① 孔繁斌:《公共性的再生产》,江苏人民出版社 2008 年版,第 202 页。

企业和村民组成的这一联盟所进行的区域自治就具有环境治理网络的一些特色。

案例：长沙市开福区环保志愿者联盟促成村里污水处理厂上马
区域自治让治污成共同选择①

　　湖南省长沙市开福区捞刀河镇大明村近日新上了一套日处理量为700吨的污水处理设备，但这套设备既不是由政府出资，也不是由某家企业出资，却是由园区各企业按产值、利润及污水的日排量等情况出资建成的。

　　这件新鲜事的促成者是大明村环保志愿者联盟，这家志愿者联盟由当地32家企业、部分村民代表共同成立。

　　大明村村民徐炳强告诉记者说："我是去年加入志愿者联盟的，主要是管企业是不是乱排污。今后还要多个新任务，就是管这个污水处理厂运不运转。"除他之外，村里还有15个像他这样的村民和32家企业以结盟的形式监督当地企业的排污行为和污水处理厂的运转情况。

　　在2006年开福区第一届农民"村官论坛"上，要求在全区16个社区（村）开展"绿色社区（村）"创建、实施污染减排等活动。开福区以此为契机，建立了由企业和村民组成的环保志愿者联盟，捞刀河镇大明村是开福区实行"环保区域自治"的典型单位。

　　谈起村里新建的污水处理厂，大明村谢书记介绍说，近年来，由于大明村内工业园企业不断增加，某些企业环保工作不到位，导致村民污染投诉时有发生。开福区环保局工作人员多次蹲点大明村，一方面下发整改通知督促企业整治污染，另一方面积极帮助工业园筹划怎样才能又治污、又节约资金。他们通过充分的调查论证后发现，如在园区内上一套日处理量为350吨的污水处理设备，就可以满足园区里大小企业的治污需求。

　　通过环保志愿者联盟的组织和协调，村里多个企业决定联合起来共同

---

① 　胡元娥：《长沙市开福区环保志愿者联盟促成村里污水处理厂上马，区域自治让治污成共同选择》，《中国环境报》2007年12月19日。

解决污染问题。据了解，此污水处理厂占地面积为1200余平方米，将对全村所有企业的污水进行集中处理。此污水处理厂设计分为两期进行，一期工程完成日处理污水350吨，能基本满足现有园区企业和生活污水处理需求；二期工程预计日处理能力为350吨，是为适应大明村今后工业发展的需要而建的。

目前，一期日处理污水350吨的污水工程管网已铺设完毕，预计明年3月可正式投入使用，可基本满足现有园区内所有企业的需求。大明工业园的环保志愿者联盟代表与污水处理公司正式签订了污水治理项目协议。32家联盟企业和村民代表走出了一条"环保区域自治"污染减排的路子。

尽管这种联盟还只是一个雏形，但从中我们可以得到一些启示，比如政府部门在其中发挥的作用、环保组织发挥的作用、企业由被动接受环境管理到主动进行环境治理的转变、环保组织与企业互动的方式，等等。近年来，工业企业"下乡进村"的现象较为普遍。这些企业给农村一些地区造成了严重的环境污染和生态破坏，但由于农村地域广阔、工业企业分散、交通不便，给人力、物力本已有限的环保部门带来了监管难题。环保部门往往付出较高的成本，却成效不大，企业与村民的矛盾也日益突出。长沙市开福区的环境治理实践证明，这种政府、企业、居民共同参与、通过企业与村民实行环保区域自治的环境治理模式很好地破解了这一难题。

作为环境治理多中心合作模式的运行机制，环境治理网络是多中心合作模式建立的关键。在前文关于主体多元性、客体确定性和权利运行多向性这三个多中心合作模式的有效条件的论述中已经对环境治理网络有所涉及，但没有明确提出，本章将对环境治理网络的形成、特征和运行进行具体的论述。

第一节 环境治理网络的形成

按照多中心理论自主组织、自主治理的观点，环境治理网络的形成应该是一个自发的过程,即一定范围内的相关环境利益主体针对特定的环境客体在足够长的时间内进行不断地调整和适应,从而形成一种相互承诺的信任关系。但是在我国目前的情况下,无论是从政府本身的体制设置和运作机制看,还是从企业的环境意识现状和社会主体的发展程度看,环境治理网络自发形成的条件还不完全具备,环境问题的紧迫性也不允许我们来长时间地等待环境治理网络的自发形成。所以在我国,环境治理网络的形成有一些基本原则需要遵守,并且需要相应的引导。

一、环境治理网络形成中应遵循的基本原则

1. 在环境治理网络的形成过程中必须维护各主体之间的平等地位

具体说来,在环境治理网络中,各主体之间不再是政府单中心模式下单向的命令和服从的关系,而是相互调试,在一个一般的规则体系内归置其相互之间的关系,从而在互相尊重主体地位基础之上建立起一种平等与合作的关系。各个主体在这个网络中相互竞争、相互制约又相互合作,共同推进环境治理。环境治理网络变政府单中心模式下“中心—边缘”的垂直结构为水平结构和垂直结构的结合,从而使环境治理主体间的平等和宽容开始取代政府单中心模式下的严格的排他性,政府单中心模式中的他律在很大程度上也为各主体自身自觉的自律所取代,也使得“权威—控制—服从”为“信任—服务—合作”所取代。

2. 环境治理网络中要允许多元利益的存在

在形成环境治理网络的过程中多元主体的动机是不尽相同的,比如政府是为了维护社会公益,企业是为了追求经济效益,社会主体是为了维护自身的环境利益或社会的环境公益。在环境治理网络的形成过程中必须允许这种多元利益的存在,这也是维护各主体平等地位原则的延伸。必须承认,所有主体都是为了环境公益而进行环境治理的设想只能是一种美好的愿望,维护多元主体追求各自利益的权利是他们愿意参与进环境治理过程进而形成环境治理网络的前提条件。对多元利益的压制和对追求这种多元利益的权利的剥夺将是对多中心模式的背离。

3. 要对各主体的多元利益进行协调

环境治理网络中允许多元利益的存在不等于说我们可以忽略它们的存在及影响。相反,必须对这些多元利益背后所蕴藏的经济、社会、文化、观念等因素进行分析,在深刻理解这些多元利益的成因、影响和作用机理的基础上对它们进行协调。对环境公益的维护离不开对多元利益的协调,这种协调对于主体之间相互承诺的信任关系的形成意义重大。只有形成了相互承诺的信任关系,多元的环境利益主体才会通过相互作用而形成合作。也正是在这种相互承诺的信任关系下,主体的动机到底是对经济利益的追求,还是对社会正义或公共利益的维护,反而变得不太重要了。因为,多元主体在合作中形成了共同分享的政治观点、技能知识的互补以及进一步的相互了解与信任,从而在事实上实现了对环境公益的追求。

上述三条基本原则是环境治理网络形成和向前发展的前提条件。

二、引导作用的发挥

前文说过,按照多中心理论自主组织、自主治理的观点,环境治理网络的形成应该是一个自发的过程。在我国目前的情况下,无论是从政府本身的体制设置和运作机制看,还是从企业的环境意识现状和社会主体的发展程度看,环境治理网络自发形成的条件还不完全具备,环境问题的紧迫性也不允许我们来长时间地等待环境治理网络的自发形成。所以我国环境治理网络的形成需要某一种或某几种主体发挥引导作用,由其通过一定的作用机制,引导其他主体参与进对特定环境客体的治理,从而形成网络。此外,引导主体还要分析不同主体的优势领域,引导多元主体在各自的优势领域发挥主要作用。

1. 引导方式

具体的引导方式则包括观念教育、政策宣传和解读、提供技术指导、签订合作协议,等等。比如有些企业在环境治理上动力不足可能不是因为经济利益的考虑,而是在技术上面临自身无力解决的困难。在这种情况下,发挥引导作用的主体就应该以适当的方式主要向企业提供技术指导和支持。

再比如,针对有些人为了面子或享受而购买大排量汽车的现象,可以通过倡导"绿色消费"观念等手段使公众认识到奢侈性消费只是一种低级的物质追求,为了环境公益而进行的绿色消费、节俭消费才是真正时尚、文明、高品位的追求。

2. 发挥引导作用的主体

能够发挥这种引导作用的主体因时间、地点和环境客体的不同而有所不同,但从我国的实际情况看,主要还是由政府来承担,当然也不排除一些有实力的环境 NGOs 和一些愿意承担环保社会责任的先进企业单独或与政府部门共同承担这种引导和组织的功能。比如在我们前文提到的长沙市开福区环保志愿者联盟组织和协调村里多个企业联合起来通过区域自治共同解决污染问题的例子中,开福区环保局工作人员进行充分的调查论证并积极帮助筹划、提供建议的行为就是一种引导作用的发挥,而环保志愿者联盟对企业所进行的直接的组织和协调行为也是一种引导作用的发挥。企业方面,前文提到的中国南车集团湖南株洲车辆厂主动承担环境保护的社会责任的例子,该厂对原料和设备提供、产品销售、服务等相关企业提出严格的环保要求,并将环境保护情况作为衡量相关方绩效的重要内容,通过与相关方签订《环境保护协议》,促进其改善环境行为,提高环境管理水平。再比如江苏双登集团、东风日产乘用车公司通过召开周围居民环境信息沟通会、邀请群众参观厂区环保设施等方式,一方面让群众了解企业的环保工作,另一方面也接受群众的监督。这些企业的行为本身就是在发挥引导作用。①

三、环境治理网络的形成机制——环境权益与责任分析

引导作用的发挥离不开对多元主体的环境权益和责任的分析,环境权益和责任分析是环境治理网络的形成机制。

1. 环境权益及其分类

所谓环境权益,是指社会中各行为主体所享有的对于环境的使用权力

---

① 刘秀凤:《环境保护部最近新命名6家国家环境友好企业》,《中国环境报》2008年9月12日。

和由此产生的相关利益,或者说,环境权益是人们从环境质量中得到的福利或效用。①

按照不同的标准可以对环境权益进行不同的分类。以享有环境权益的主体为标准,环境权益可以分为个体环境权益即社会公众个人享有的环境权益、群体环境权益即企业等社会组织享有的环境权益和国家环境权益;按照环境权益的功能,环境权益还可以细分为生存性环境权益、生产性环境权益和发展性环境权益三种基本类型。生存性环境权益主要表现为生命权和健康权。从环境法的发展历史看,环境法产生的直接动因就是因为生态破坏、环境污染损害到了人们的生命权和健康权,而环境保护的首要目的就是保护人的生命健康;生产性环境权益是指社会主体为了经济目的占有、使用、收益和处分环境(容量或景观)资源的权利;发展性环境权益指的是在享有生命健康权的基础上为了发展的目的而享有的环境权益。除了维持生命体的存在,环境还提供给人类一个特别的价值即启迪人类智慧、净化人类心灵、陶冶人类情操等。环境保护的目标不仅仅是保护人类生存的环境条件,还要保护支持人类物质文明和精神文明持续发展的环境条件。这两种划分方式对环境治理网络的形成至关重要。

2. 环境责任及其现状

环境责任是指对造成或可能造成环境污染或破坏的行为和后果承担预防、治理、修复、补偿和赔偿的责任。按照主体不同,环境责任可以分为政府环境责任、企业环境责任和社会公众环境责任几个主要类别。

各级政府对本行政区的环境质量负责,这是每一部环保法律都十分强调的事项。实践证明,只有政府高度重视、充分投入、有所作为、环保工作才能做出成绩。如果政府在环境保护方面没有作为,没有大的决心和动作,环保工作就会寸步难行。但正如我们前文分析的,政府不需要也没有能力对所有环境问题负责。每一个环境问题的产生都有责任主体,谁损害谁担责。政府担起所有的责任,就可能弱化其他责任主体的责任,甚至造成责任错

————————

① 夏光:《通过扩展环境权益而提高环境意识》,《环境保护》2001年第2期,第38页。

位。责任与权利是相辅相成的,如果把保护环境的责任完全赋予政府,政府也就占据了环境治理的所有权利。如果政府承担不了全部的责任,却拿走了全部的权利,就有可能阻碍其他社会力量参与环境保护。这是我国环境治理实践中普遍存在的情况。

企业是生产性环境权益的主要享有者,导致其对环境的污染和破坏也是最严重的,当然也应该成为环境责任的主要承担者。但在实践中往往存在企业责任不当或责任缺失问题。所谓责任不当,主要指没有能够充分承担应该负有的环境责任。造成环境污染的企业应该治理好自身的污染,同时要治理好对环境的危害,还要赔偿或补偿对环境的损失。法律制度往往只关注污染源的治理,对环境损害的治理和赔偿普遍不到位,对环境违法行为的处罚远远不能抵偿环境损害造成的影响。罚款是对环境违法行为最常见的处罚方式,罚款的额度过低,与造成的环境损害相比很不相称。这就是责任不当的表现。更加不当的表现是,以收费代处罚,模糊了违法与守法的界限。以《固体废物污染环境防治法》为例,该法第 56 条规定:"以填埋方式处置危险废物不符合国务院环境保护行政主管部门规定的,应缴纳危险废物排污费。"对于违法行为,竟以缴纳排污费了之,有钱就可以任意妄为。环境违法企业承担责任不足的法律规定比比皆是,这就造成环境违法成本太低,环境执法也会软弱无力。所谓责任缺失,是指企业没有承担应该担负的责任。这往往是企业和政府之间的责任却错位造成的,应该由企业承担的责任让政府承担了。目前我国的一些环境法律制度确实存在让政府承担太多、让企业承担太少的问题。一些法律规定让环境违法企业有可乘之机,逃脱应有的惩处。以《固体废物污染环境防治法》为例,该法第 55 条规定:"产生危险废物的单位,必须按照国家有关规定处置危险废物……不处置的,由所在地地方人民政府环境保护行政主管部门责令限期改正;逾期不处置或处置不符合国家有关规定的,由所在地县级以上环境保护行政主管部门指定单位按照国家有关规定代为处置,处置费用由产生危险废物的单位承担。"这是一项关于行政代执行的规定,看似合理,实际隐藏着很多弹性空间。可以想象的是,按照这样的规定,一个产生危险废物的单位可以什么都不做也不会受处罚,最多只是缴纳处置费用而已。这样的规定完全由政府包办了违法单位的责任,必然造成工作被动。①

公众个人的环境责任过去在我国主要是爱护环境、不污染和破坏环境。但随着环境保护工作的发展,我们发现仅仅做到这一点是不够的,所以现在我们强调得更多的是公众对环境保护的参与。这既是公众的环境责任,也是公众的环境权利,2015 年 1 月 1 日开始实施的新环保法中这一点体现得最为明显。我国各项环境保护法律法规都强调公众参与,但实践中如何推行还需要继续深入研究。

3. 环境权益和责任分析

政府或其他主体在引导构建环境治理网络时,必须进行环境权益和责任分析,即分析对于某一环境客体来说,哪些主体享有哪种环境权益、承担哪种责任,分析这些环境权益和责任的成因、影响和作用机理,分析这些环境权益和责任背后所蕴藏的经济、社会、文化、观念等因素。这样可以有针对性的对各类主体进行引导,进而形成环境治理网络。要充分认识哪些主体对环境客体享有权益,不能忽略或将任何享有权益主体排除在环境治理网络之外。

在具体的情形中,上述三种环境权益可能相互矛盾,也可能相互促进,要分析不同权益的重要程度,保证重要的、基本的环境权益能够率先得到保障。在此基础上,其他利益主体的环境权益都将在环境治理网络中得到保障或受到制衡,这也是环境治理网络乃至多中心合作模式的主旨所在。同时还要认识到在环境权益分析基础上形成的环境治理网络是一个可以改善的系统,而其改善的动力就是三种环境权益的良性互动。

此外,环境权益和责任分析还要遵循以下基本原则:一是污染者担责,对环境造成污染的单位或个人必须按照法律规定,采取有效措施对污染源和被污染的环境进行治理,并赔偿或补偿因此造成的损失。二是开发者保护,对环境将进行开发利用的单位或个人,有责任对环境资源进行保护、恢

---

① 凌江:《对环境责任与环境权益界定的探讨》,《环境保护》2014 年第 24 期,第 43 页。

复和整治。三是利用者补偿,也称谁利用谁补偿,是指开发利用环境资源的单位或个人应当按照国家的有关规定承担经济补偿责任。四是破坏者恢复,也称谁破坏谁恢复,是指造成生态环境和自然环境破坏的单位和个人必须承担将受到破坏的环境资源予以恢复和整治的法律责任。①

第二节　环境治理网络的特征

一、多元主体形成复杂的关系联结

系统科学有一个基本理论叫做整体涌现性理论,指的是多个要素组成系统后,出现了系统组成前单个要素所不具有的性质。这个性质并不存在于任何单个要素当中,而是系统在低层次构成高层次时才表现出来。系统功能之所以往往表现为"整体大于部分之和",就是因为系统具有这种涌现性。涌现过程是新的功能和结构产生的过程,是新质产生的过程,而这一过程是主体之间非线性相互作用的结果。

环境治理网络作为一个系统也表现出这种涌现性。具体说来,环境治理网络中的多元主体不是简单的个体元素的集合,而是通过各种主体的重新组合,形成单个主体所没有的新功能。在这一网络中,各个主体是被总体化了的,即主体之间相互依存于该治理网络。同时,又要强调构成网络的各个主体,不能抹杀各个主体各自的性质,因为正是这种不同的性质才形成了治理网络中复杂的关系联结,这也是多元主体参与环境治理的必要性所在。

而环境治理网络中的关系联结是复杂的,通常是以下关系中的一种或几种共存:中央政府与地方政府之间的上下级关系;地方政府之间的合作关系;政府与企业之间的政府对企业的命令—控制、引导或服务和企业对政府的执行、参与或监督;政府与社会主体之间的政府对社会主体的命令—控制、引导或服务和社会主体对政府的执行、参与或监督以及企业与社会主体

---

① 凌江:《对环境责任与环境权益界定的探讨》,《环境保护》2014 年第 24 期,第 42 页。

之间的企业对社会主体的引导或参与和社会主体对企业的引导或监督。针对不同的环境治理客体,多元主体将形成不同类型和数量的关系联结。同时,这些复杂的关系联结也描述了多元主体针对特定环境客体进行治理活动过程中所产生的多向度的权力运作。

二、主要由政府发挥主导作用

我们说多元主体在治理网络中是平等的,这是从各主体在治理网络中所具有的结构性独立地位和所起的特定作用的意义上来说的。但这不等于说多元主体的作用是完全平行的,大多数情况下政府应该在其中发挥主导作用。"环境物品所具有的公共物品特性决定了政府在环境保护过程中的主导作用"。① 在我国目前的情况下,市场主体和社会力量还处于相对薄弱期,无力单独承担起政府让渡出来的环境治理的责任,这也从客观上要求政府发挥主导作用,引导其他主体对环境治理的参与。随着其他主体参与环境治理能力的增强,政府的这种主导作用会不断减弱。

政府在环境治理网络中的主导作用主要表现在以下几个方面:首先,环境治理多中心合作模式的活力取决于多元主体是否有积极性参与进环境治理网络之中,所以政府主导作用首要地就在对于多中心秩序的维护,将多元主体引入到环境治理网络中来,这一点前文已做过论述;第二,政府的主导作用还表现为一种把关作用。多中心理论认为公共企业之间的竞争能够产生积极效应,也能够产生消极的社会后果。公共企业直接的协作性安排也能够蜕化为盗窃公共资产的合谋。所以政府要发挥好这种把关作用,在出现前述这种情况时提供一种最终的救济途径;第三,政府在多元主体构成的治理网络中要着重战略方向的把握,即由单中心模式下的"统治"变为"掌舵"。

当然,政府的这种主导作用同样要受到其他主体的监督并在一定程度

---

① 张洪武:《社区治理的多中心秩序与制度设计》,《中共南昌市委党校学报》2006 年第 2 期,第 49—53 页。

上受到共同认可的规则的约束。而且政府的这种主导作用能否发挥以及作用发挥的程度,同样以政府主体的权责设计等因素即主体多元性要求的实现程度为重要基础,只有政府内部形成了"边界"清晰的权责体系,这种能动性和主导作用以及引导功能才能真正的发挥出来。

三、环境治理网络有自己的基本属性

"根基"、"位置"、"宽度"、"密度"和"深度"是环境治理网络的一些基本范畴,它们描述了环境治理网络的基本属性。

"根基"指的是治理网络中发挥主要作用的主体。针对不同的环境客体可以形成不同的治理网络,不同的治理网络由不同的主体在其中发挥主要作用,这种主要作用不同于前文所说的政府承担的主导作用,而是指在环境治理活动中的一种主力作用。那么承担这种主要作用的主体就是该环境治理网络的根基。

"位置"指的是环境治理网络所处的地理位置,由环境客体的地理位置决定。

"宽度"指的是治理网络所覆盖的面积大小,它由客体的重要性或影响范围决定,也说明了环境问题范围的大小。

"密度"指的是多元主体所结成的合作网络的稠密程度,它由构成治理网络的主体的数量和主体间关系的复杂程度所决定,密度越大,各主体在网络中博弈的难度就越大。

"深度"指的是多元主体思考和解决环境问题的深浅程度。

通过对上述概念的分析我们可以看出,环境治理网络的上述基本属性主要由环境客体本身以及参与对该环境客体进行治理的多元主体的状况和特点决定,所以构建环境治理网络必须建立在对环境客体和多元主体的充分认识的基础之上。通过确定环境治理网络的根基、位置、宽度、密度和深度这些基本属性,可以考察具体的环境治理网络是否吸引了尽可能多的主体参与进来、是否是围绕确定的环境客体所形成的、是否对该环境客体的重要性有了充分的认识、是否已经得到了关于该客体的详实的信息、已经参与

进该网络的主体之间是否已经进行了充分的互动以及多元主体是否已就该客体的治理问题进行了深入的调查和分析。只有很好地解决了上述问题，这一环境治理网络才是有效的，才能获得良好的运行，也才能使环境治理的多中心合作模式"在民主与效率、成本与收益、精英与大众、充分与有序、公利与私利等两极价值之间保持一种动态的平衡。"①

第三节　环境治理网络的运行

环境治理网络的运行是多中心合作环境治理模式运行的微观表现。前文说过，环境治理由环境治理的制度供给、环境治理制度的实施和环境冲突的解决三个环节构成，环境治理网络可以存在于其中任何一个或几个环节。

一、环境治理网络运行的方式

尽管在不同的环境治理环节环境治理网络的主体构成和结构形态可能不一样，但其运行状态却都呈现出多元主体博弈的特征，也就是说，多元主体之间的多重利益博弈是环境治理网络运行的方式。下面将运用博弈论的相关内容对环境治理网络的运行进行分析。

1. 环境治理与企业产出的埃奇沃斯盒形图分析

假设整个社会中只存在两类主体：一类主体主张环境治理，如政府和社会力量；另一类主体不主张环境治理，如企业，他们追求利润最大化。环境治理和企业的生产活动是同时进行的，都需要一定的生产要素的投入。假设只有两种生产要素，劳动和资本，所有的生产要素只用于环境治理和产品生产，并且劳动和资本存在稀缺性，总量是给定的。那么，社会如何有效配置资源呢？我们可以用一般均衡分析理论，结合埃奇沃斯盒形图加以说明，如图 6.1 所示：

---

① 马小娟：《公民政策参与的功能分析》，《北京行政学院学报》2007 年第 2 期，第 24 页。

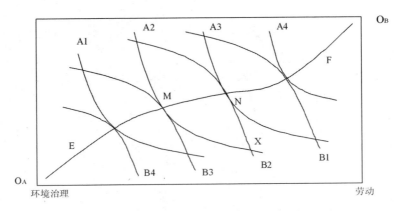

图6.1　环境治理和生产的埃奇沃斯盒形图

盒形图中的 A1 - A4 曲线表示环境治理的无差异曲线,随着劳动和资本投入的增加,环境治理水平相应提高。B1 - B4 曲线表示产品生产的等产量曲线,也随着生产要素的提高而提高。根据均衡条件,环境治理的无差异曲线和等产量曲线的切点满足帕累托最优原理。将所有的切点连成一条曲线(图中的 EF 曲线),即为契约曲线。契约曲线之外的点都不是资源配置的最优点,都存在帕累托改进的可能。比如图中的 X 点,通过减少用于环境治理的劳动投入和增加资本投入,就可以在不减少环境治理水平的情况下,提高企业的产量(从 B2 到 B3)。依赖于企业的环境治理者的讨价还价的能力或博弈的结果的不同,还可能出现很多结果,在契约曲线上的 MN 之间的部分都有可能出现。

从契约曲线可以得到环境治理和企业产出的生产可能性曲线,如图6.2所示。在生产要素劳动和资本给定的情况下,社会提供的最大的环境治理和企业产出的组合位于生产可能性曲线上。曲线上的不同点代表了用于环境治理和产品生产的不同要素的投入,越靠近纵轴(如 E1)意味着更多的资源用于环境治理,越靠近横轴(如 E2)则意味着更多的资源用于企业的产品生产。

有时,政府(尤其是地方政府)在某种程度上还充当着企业维护者的角

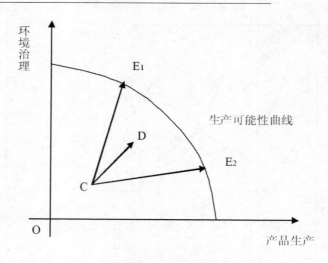

图 6.2　生产可能性曲线

色,在政府的目标函数中包含环境和企业两个变量,且这两个变量都与政府的目标成正相关关系。政府角色的双重性使环境与企业之间的博弈问题变得更为复杂。

2. 对波特假设的思考

波特假设认为,由于存在信息不完全或不对称、不确定性等问题,现有的资源几乎不可能实现最优配置。因此,通过激励可以实现环境治理和产量增加的双赢,如从图 6.2 中的 C 点移动到 D 点,或者从 C 点移动到 E1 点或 E2 点。资源没有实现最优配置是波特假设的重要前提之一。

正如波特所言,现实中由于各种原因,存在着大量未被充分利用的资源,或者说存在大量可以实现帕累托改进的机会,是资源配置可以沿着上述三个路径调整。可以说,环境治理和企业产出之间虽然并非是相互矛盾的,但之间也会存在此消彼长的状况。在帕累托改进的过程中,不同的调整方式会带来利益分配的不同。如图 6.3 所示:从 C 点到 G 点的调整,虽然环境治理水平和产出水平都在增加,但环境治理水平的增加量(GH)显然大于产出的增加量(CH),这意味着环境效果的改善要多于企业产出的提高,而从 C 点到 D 点就完全相反。

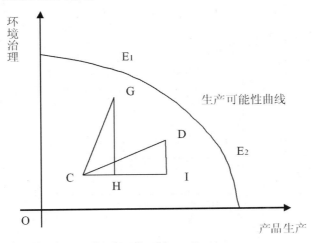

图 6.3　生产可能性曲线

3.博弈的底线及均衡的可能区间

社会如何对资源配置进行调整来分配利益,在很大程度上取决于企业和环境治理者之间的博弈。在博弈的过程中,双方都会有一个谈判的底线,反映了社会对环境恶化和产出水平的最低承受能力,这一底线被称为双方的威胁点或讨价还价点。如图 6.4 所示,BG 为环境治理者博弈的底线,BP为企业博弈的底线。一旦谈判的结果任何一方低于底线,谈判都会破裂,这是最不希望看到的结果。因此,区域 A 才可能是博弈均衡存在的区域。

4.博弈的过程

以上分析的都是博弈的前提,下面将进入具体的过程分析。

环境在很大程度上是一种公共品,难以清晰地将其产权界定为某个经济主体所有,产权的分割也存在许多困难,因此,谁来代表环境这一公共品的利益对博弈的结果至关重要。在现行的政府单中心治理模式中,一般认为环境治理是政府的职责,所以政府理所当然地成为了环境的利益代表者。但政府又会出现"失灵",不把公众利益放在首位,而是谋求私利,出现一定

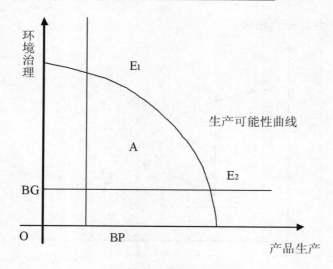

图 6.4　生产可能性曲线

程度的委托代理问题。反映在博弈中,就会没有人真正为环境治理负责。在多中心合作治理中,社会主体作为一个与政府地位相对平等的主体,主要通过给政府施加压力(政治方面)和来影响环境治理政策,从而间接地影响企业的排污行为,或者直接给企业施压。

　　谁来代表企业的利益进行讨价还价?企业自然是本身的利益代表者,是与政府进行谈判的主要谈判者。但除企业之外,其他的利益相关者在某种程度上与企业的利益时一致的,也同样关心企业的状况,因此在谈判过程中也会成为企业竞争力的代言人。在很大程度上,地方政府是这种类型的利益相关者,因为本地区经济发展是他们主要关心的目标,因此政府有时还充当企业利益维护者的角色,政府可能会对企业的排污行为"睁一只眼闭一只眼",特别是企业对政府进行寻租时。此外,一些工会组织、行业协会的利益业余企业的利益直接相关,但这些利益相关者通常是通过影响政府政策来维护企业利益的。我们在基本模型中还是假设企业是自身利益的代表。

　　(1)政府和企业之间的博弈

我们来看一个政府和企业在完全信息下的博弈。假设企业有两种策略选择,排污和不排污;政府也有两个策略选择,监管和不监管。企业利润为π,企业的污染治理成本为 C,政府的监管成本为 H,政府对企业排污的惩罚为 F(F > C)。则政府和企业之间的支付矩阵如表 6.1 所示,其中前者为企业的支付(Payoff),后者为政府的支付。

表 6.1　政府、企业之间的博弈

		政府	
		监管	不监管
企业	排污	$\pi - F, F - H$	$\pi, 0$
	不排污	$\pi - C, -H$	$\pi - C, 0$

根据对支付矩阵的分析可知,此博弈不存在纯策略纳什均衡,但存在混合策略纳什均衡。因此,我们假设企业排污的概率为 p,不排污的概率即为(1 − p);政府监管的概率为 q,则不监管的概率为(1 − q)。

企业选择排污(p = 1)和不排污(p = 0)的期望收益分别为:

$E_f(1, q) = q(\pi - F) + (1 - q)\pi$

$E_f(0, q) = q(\pi - C) + (1 - q)(\pi - C) = \pi - C$

解 $E_f(1, q) = E_f(0, q)$,得:$q^* = \dfrac{C}{F}$,即如果政府监管的概率小于 q^*,企业的最优策略是排污;如果政府监管的概率大于 q^*,企业的最优策略是不排污;如果政府监管的概率等于 q^*,企业随机地选择排污或不排污。

同理我们可以解出 $p^* = \dfrac{H}{F}$,即如果企业排污的概率小于 p^*,政府的最优策略是不监管;如果企业排污的概率大于 p^*,政府的最优策略是监管;如果企业排污的概率等于 p^*,政府随机地选择监管或不监管。

因此,混合策略均衡是 $p^* = \dfrac{H}{F}$,$q^* = \dfrac{C}{F}$。企业以 $\dfrac{H}{F}$ 的概率排污,政府以

$\dfrac{C}{F}$ 的概率选择监管。

政府、企业的环境治理博弈的这一混合策略纳什均衡与企业的污染治理成本 C、政府的监管成本 H 以及企业排污的惩罚 F 有关。我们可以得到以下结论：企业的污染治理成本越高，政府的监管概率越大，因为如果政府不监管，企业的排污行为给社会造成的成本就很大，社会福利下降的就越厉害；政府的监管成本越高，企业的排污概率越大，这是一个很显然的结果；而政府对企业的排污行为惩罚越厉害，则企业越不情愿排污，但是政府的监管概率也随着下降了，这是为什么呢？因为政府一旦预期企业不可能排污，自己还保持那么大的监管力度，必然入不敷出，所以最好的选择是降低监管力度。在这种情况下就凸显出社会主体的作用，下面我们就以作为社会主体的基础的公众为对象进行分析。

（2）公众与企业之间的两阶段动态博弈

在多中心合作模式中，公众作为多元主体中的一元，其决策对政府和企业的博弈均衡有重要影响。随着公众环境意识的提高、环境 NGOs 力量的逐渐增强和技术的不断进步，他们能更多地发现和揭发环境污染事件，从而可以给政府和企业制造更大的压力。因此公众的作用无论是在直接参与的情况下还是在间接参与的情况下都不可忽视。但考虑到无论是直接的作用还是间接的作用，其影响最终还要体现在企业的排污行为上，所以在这里，我们主要分析公众和企业之间的博弈。因为现实中往往企业是主动方，公众多是被动方，所以我们运用两阶段动态博弈进行分析。

假设企业的排污行为为公众带来的福利损失为 D，公众的参与成本为 C_1，参与补偿为 $C_2（C_2 > C_1）$，其他假设如上。同样，企业可以选择的策略为排污和不排污，公众的策略为忍耐和不忍耐。企业和公众之间的动态博弈如图 6.5 所示，其中，前者为企业的支付，后者为公众的支付。

我们利用逆向归纳法求解此动态博弈的子博弈精炼纳什均衡。在第二阶段，公众的最优选择是不忍耐，因为 $C_2 > C_1$，故 $-D + C_2 - C_1 > -D$。再

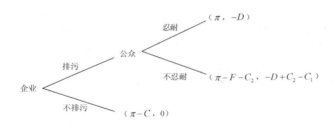

图 6.5　企业和公众的两阶段动态博弈

回到第一阶段,因为企业在第一阶段会预测到公众会按这个规则行动,所以企业在第一阶段的最优策略是不排污,原因是不排污的收益 $\pi - C$ 要远远大于选择排污所带来的收益 $\pi - F - C_2$。从博弈的均衡上来看,公众这一主体的加入改变了环境治理的结构,使得企业更有激励去不排污,对政府也是一种约束,从而使环境治理朝着良性方向发展,这也是多中心合作模式的优势所在。因此,增强公众的环保意识、提高诉讼补偿,以此促进和激励公众对环境保护的参与意识,促进执法程序公开化、透明化,降低诉讼成本(即指交易成本),这是环境治理是否有效的必要条件。

在这两个博弈分析里,都有一些必要的假设使我们需要再次加以关注的。比如在政府与企业的博弈中假设政府对企业排污的惩罚 F 大于企业的污染治理成本 C、公众的参与补偿 C_2 大于其参与成本 C_1,等等。这些假设对多中心合作模式的环境治理中制度设计的具体内容提出了要求,本文将在第七章环境治理多中心合作模式的实现途径部分对这些内容加以分析。

以上我们分析的政府与企业之间的博弈和公众与企业之间的博弈只是环境治理网络中多元主体之间多重利益博弈的最有代表性的两种,除此之外还有企业与企业之间的博弈、地方政府之间的博弈等等。与政府单中心模式下政府和企业对立的两级别分层次系统相比,多中心合作模式下的环境治理网络为多元主体进行平等博弈提供了平台,为他们表达和实现自己的环境利益诉求提供了保障。其目的不是为了消除这种多重利益博弈,而是让博弈主体更加充分,并通过主体之间的相互制约,实现多重利益的协调和保护。

二、环境治理网络运行的过程

环境治理网络存在于多中心合作模式环境治理的三个主要环节,依靠平等主体之间的多重利益博弈向前运行。整个运行过程呈现出两个阶段:

1.共同学习的政策过程

多中心合作模式的环境治理中,合意的达成是多元主体共同学习的产物,而不是政府单中心模式下中央政府自上而下的安排。参与特定环境问题的多元主体通过对话协商,交流信息、确定目标、共享资源、减少分歧、增进合意。当然这种合意往往不是一蹴而就的,而是一个重复博弈的过程,这一过程就是多元主体的一个共同学习的过程。在共同的学习中,企业通常以最大经济效益为目标寻找优化策略,政府和社会主体以最大社会效益为目标寻找优化策略,然后通过多次的模仿与试错、逐步找到较好的各方都接受的策略,多元主体就是在相互依存中通过这种共同的学习完成环境法律制度的供给。这种共同学习的政策过程有利于调动各方面的积极性,将各主体统一在共同的目标下,"在培育社会资本、防止社会制度和价值碎片化的过程中是至关重要的。"①

2.合作互惠的行动过程

合作互惠的行动是多元主体在环境治理过程中的基本行为方式,是多元主体之间的共同学习在行动领域的继续,其建立的基础就是在共同学习的政策过程中形成的相互承诺的信任关系。博弈理论的研究表明,在许多重复出现的博弈中,合作策略是最有利的利己策略。经过多次博弈,参与者之间倾向于建立面向长远的互动关系,即博弈论所说的,当博弈各方协调一致去寻找有利于共同赢利的战略时,就会出现协同性均衡状态。在基于互惠以及存在互动的群体中,合作一旦建立,就可以防止其他不太合作的战略侵入。而参与者为了扩大从集体行动中获利的空间,会在不断的互动中逐

---

① 孔繁斌:《公共性的再生产:多中心治理的合作机制建构》,江苏人民出版社 2008 年版,第 32 页。

渐放弃"吃独食"策略,更多地采取合作战略。

三、环境治理网络运行的保障

尽管环境治理网络是环境治理多中心合作模式的运行机制,但因为实践中博弈各方的力量悬殊,所以在具体的运行过程中可能会出现博弈中某一方获得优势而另一方只能处于劣势的非均衡状态,甚至会偏离多中心而倾向单中心。为了保证环境治理网络的顺畅和有效运行,以下几点必须注意:

第一,要以保持客体为主要目标,兼顾客体与社会环境的统筹发展。确定的客体是环境治理网络形成的基础,因此必须保证环境客体的完整性,必须着眼于环境客体质量的长期保持和改善。

第二,必须保证多元主体的平等地位。环境治理网络运行于环境治理的各个环节,所以要通过正式的法律条文规定多元主体对整个环境治理过程的平等的参与权。

第三,要根据环境客体的特点,合理设计多元主体的权责关系。多元主体的法律地位平等是一个概括性的、原则性的规定,针对围绕特定的环境客体所形成的具体的环境治理网络,要根据该环境客体的特点、环境治理的要求以及多元主体的博弈关系进行具体的权责设计,这是环境治理网络运行效率不断提升的一个决定性因素。从设计要求来看,首先,权责必须清晰。环境治理权责所指向的环境客体必须边界清晰,包括其时间和空间上的边界,也包括其地理边界和质量边界。权责主体必须明确,不同主体的权利和责任必须清楚明了。第二,权责必须适当。这既包括前面提到的主体规模与客体规模应该相一致以避免主体的缺失或资源的浪费,同时也包括权利和责任应该相一致,以避免权力的滥用或责任事实上的无力承担。

第七章 环境治理多中心合作模式的实现途径

多中心合作模式的环境治理由环境治理制度的供给、环境治理制度的实施和环境冲突的解决三个环节构成,这三个环节构成了环境治理多中心合作模式的流程。环境治理的多中心合作模式能否最终建立及其运行效率效果,取决于这三个环节在治理网络这一多中心秩序中的运行效率和效果,这也是多中心合作模式在环境治理实践中的展开。尽管前文已经从理论上对多中心合作模式进行了构建,但其最终的实现还要立足于我国当前环境治理的现实。有鉴于此,本文将从对当前模式的调整出发探讨多中心合作模式的实现途径,提出构建多中心的环境治理制度供给体系、建立合作式的环境治理制度实施模式和建立多元的环境冲突解决机制,这种调整和构建同时也包含了对政府主体之外的市场主体和社会主体的培育。

第一节 构建多中心的环境治理制度供给体系

公民是法律的源泉,而不只是命令控制的臣民。在我国目前的经济社会发展和法治状况下,环境治理的法治化问题仍然是环境治理的首要问题,因此我们在探讨环境治理多中心合作模式的制度供给体系过程中,需要着重研究探讨环境立法问题。本书认为,环境立法的价值导向、环境立法模式的调节等都需要与多中心合作模式相适应,而且环境立法的内容也需要为多中心合作治理模式提供法律规定。

一、我国环境制度体系的现状①

1. 我国的环境法律体系

环境法律体系是指全部现行的环境法律规范按其调整的社会关系的同类性,分类组合为相互关联、相互补充、相互配合、内部和谐一致的系统化结构体。我国的环境法律体系由以下三类环境法律规范构成:

(1)宪法中的环境法律规范。《中华人民共和国宪法》第9条规定:"矿藏、水流、森林、山岭、草原、荒地、滩涂等自然资源,都属于国家所有,即全民所有;由法律规定属于集体所有的森林和山岭、草原、荒地、滩涂除外。国家保障自然资源的合理利用,保护珍贵的动物和植物。禁止任何组织或者个人用任何手段侵占或者破坏自然资源。"第26条规定:"国家保护和改善生活环境和生态环境,防治污染和其他公害。国家组织和鼓励植树造林,保护林木。"

《中华人民共和国宪法》中有关环境保护和自然资源开发利用方面的法律规范与其他环境法律规范的相互关系在于,它们是其他环境法律规范创制的基础或基本依据。

(2)专门的环境法律规范,无论是以什么样的环境法律文件形式反映或表现出来的环境法律规范。专门的环境法律规范按其调整的社会关系的同类性大致分为下列五类法律规范。①综合性的环境法律规范。它主要规定环境保护法的目的、任务、基本原则、环境管理体制、环境保护各主体的基本权利和义务、国家环境保护的目标、规划、环境保护的基本法律制度等事项。②防治环境污染和其他公害方面的环境法律规范,如防治大气污染、水污染、噪声污染、核污染、固体废物污染、土壤污染等方面的环境法律规范。其中,每一具体类别的环境法律规范又相对独立,自成体系。③自然资源开发利用、保护管理方面的环境法律规范,如森林、土地、水资源、矿产资源等资源开发、利用、保护和管理方面的环境法律规范。其中每一具体类别的环

① 参见王树义等:《环境法基本理论研究》,科学出版社2012年版,第84—96页。

境法律规范也是相对独立,自成体系。④自然保护方面的环境法律规范,如自然保护区、国家森林公园、湿地、各种自然遗产保护方面的环境法律规范。同样,其中每一具体类别的环境法律规范如同防治环境污染和其他公害方面的环境法律规范与自然资源开发利用、保护管理方面的环境法律规范一样,亦是相对独立,自成体系,但又与其他类别的环境法律规范相互联系,形成一个整体。⑤环境标准,如环境质量标准、污染物排放标准、环境监测方法标准等。环境标准乃环境法律体系的重要组成部分。它同其他环境法律规范一样,是一种具有规范性的行为规则。其特点是将原本属于技术规范的环境行为的界限。

以上五类专门的环境法律规范乃环境法律体系的主干,是环境法系的主要构成部分。其中,每一类环境法律规范均可细分。

(3)其他部门法中的环境法律规范。例如,《中华人民共和国民法通则》第124条规定:"违反国家保护环境防止污染的规定,污染环境造成他人损害的,应当依法承担民事责任。"《中华人民共和国侵权责任法》第八章用专章的形式对环境污染责任方面的环境法律规范作了表述,而《中华人民共和国刑法》则在第六章"妨害社会管理秩序罪"中以专节的形式,对涉及"破坏环境资源保护罪"的环境法律规范作了集中表述。此外,在《中华人民共和国行政处罚法》、《中华人民共和国治安管理处罚法》等行政法律、法规中都有不少的环境法律规范。它们是构成我国环境法律体系不可缺少的部分。

我国的环境法律体系即是由上述各类不同的环境法律规范构成的一个统一体。

2. 我国的环境立法体系

环境立法体系是指由全部现行的规范性环境法律文件构成的、具有法律效力等级联系的有机统一体。我国的环境立法体系由下列不同法律效力等级的规范性环境法律文件构成。

(1)《中华人民共和国宪法》,具体是指《中华人民共和国宪法》中的相关环境法律条文,如第9条和第26条。

（2）环境法律,指由全国人民代表大会和全国人民代表大会常务委员会行使国家立法权制定的环境保护方面的规范性环境法律文件,如《中华人民共和国环境保护法》、《中华人民共和国水污染防治法》、《中华人民共和国大气污染防治法》、《中华人民共和国固体废物污染环境防治法》、《中华人民共和国放射性污染防治法》、《中华人民共和污染防治法》、《中华人民共和国海洋环境保护法》、《中华人民共和国环境影响评价法》、《中华人民共和国清洁生产促进法》、《中华人民共和国节约能源法》、《中华人民共和国可再生能源法》、《中华人民共和国土地管理法》、《中华人民共和国野生动物保护法》、《中华人民共和国水法》、《中华人民共和国森林法》、《中华人民共和国草原法》、《中华人民共和国渔业法》、《中华人民共和国矿产资源法》、《中华人民共和国水土保持法》、《中华人民共和国防沙治沙法》、《中华人民共和国进出境动植物检疫法》等。这些规范性环境法律文件都是由全国人民代表大会常务委员会制定的。它们是我国环境立法系的重要组成部分,其法律效力仅次于《中华人民共和国宪法》。现有的环境法律中还没有由全国人民代表大会制定的法律。

（3）环境行政法规,具体是指国务院行使行政法规立法权制定的规范性环境法律文件,如《中华人民共和国水污染防治法实施细则》、《中华人民共和国森林法实施细则》、《危险废物经营许可证管理办化学品安全管理条例》、《建设项目环境保护管理条例》、《中华人民共和国防治海岸工程建设项目污染损害海洋环境管理条例》、《风景名胜区条例》、《中华人民共和国自然保护区条例》、《中华人民共和国野生植物保护条例》、《中华人民共和国水土保持法实施条例》等。环境行政法规是我国环境立法体系中不可或缺的组成部分,法律效力低于环境法律。环境行政法规的作用是将环境法律的规定具体化,根据环境法律的授权制定新的环境保护规则,填补环境法律的暂时空白或者规定具体的环境管理措施。

（4）地方性环境法规,具体是指省、自治区、直辖市的人民代表会及其常务委员会,以及较大的市的人民代表大会及其常务委员会行使地方性法规立法权制定的规范性环境法律文件,如《湖北省环境保护条例》、《海南省环境保护条例》、《福建省环境保护条例》、《宁夏族自治区环境保护条例》、《北京市环境保护条例》、《上海市环境保护条例》、《武汉市环境保护条例》、《湖北省实施〈中华人民共和国水染防治法〉办法》等。地方性环境法规是我国环境立法体系中占比较大的规范性环境法律文件,其法律效力低于环境法律和环境行政法规。其基本作用是执行环境法律和环境行政法规的规定,根据本地方的实际情况对环境保护作具体规定,或者规定属于地方环境管理活动需要制定法规的事项。

（5）环境保护规章,具体指国务院各部委、中国人民银行、审计署和其他具有行政管理职能的直属机构,以及省、自治区、直辖市人民政府和较大的市的人民政府形势规章制定权制定的规范性环境法律文件,包括两类规章:一类是环境保护之部门规章;另一类环境保护之地方政府规章。前者如《环境信息公开办法（试行）》、《环境统计管理办法》、《饮用水水源保护区污染防治管理规定》、《中华人民共和国海上海事行政处罚规定》、《再生资源回收管理办法》等;后者如《湖北省人民政府关于落实科学发展观加强环境保护的决定》、《湖北省环境保护行政处罚自由裁量权细化标准（试行）》、《湖北省土地监察办法》、《湖北省人民政府关于加快循环经济发展的实施意见》等。环境保护规章也是我国环境立法体系的构成成分之一,其法律效力低于环境法律和环境行政法规。环境保护规章的主要作用在于:对于部门环境规章而言,主要是规定那些属于执行国家环境法律或者环境行政法规以及国务院有关环境保护的决定或命令的事项;对于地方性环境规章而言,则是为了执行国家环境法律、环境行政法规或地方性环境法规而规定相关事项,或者规定属于本行区域的具体环境行政管理的事项。

（6）民族自治地方的环境自治条例和环境单行条例,具体是指民族自治地方的自治机关行使民族自治地方立法权制定的规范性环境法律文件。根据《中华人民共和国宪法》和《中华人民共和国民族区域自治法》的规定,民族地方自治机关在自然资源的开发利用、保护管理和保护环境方面享有以下自治权:①根据法律规定,确定本地草场和森林的所有权和使用权,管理和保护本地的自然资源,保护、建设草原和森林,组织和鼓励植树种草,禁止任何组织或个人利用任何手段破坏草原和森林,根据法律规定和国家统一规划对可以由本地开发的自然资源优先合理开发利用;②保护和改善生活环境和生态环境,防治污染和其他公害。据此,民族自治地方的人民代表大会有权制定有关如何行使以上两项有关自然资源开发利用、保护管理以及防治环境污染和其他公害的环境自治权的自治条例或环境单行条例。环境自治条例和环境单行条例,在中国法律的形式或渊源体系中,应当是低于宪法、环境法律和环境行政法规的一种法律文件形式。由于自治条例和单行条例的特殊性,环境自治条例和环境单行条例与地方性环境法规的法律效力等级不适宜作级别或层次的区分,只能作类别的区分。环境自治条例和环境单行条例在法律效力等级上应当是与地方环境法规属于同一法律效力等级的规范性环境法律文件,在环境立法体系中与地方性环境法规处于同等的结构位置。

(7)经济特区环境法规,具体是指定经济特区人民代表大会及其常务委员会和经济特区人民政府基于授权而制定的适用于经济特区范围内的规范性环境法律文件,分为经济特区环境法规和经济特区政府环境规章,如《深圳经济特区环境保护条例》、《深圳经济特区服务行业环境保护管理办法》。经济特区环境法规的作用在于,根据经济特区环境保护的具体情况和实际需要,制定适用于经济特区范围内的环境保护的行为规则,以保证宪法中的环境法律规范、环境法律和环境行政法规在本经济特区的有效贯彻实施。经济特区环境法规的法律效力等级问题较为特殊,在总体上不像一般地方立法和民族自治地方立法那样具有确定性。经济特区立法所产生的规范性立法文件,按其性质来说,其效力等级一般低于授权主体本身制定的规范性立法文件,又应当高于一般地方与授权主体相同级别的国家机关所制定的普通规范性立法文件。总之,经济特区环境法规亦为我国环境立法体系的一个组成部分。不过,它仅在本经济特区范围内适用。

3. 现行制度供给体系的问题分析

多中心理论认为,尽管公共池塘资源的占用者都希望一个新制度,这个制度可以使他们能够不再单独行动,而是为达到一个均衡的结局协调他们的活动。但新制度的供给等同于提供一种公益物品,因此使这些占用者相对于资源利用的集体困境再次陷入集体困境,即二阶的集体困境。

对于如何解决这一难题,埃莉诺·奥斯特罗姆提出:在公共池塘资源系统中,只要"人们经常不断的沟通,相互打交道,因此他们有可能知道谁是能够信任的,他们的行为将会对其他人产生什么影响,对公共池塘资源产生什么影响,以及如何把他们组织起来趋利避害。当人们在这样的环境中居住了相当长的时间,有了共同的行为准则和互惠的处事模式,他们就拥有了为解决公共池塘资源使用中的困境而建立制度安排的社会资本"。[①] 在这些社会资本基础上,占用者可以建立小规模的最基本的组织。建立这样的组织的成本较小,易于完成。然后,在这些组织的基础上,通过更大、更复杂的制度安排来解决较大的问题。以此方式,通过制度资本的自然增长过程逐步解决制度的供给问题。此外,公共池塘资源的使用规则并非只有法律上的规则,多中心理论把非正式的规则也纳入了制度分析的范围。

多中心理论对制度供给问题的解决可以为我国环境治理制度的供给提供借鉴。主要体现在以下几个方面。

二、转变环境立法的价值导向,确立"公民权利、社会利益"本位

法的价值导向又称价值指向,是指法的逻辑起点和立法取向,是法律制度的出发点和归宿,它表明一个法律体系的终极关怀是什么或应该是什么的问题,是法的立足点和重心。法的价值导向还有一种比较通俗易懂和约定俗成的概括即法的本位。立法中价值导向非常重要,失去了明确的价值导向,立法的目的、立法者的价值尺度、法律的基本原则、制度的设计和权利义务的界定都会变得模糊不清。具体到环境法,环境法的价值导向就是指环境法的逻辑起点和立法取向,是环境法律制度的出发点和归宿,体现着环境法律体系的终极价值关怀,对环境立法中权利义务的设定和具体环境行

---

① ［美］埃莉诺·奥斯特罗姆:《公共事物的治理之道:集体行动制度的演进》,余逊达、陈旭东译,上海三联书店 2000 年版,第 95 页。

为的评价具有主导性的影响力。

1. 现行环境法的"行政权力、公民义务"本位

以往我们存在忽视法的价值导向的问题。一方面,这导致我们在环境立法中表现出较大的随意性。"摸着石头过河"、"成熟一个制定一个"成为我国环境立法的主要指导思想,缺乏立法的基础性分析,容易受时势和非理性因素的影响。另一方面,当我们在分析环境立法中存在问题的原因时,一般归结为计划经济的影响未消除、部门利益纷争、立法技术、立法程序存在不足等原因,很少有从立法价值导向上寻找原因,未从宏观上把握立法的方向和任务,结果导致法盲目地纠缠于细节,在制度的设计上处处透射出环境法作为环境保护工具价值的狭隘和短视。① 但在实践中,我国现行环境立法又有表现出明显的"行政权力、公民义务"本位,主要体现在立法内容和立法程序两方面。

(1)环境立法内容中的"行政权力、公民义务"本位

首先,环境行政权力过度包揽,形成环境保护中的权力本位。虽然因为环境的公共物品属性使得各国在环境保护方面均存在不同程度的政府主导的特征,但我国的政府主导是最明显的,一句"环保靠政府"就充分说明了这个问题。这也是本书将我国现行的环境治理模式定性为"政府单中心"的原因。从法律法规的内容看,主要侧重在国家的职责上,致使环境行政管理权内容泛化,包括现场检查、调查取证、行政处罚、征收环境资源费、审批发证、组织污染治理、进行环保设备检查、环境产品认证、扶持环保科技和环保产品的研制和推广等,造成了环境行政权地位的绝对中心化,公民和企业在环境保护中权利的行使受到行政部门的左右;在我国环境立法中,存在着诸多行政规章,而这些规章的制定者(国务院各部委或地方立法机关),本身又是环保行政的执法者。因此,一些行政管理部门在立法时,不是基于对环境关系的科学调整,而是根据部门管理的需要,从本部门的利益出发,过多地强调本部门的职权,而忽视本部门应尽的义务,特别将群体部门或组织

---

① 王树义等:《环境法基本理论研究》科学出版社 2012 年版,第 178 页。

的职权纳入自己的职权范围,导致职权重叠,所制定的法律难以实施。① 对政府违法行使职权或不履行环境管理职责的问责的规定更是缺失。

反之,环境法律制度对管理相对人,包括普通的公民、被管理的企业、事业单位,以及其他社会组织,所赋予的权利过少,要求的义务过多,违反环境法律义务要承担全面的法律责任。一些法律规定虽在一定程度上涉及公民保护环境的权利,但这些规定过于原则化,比如关于公众参与的规定;对公民环境权的规定就更为笼统,只不过是作为一种宣言性的规范加以确定,而不具有任何实体权利性质,受害人无法直接援引上述规定,以具体请求司法救济。

(2)环境立法程序中的"行政权力、公民义务"本位

应该说在环境立法程序方面我国已作了一定努力,如在法案的起草阶段,广泛征求各民主党派、社会团体、专家学者特别是相关利害关系人的意见,吸取专家学者参加法案的起草,甚至委托专家学者起草法案;在法案的讨论阶段,公布法案文本供公民讨论,召开听证会、论证会等,以尽可能多地听取各方面的建议和意见,做好协调工作;法律公布以后,对多数法律法规进行广泛宣传、教育和学习,使人们了解、掌握相关法律的主要内容等以努力保证公众参与环境保护的权利。

但是为了应付环境立法迅猛增长的情势,为了应付对环境污染和破坏进行全面控制的要求,环境立法活动还是普遍以提高立法的"效率"作为首选。例如,从中央到地方的多级立法体制并存,同时,各环境行政管理机关往往既是法律的执行者又是法律草案的制定者和提议者。诸如此类的因素影响了环境法律制定的客观性、公正性,造成以部门利益、地方利益为中心的"部门立法"、"地方立法"。虽然在 1993 年,全国人大环境与资源保护委员会成立,它可以直接准备法律草案并提交全国人大或其常委会讨论通过。但是,由于全国人大环境与资源委员会立法资源和能力有限,它往往采取委托有关行政部门起草环境资源法律草案的做法。由此,行政部门立法给我

---

① 　张梓太:《经济转型与环境立法嬗变》,《南京大学法律评论》1995 第 2 期,第 81—87 页。

国环境法的制定、修改及其实施所带来的消极影响仍然较为明显;立法的审议过程很少公开,缺少民众参与,即使有所谓的"公民旁听制度",也由于旁听者的建议没有制度保障而形同虚设。综合决策部门或环境保护主管部门在制定环境政策、法规、规划或进行开发建设项目可行性论证时,很少正式征询公众的意见。公众即使提出建议,也不能对这些部门的行为产生制约。①

2. 对"行政权力、公民义务"本位的评价

这里我们不妨将"行政权力"本位和"公民义务"本位分开解析,以便逻辑更清晰。

在环境保护中,"行政权力"本位有其优势。第一,"行政权力"本位有利于发挥行政机关的理性化和专业性和特征,使其成为国家环境保护活动中最有效率的工具;第二,"行政权力"本位有利于建立一个完整的环境保护法律系统,而且有利于保持全面、经常的监督,这与环境问题的整体性、长期性、复杂性以及跨区域性等特点是相适应的;第三,"行政权力"本位有利于将环境保护与国家行政权力和职责相结合,从而促进行政机关积极行动。但正如我们前文分析的,"行政权力"本位也有其不可避免的问题,即易导致一些行政管理部门在立法时不是基于对环境关系的科学调整,而是从本部门的利益出发,过多地强调本部门的职权,而忽视本部门应尽的义务,从而导致职权重叠或缺位,所制定的法律难以实施。

不仅如此,环境立法的"公民义务"本位更是内涵着巨大的问题。

首先,"公民义务"本位妨碍公众环保积极性的调动。权利义务的属性和人们对两者的态度决定了权利更适宜发挥人的主动性。权利对其主体具有有利、有益的特性,每个人都有关心自我的本能,权利以其特有的利益导向和激励机制作用于人的行为,符合人们追求利益的天性,将人们的行为导向合理的方式与正当的目标上来。所以对于大多数人来说,权利具有能够

①　王树义等:《环境法基本理论研究》,科学出版社 2012 年版,第 186 页。

调动其主体享有权利或者实现权利的主动性与积极性的功能。① 环境的整体性特点决定了保护、改善环境不是哪一个人或组织的事，而需要公众的共同努力。同时环境质量的好坏关系到公民的切身利益，参与保护和改善环境也是维护他们自己的环境权益，因而在群众中蕴藏保护和改善环境的巨大潜力，他们也有参与环境管理的要求。而在中国的环境法里恰恰缺乏对自身个体权利的关注，这样的个体总是依附于某个人或某个集体，从而导致了公众在环境保护问题上对政府的某种依赖性，公众已经习惯了等待政府通过大规模的运动方式来解决环境问题。

第二，"公民义务"本位妨碍公众环境救济权的实现。

请求救济权是指公民的环境权益受到侵害以后向有关部门请求保护的权利，它既包括对国家环境行政机关的主张权利，又包括向司法机关要求保护的权利。② 请求救济一定是以权利受损为前提，或者说，只有权利的拥有者才有捍卫自己的权利的自由。但是，我国的环境立法过于注重公民对于国家的服从关系，立法上对国家享有的环境管理权、环境处理权规定得十分明确、具体，对公民享有的监督权、检举和控告权以及损害索赔权、请求排除妨害权等则规定得十分抽象，不具有实体权利的性质。这种公权的过分膨胀和私权的相对弱小的状况，使有关公民受损权利的救济难上加难。

可见，环境立法的这种"行政权力、公民义务"本位的价值导向是与多中心合作环境治理模式相违背的。

3. 环境立法价值导向的"公民权利、社会利益"转向

建立多中心的环境法律制度供给体系首先就要转变环境法律制度的功能定位，转变现在的行政权利、公民义务本位为公民权利、社会利益本位。这意味着只有在保障公民环境权利存在的前提下才能为公民设定环境义务，权利是第一位的，环境法律制度的提供的设定以赋予权利、保障权利为中心。环境治理是政府与社会公众一起参与环境保护的形式，而不是用来

---

① 王树义等:《环境法基本理论研究》，科学出版社 2012 年版，第 194 页。
② 王明远:《环境侵权救济法律制度》，中国法制出版社 2001 年版，第 31—35 页。

管理相对人的工具,环境法律制度供给的最终目的是使政府与社会公众一起共同促进整个社会环境利益的最大化。

（1）转向的必要性

本书试图从三个角度来探讨确立环境立法价值导向"公民权利、社会利益"转向的必要性。

第一,从环境权的角度看

环境资源的稀缺性是环境问题产生的根本原因。在生产力水平低、人口少的情况下,阳光、空气等环境构成要素都被认为是无限的,不具有稀缺性。但随着生产的发展和人口的膨胀,阳光、空气等环境要素作为稀缺性资源的特征越来越明显,人类的生存利益和生产力在对环境的需求上构成矛盾。为此,社会就有必要对人类的利益做出制度性安排,赋予主体一定的权利,平衡和制约各微观主体因利用稀缺性环境资源而发生的关系,这种权利是一种公用资源的共有支配权,也即环境权。环境权的提出、性质和内容都为我们提供了公众参与环境治理的理论依据。

环境权的研究和提出始于20世纪60年代,环境权理论产生的背景就是对政府权力的不信任,其目的之一就是以环境权来保障公民权,限制国家权。当时美国学者萨克斯提出了"环境公共财产论"和"公共委托论",这两种理论将环境作为人类的共有财产,并将公众和国家分别置于委托人和受托人位置上。根据这两种理论,公众将环境管理权委托给国家,国家因为是受公众的委托而行使管理权的,因而不能滥用权利,而作为权利主体的公众当然也有权进行监督。尽管环境权理论是在"环境公共财产论"和"公共委托论"的基础上提出的,但随着环境危机的加重和人类对环境认识的加深,越来越多的人认为环境权具有人权的一般属性,是公民的一项基本权利,是现代法治国家的一项基本人权。

环境权作为一项人权已为一系列国际法律文件所肯定。除《人类环境宣言》明确宣布了环境权外,其他如《社会进步和发展宣言》《内罗毕宣言》等都对环境权作了阐述。《非洲宪章》宣称:"各民族有权享有有利于其发展的普遍良好的环境",《斯德哥尔摩人类环境宣言》第1条原则就是"人类有权在一种具有尊严和健康的环境中享有自由、平等和充足的生活条件的基本权利,并且负有保护和改善这一代和将来世世代代的环境的庄严责任"。值得注意的是,尽管目前环境权在国际人权法上还未明确提出,但作为一项正在形成的权利,在关于人权的两个国际公约和《世界人权宣言》中都可以找到此项权利的要素。

环境问题事关人类生存与发展的基本条件,人作为生物离不开自然环境,没有健康的环境就谈不上人类的生存,更谈不上享有人权。所以,环境权不仅是一项基本人权,而且是其他权利的基础。环境权作为公众所享有的一项基本人权,无疑为环境立法价值导向的"公民权利、社会利益"转向提供了依据。

第二,从民主与环境法治的关系理论角度看

公民享有环境权是民主的一种重要表现形式,从民主与环境法治的关系上,我们也可以找到环境立法价值导向"公民权利、社会利益"转向的重要依据。

首先,民主是环境法治的政治基础。任何法治都是以民主作为政治基础的,环境法治也不例外,只有政治民主首先存在了,环境法治才可能被建立。在专制制度下,权力肆行无忌,法律不可能有足够的生存空间,法律尚且无法存在,法治就更不可能被建立。公民享有环境权作为民主的重要内容和表现形式,对环境法治的建立至关重要。

其次,民主是环境法治中法的制定的基础。环境法治是环境良法之治,良法来自哪里?一是来自公众的社会实践,二是来自公众的集体智慧。就社会实践来说,社会是由公众构成的,社会实践也是由公众进行的,没有公众的参与,就没有严格意义的社会实践。就良法的第二个来源说,公众的集体智慧也是在民主的基础上形成的,公众中蕴含着丰富的创造精神,他们的智慧只有在民主的过程中通过公众的参与才能被很好地集中和体现。而公众的社会实践和集体智慧的基础都是给公民赋权。

最后,民主是环境法治重要的目标追求。环境法治之所以要制约权力,要将权利规范在法律的范围内,就是为了民主能够得到保障,使公众真正成为环境的主人。环境法治的一个艰巨任务就是对国家的环境管理权力进行有效的制约,防止权力的滥用,这同时也就是保护公众的环境权益不受侵害。只有这样,环境民主才有实现的条件和可能。对于环境法治来说,公民享有环境权作为民主的重要表现形式不仅仅是其基础和前提,也是它所追求的重要目标。

第三,从伦理道德角度看

环境立法价值导向"公民权利、社会利益"转向的依据还存在于伦理道德方面。伦理道德是人类社会一种特殊的理性生活,它和人类历史一样久远,并渗透在人类活动的各个领域,这就使得环境立法价值导向的"公民权利、社会利益"转向从一开始就包含着伦理因素,具有深厚的伦理道德基础,这一基础便是人的自由理性和主体精神。

悉尼·胡克曾经说过:"人是具有自由理性和主体精神的高级动物,他们即使在为生命而斗争的时候,也是在他们知道为什么的时候才斗争得最卖力气。"①因而人类生活的规则和秩序必须让作为主体的人处于一种能动和自觉自为的状态,否则便无法得到遵守。环境治理也不例外。只有公众享有充分的权利才能让环境法的价值取向和追求有效内化为公众自觉的价值选择和行为准则,从而使环境法得到公众的有效承认和服从,使环境法治得以实现。

(2)如何实现转向

实现环境立法价值导向的"公民权利、社会利益"转向需要两个前提性的措施:

第一,通过宪法对公民的基本环境权进行确认。我国宪法中有与环境权相关的内容,如第二十六条规定:"国家保护和改善生活环境和生态环境,防治污染和其他公害。国家组织和鼓励植树造林,保护林木。"但并没有明确规定环境权为公民的基本权利。基本权利是一种与人身紧密关联的资格,只要宪法将某种权利视为基本权利赋予给公民,一个人就不会因暂时

———————————

① [美]悉尼·胡克:《理性、社会神话和民主》,金克等译,上海人民出版社1965年版,第3页。

缺乏行使这项权利的条件而失去要求权利、享有权利、行使权利的资格,这表明基本权利不因公民的身份及社会、经济、政治地位等因素的限制受到国家、社会和他人的歧视和剥夺。同时,从人类宪政的演进历史规律来看,基本人权的价值理性要求其作为一项针对国家的"防御权"来构造。[1] 如果宪法将环境权确定为公民的基本权利,那么将为防治国家权力在环境上的滥用奠定宪法基础。

第二,保障公民的环境知情权。环境知情权是指收集、知晓和了解与环境问题和环境决策有关的信息的权利。长期以来,受古代宗法制度的影响,我国的国家权力运作习惯于采取一种神秘模式,缺乏向公众解释其行为的传统,立法过程也不例外。可以说,环境知情权是实现环境立法价值导向的"公民权利、社会利益"转向的前提条件、客观要求和基础环节,必须予以保障。因此必须进行具体的制度设计,以促进环境立法过程中公众知情权的实现。本书认为环境立法信息公开制度是最佳的选择。概括说来,环境信息公开制度的建立必须解决三个问题:一是信息公开的主体,即由谁公开信息;二是公开的方法,即如何来公开信息;三是公开的内容,即公开哪些信息。立法活动对公众环境权的影响是非常深远的,公众必须知情。

三、调整环境立法模式,变单向度立法为开放式双向度立法

1. 现行立法模式分析

我国现行的环境立法模式是国家机关主导立法过程的单向度立法。表现为从立法规划的确定,到法案的起草、提案、审议等各个阶段的活动,基本上都是在国家机关的层面进行。对于社会而言,国家立什么法,涉及哪些内容,公众很难知晓。直到法律颁布以后,主管部门才开展大规模的自上而下的法制宣传活动。最后法律实施情况如何,存在哪些不足和缺陷,社会发展变化是否需要进行立法完善,又很难反馈到立法机关。

这种立法模式的弊端是显而易见的:第一,单纯依靠国家机关难以保证

---

[1]　王树义等:《环境法基本理论研究》,科学出版社 2012 年版,第 210 页。

所立之法与社会客观需求相符;第二,国家机关主导立法过程不可避免地会造成程序的繁琐和复杂,不利于法的及时订立、修正与完善;第三,国家机关主导立法过程,更多体现的是政府部门的管理需求,难以适应社会多元利益的需要;第四,部门推动立法的本意是为了履行职责,维护和发展本部门代表的公益,但同时也有强化部门权力、提升部门地位以获得更高管理权威的因素,很多时候会出现寻租现象;第五,忽视了立法对公民法治意识的培育以及让法律获得社会认同,从而降低法律实施成本的巨大价值。[①]

　　上述弊端的根源就在于立法主体的代表性问题。所谓国家机关指的是立法机关和相关的行政部门,它们是立法主体,因为在我国现行的立法模式下,环境法律绝大部分由相关的行政部门提出立法建议,然后由立法机关制定,而环境法规则是由行政机关直接制定。立法机关即全国人大是由各地选出的代表组成的,从我国人大代表的产生来看,大多是地域或行业楷模,显然不是不同的环境利益群体的代表,此外他们所具有的专业知识也大多与环境立法无关,这就产生了代表的代表性问题。让不具有代表性的代表进行提议和立法,所立之法的适用性也就可想而知了。再从行政部门来看,当前模式下,行政主管部门是我国推动环境立法最主要的外部力量。行政主管部门推动环境立法的原因主要应该是为了履行环境管理职责,维护和发展本部门代表的环境公益,对同一环境客体享有管理权的不同部门在立法上的博弈也应该是不同公益之间的协调(尽管这种不同部门对同一环境客体享有管理权的现象本身就值得商榷),但事实上,对立法的推动和立法本身往往成为强化部门权力、提升部门地位以获得更高管理权威的手段,部门间因公益而进行的博弈也变成了部门自身利益甚至个人私利的博弈,导致立法的注意力集中在相关管理权限的协调上,而对其他方面的问题如立法的科学性、可操作性等问题则有所忽视。环境立法是对环境管理权力和环境权益进行的制度化配置,在这个过程中,上述部门主义导致利益流向部

[①]　布小林:《立法的社会过程——对草原法案例的分析与思考》,中国社会科学出版社 2007 年版,第 12 页。

门,部门利益的凸现已经成为影响我国环境立法质量的重要因素。

目前,我国已经出现了对上述立法模式进行变革的地方立法实践,如沈阳市人大常委会根据市民对城市发展带来的越来越严重的噪声污染问题的反映,制定了《沈阳市环境噪声污染防治条例》。为了有更广泛、更全面的公众参与,负责该法规草案的市政府有关部门通过报纸、市政府网站等各种媒体发出公告,相关部门更是深入街道、机关、学校、社区、工厂、商场进行宣传,同时召开由人大代表、居民代表、企业负责人代表等各个层次的人员参加的座谈会,听取意见。与此同时,聘请法学专家和立法顾问,对市民的建议进行认真的研究、论证,对有效的意见予以充分考虑和采纳,使每一个条款都充分体现和维护市民的切身利益,从制度上保障广大市民能有一个安静的工作、生活、学习的环境,使社会、经济、环境显得更为和谐。① 但从目前的情况来看,还缺乏明确的界定和制度化的安排。本书认为,我们应该明确提出建立一种开放式双向度的环境立法模式。

2. 开放式双向度立法模式的建立

(1)建立的原则:适应多元利益的需要。

从历史的角度看,计划经济时期单一的公有制决定了资源配置的行政管理型权利交易方式,硬性塑造了社会利益和个人利益的统一,或者说,权利的计划性异化了权利的"福利"效应,将"个人福利"异化成了"社会福利",这在今天看来是不可接受的,因为它实际上是对个人权利的否定。市场经济的发展使得利益的多元化和复杂化成为客观现实,而这种利益的多元化和复杂化也就成为了环境治理的社会基础。

多元利益是客观存在的,可能是公益,也可能是私益,相应的,利益主体可能是代表公益的国家机关或其他组织,也可能是代表私益的组织或个人,他们都应该有参与立法、主张利益的权利和机会。只有让各种利益主体都把各自的利益要求充分地表达出来,然后加以整合、协调、平衡,才能确保所定之法能够正确反映和兼顾各个利益群体的不同要求,才能使法律的实施

① 杨解君:《可持续发展与行政法关系研究》,法律出版社 2008 年版,第 128 页。

更加有效,形成"良法之治"。这一点在部门主导立法起草的情况下显得更为重要。但是,在我国目前的立法模式下,多元利益的表达和协调并没有得到应有的重视,立法过程中往往表现出积极的职权主义倾向,立法被视为国家为公共利益进行制度设计的过程,立法者是否立法,如何立法,是否加快立法等都取决于国家的决策和决心。[①] 同时,这种立法模式不注重对各方面的反馈信息加以利用从而及时修正立法,所以我们称之为国家机关主导立法的单向度立法模式。新的立法模式必须适应多元利益表达的需要,设计开放式的机制让各种利益主体都参与进来,实现全方位的互动。

（2）立法的参与机制

在当前国家主导的单向度立法模式下,立法的主体是包括立法机关和行政管理部门在内的国家机关,主要的推动力量是行政管理部门,公众等其他主体的参与很少。尽管现行法律也为公众参与立法提供了一些制度性安排,但其具体化、程序化水平不高,所以公众参与立法、表达利益的渠道十分有限。同时这些制度基本上属于内部程序,操作主动权掌握在起草机关或法案审查机构手中,实践中随意性比较大,立法过程中公布法案送审稿向社会征求意见的情况很少,公众难以有效地参与立法。所以应该建立立法的利益表达机制和利益博弈机制,让各种利益主体的利益都得到表达,然后在立法过程中进行协调,最终在法律规范中得到体现。立法中各种利益主体能否顺畅地表达利益诉求,能否公平博弈,达到博弈均衡,是提高立法质量的关键。

第一,利益表达机制

我们说环境方面的多元利益是客观存在的,只有让各种利益主体都把各自的利益要求充分地表达出来,然后加以整合、协调、平衡,才能确保所定之法能够正确反映和兼顾各个利益群体的不同要求,才能使法律的实施更加有效,形成"良法之治"。所以,利益表达是前提。

---

① 布小林:《立法的社会过程——对草原法案例的分析与思考》,中国社会科学出版社 2007 年版,第 36 页。

利益表达的渠道是多样的,可能是正式的,也可能是非正式的,国家应该为利益表达提供自由的空间。最重要的,国家必须保证正式渠道的畅通,这就需要将正式渠道制度化,提供机构和人员的保障,使得公众的利益表达能够真正到达国家机关、进入决策程序,而不能是泥牛入海,没有下文。对于利益表达的内容,也必须通过法律确定其法律地位,甚至成为环境事故追责的重要依据。

第二,利益博弈机制

在我国目前的立法模式下也是有利益博弈的,而且还很激烈,只是这种博弈只是存在于部门间的博弈。立法是对"权力资源"和"权利资源"进行的制度化配置,部门间博弈在促成了部门间职能关系的明确和协调的同时,也成了部门间争夺管辖权、审批权和处罚权等权力的手段。所以我们应该建立一种公正的利益博弈机制,让各种利益主体都参与进来,形成一种"利益均沾"的格局。这里所说的"公正"是一种形式上的、程序上的公正,即对参与机会的保证,而其目的正是为了实现实质的、实体上的公正。

公正的利益博弈机制应该作用于整个立法领域,既包括国家立法机关制定法律的活动,也包括行政机关制定法规的活动。而且该博弈机制应该作用于整个立法过程,各方面的反馈信息也要考虑进来,所以博弈是反复多次进行的。

博弈的方式多种多样,包括利用规则、利用权威、以公益为名义、暂时回避、施加压力,等等。公正的利益博弈机制是提高立法质量的关键。它保证了最终的立法所体现的是一种真正意义上的公益。当然这种结果不一定是对所有主体来说都是最好的,但肯定对各个主体都不是坏的,是一种次优的选择,是被各个主体都接受的。而且这种博弈有利于立法获得更充分的信息和更多可供选择的改进路径。这些都是有利于法律规范的实施的。

(3)多主体参与立法的制度保障——听证制度

前文说过,多元主体的利益表达和利益博弈应该有正式的制度保障,目前最重要的就是立法的听证制度。在西方发达国家,听证会已经成为一种应用广泛也最为有效的参与形式。在环境立法过程中,把各利益相关者和专家召集起来,让各方阐明做或不做的理由,最后由大家表决作出决定。这样的立法过程可以广泛吸收各方面的意见,协调各方面的利益,提高环境立法的科学水平,从而减少失误,增强立法的可执行性。美日等国的实践表明,正是因为有了社会力量和市场主体的积极参与,其自然资源与污染防治的立法才得到较大的发展,它们的环境法也成为各国竞相效仿的对象。

四、完善和协调立法内容,给予非正式规则发挥作用的空间

1. 完善和协调立法内容

传统的集体行动理论通常预测,人们自己不会监督规则的执行,即使这些规则是他们自己设计的。因为遵守规则必须首先解决搭便车问题,而对规则遵守情况的监督,对违规者的惩罚,又会产生二阶搭便车问题。监督和惩罚对监督者和惩罚者几乎都是成本很高的事,而监督和惩罚带来的利益则为人们广为占有。监督和惩罚实际上是公益物品,提供这一物品,人们需要二阶的选择性激励,而这又会碰到三阶搭便车问题。这样就会陷入这样的困局:没有监督,不可能有可信承诺;没有可信承诺,就没有提出新规则的理由。从而形成相互监督难题。

但是在现实中有人已经创立了制度,做出了遵守规则的承诺,并对协定的执行情况进行了有效的监督。理论如何对其作出解释呢? 埃莉诺·奥斯特罗姆认为,解决监督难题的人们对遵守规则作出了权变的策略承诺,就产生了监督他们的动机,为的是使自己确信大多数人都是遵守规则的。而对自主组织和自主治理成功案例的研究表明,许多自主组织自主设计的治理规则本身既增强了组织成员进行相互监督的积极性,又使监督成本变得很低。"监督一组规则实施情况的成本和收益,并不独立于所采用的这组特定的规则本身。"[1]由此监督本身也成了规则的一部分,从而又增加了人们采取策略的可能,提高了人们对规则承诺的可信度,两者相互补充,相互

---

[1] [美]埃莉诺·奥斯特罗姆:《公共事物的治理之道:集体行动制度的演进》,余逊达、陈旭东译,上海三联书店出版社 2000 年版,第 279 页。

加强。

在环境治理的制度规定或立法内容上,在首先必须满足多中心治理网络对主体、客体等基本范畴的要求前提下,还必须完善各种监督制度,包括:一、上级政府环保部门制约下级政府的环保不作为或不当作为的法律规定;二、防止政府主要领导人对本级政府环保部门依法履行职责进行不当干预的法律规定;三、对负有环保职责的政府各部门的环保职责明确设定的法律规定,限制其自由裁量权;四、社会力量对政府有关环境的行政决策和行为进行监督的法律规定。

此外,还有几方面法律制度需要完善:一、企业自我检测并记录和保障公众参与的环境信息公开制度。尽管新修订的《水污染防治法》做了少量的企业自我监测并保留记录的规定,但还远远不够。在这方面可以借鉴一些发达国家的做法。例如,欧洲和美国都有"有毒有害物质清单",涉及清单上物质的企业必须如实监测和记录,并向环境保护部门报告排放转移情况,包括物质、特性、危害、暴露值、释放值、转化值、排放值和风险控制措施。然后,由环境保护部门向社会公开,社会公众监督评判,尤其包括同行监督。如虚报瞒报,有同行和公众监督,还有更重的行政处罚、繁冗漫长的司法程序、企业社会责任声誉折损等。这就是欧盟的 PRTR 制度、美国的 TRI 制度①。只有如此,企业才能将其风险降至最低;二、政府环境责任追究制度。2015 年 1 月 1 日起施行的新《环境保护法》被称作"史上最严"环保法,其中强化政府环境责任是其一个重点和亮点。但从新《环保法》的具体规定看,对地方政府的义务规定的多,责任规定的少;从监督机制来看,对地方政府有效的监督和约束力度还不够。相反,地方环保部门的监管职责和法律责任加重,面临更多的压力。尤其是在当前经济面临下行压力时,大企业为地方经济发展作贡献的同时也可能带来污染,此时地方政府在环保问题上承担的责任少就会对环保部门的履责形成更大压力。所以,政府环境责任追究制度还有很长的路要走。

---

① 王树义等:《环境法前沿问题研究》,科学出版社 2012 年版,第 437 页。

以上几方面内容都是我国目前所缺少并在实践中被证明是亟需的。

2. 给予非正式规则发挥作用的空间

多中心理论认为缺乏国家的、正式的规制公共池塘资源占用与提供的法律与缺乏有效的规则并不是等同的。"国家机关立法造成了立法的千篇一律性,与人们赖以生存的时空多样性相矛盾。"①

新制度经济学指出,制度提供的一系列规则由社会认可的非正式约束、国家规定的正式约束和实施机制所构成。正式约束是指人们有意识创造的一系列政策法则。而非正式约束是人们在长期交往中无意识形成的,具有持久的生命力,并构成代代相传的文化的一部分。

非正式规则即法律中所说的习惯法。在我国建设社会主义法治国家的今天,习惯法一直处在被边缘化的境地,其生存空间受到了正式规则即国家制定法的强力挤压。在环境领域,习惯法的作用更是被忽视了。这种做法"过高地估计了国家法律的实际效力,在极端情形下甚至置法律所依赖的社会环境和基础于不顾,不但无济于调试国家制定法的统一规则与地方性、民间性规则的抵制关系,还使国家制定法的实效大打折扣"②。

在转变环境立法的功能定位、调整环境立法模式、完善和协调环境立法内容的同时,必须给予乡规民约、风俗习惯等非正式规则发挥作用的空间,这是多中心合作治理的题中应有之意。非正式规则在构建社会交往、沟通以自我为中心的个人和实现社会整合上具有重要的作用。而且,在正式规则出现漏洞时,非正式规则可以成为有力的补充;在正式规则辐射不到的领域,非正式规则可以发挥主导作用。

在环境治理的制度供给上,人们固然可以通过诱致性或强制性的制度变迁实现有利于生态环境保护的正式制度的建立,使制度环境中的各个主体在为个人的利益博弈时,达到有利于环境保护的纳什均衡,但是仅有一套完备的正式制度并不一定意味着环境保护的高效率。在正式制度的背后隐

---

① [美]迈克尔·麦金尼斯、文森特·奥斯特罗姆:《民主变革:从为民主而奋斗走向自主治理(上)》,李梅译,《北京行政学院学报》2001年第4期,第90页。

② 王树义等:《环境法基本问题研究》,科学出版社2012年版,第364页。

藏着支持其运转的非正式制度，它深深镶嵌于人们的头脑中，看不见、摸不着，但它却在无形中影响制度主体的行为，从而直接或间接影响制度实现的效率。当正式制度与非正式制度兼容，即正式制度的目标取向与制度主体的利益和偏好一致时，制度运行的交易成本较低，而制度绩效相应较高；反之反是。① 由于"公共物品"的特性而产生的环境问题能否得到有效解决，取决于社会有没有一套完善的环保激励和约束机制。同时，这一机制需要建立在与之有共同价值取向的非正式制度之上。否则，社会环境政策的效率将会大大降低②。

与正式的环境立法主要在法律草案的提出和审议过程中体现多中心不同，非正式规则产生的整个过程都是一个多中心运作的过程。而且其形式也呈现出多样性，可以是文字的，也可以是口头的，等等。

第二节 建立合作式的环境治理制度实施模式

在解决了多中心合作模式下环境治理的制度供给问题后，就进入到环境治理制度的实施环节。在以法治为基本前提的环境治理过程中，我们认为多中心合作的环境治理过程主体上是国家环境法律制度的实施过程。

多中心理论认为，公共池塘占用者如何才能组织起来取得长期的集体利益，需要解决的第二个难题是可信承诺问题。当规则建立后，占用者面临搭便车、规避责任和各种机会主义行为的诱惑，这样占用者都预期未来违反承诺而采用机会主义行为的诱惑是极为强烈的，在这种情况下，关键问题就在于一个占用者如何才能令人置信地做出他或她会遵守制度规则的承诺。

通常，外部强制被用来作为解决承诺问题的方案。但是埃莉诺·奥斯特罗姆认为："外部强制有时是一种巧妙的解决方案，因为理论家们没有探

---

① 金雪军、章华：《制度兼容与经济绩效》，《经济学家》2001 年第 2 期，第 99 页。
② 李朝旗、何秀芝：《我国环境治理政策的制度缺陷及其纠正——以"太湖蓝藻暴发事件"为例》，《湖北经济学院学报》(人文社会科学版)2009 年第 3 期，第 5—6 页。

讨外部强制者监督个人的行为、实行制裁的动机"。① 自主组织和自主治理的集体行动理论要解决的问题是一个自主组织的群体必须在没有外部强制的情况下解决承诺问题。他们必须激励他们自己或他们的代理人去监督人们的活动、实施制裁,以保证对规则的遵守。自主组织的集体行动理论认为,复杂的和不确定的环境下的个人通常会采取权变策略,即指根据全部现实条件灵活变化的行动方案。"我会遵守承诺,只要大多数人也都这么做"是权变策略的基本写照。在一个自治组织的初始阶段,一个人对在大多数人同意遵循所提出的规则的情况下他的未来预期收益流量作了计算后,可能会同意遵守这套规则。但是在以后,当违反这条或那条规则所得到的利益高于遵守规则(C)所得到的利益时,他也有可能违反规则(B),除非这种行为被人觉察并受到制裁(S),而且 $C > B - S$。只有在满足以上不等式的时候,参与者所作出的承诺才是可信的。②

　　无论是政府单中心合作模式还是多中心合作模式,政府都在其中发挥着重要作用。目前,我国环境保护目标能否实现,一个重要的因素就是国家环境行政权力的运作状况。所以要建立高效的环境治理运行机制,就必须建立高效的行政执法体系。

一、环境治理制度实施现状

　　前文我们说过,我国的环境治理是一种政府单中心模式,表现在环境法律法规的执行上就是政府直接操作,环境执法部门与相对人是一种命令与服从的关系。在这种模式下,就会产生几种弊端:首先,有法不依、有法难依、执法不严、以言代法、以权代法的现象严重,部门利益保护主义和地方保护主义势力强大,在具体的环境管理过程中现实利益与长远利益、地方利益与国家利益、部门利益与全局利益的较量经常出现且往往是后者处于下风;

---

① [美]埃莉诺·奥斯特罗姆:《公共事物的治理之道:集体行动制度的演进》,余逊达、陈旭东译,上海三联书店出版社 2000 年版,第 73 页。
② [美]埃莉诺·奥斯特罗姆:《公共事物的治理之道:集体行动制度的演进》,余逊达、陈旭东译,上海三联书店出版社 2000 年版,第 72 页。

企业作为市场主体处于被动地位,基本上是环境的污染者,没有保护环境的积极性;公众和 NGOs 等社会力量发挥作用的空间十分有限;权力机关的监督作用没有得到发挥,司法机关作为环境法治的重要力量其作用没有得到发挥。

此外,在我国的环境执法中还有一种现象是必须予以注意的,即环境主管机关的运动式执法问题。运动式执法又称为环境保护执法大检查,可以说是具有中国特色的一种执法形式,从中央到地方普遍使用。运动式执法有两个显著的特点:一、它是一场集中的清理整顿,在这一过程中,政府在短期内最大限度地调动了管理资源;二、这种执法方式常常能在随后的一段时间内收到较好的效果,但会很快恢复原状。所以,尽管通过运动式执法环境管理部门每次都能查出一些违法企业,可以实现一时的环保目标、也可以在短时间内引起社会公众对环境问题的关注,但是这种自上而下运动式的执法方式却越来越不适应环境治理的需要了。因为运动式执法表面上看是在严格执法,实际上却是与依法治理的要求相悖的。

首先,对于环境管理部门来说,运动式执法缺少持续性的机制设计和制度安排,仅具有临时性的协调机制。具体表现为尽管运动中各部门携手联动,效果很好,但一旦"达标",这种联动就达到了目的。运动过后,各个部门依然各自为政,遇到棘手问题还是推三阻四,低效低能问题得不到解决。而且运动式执法的短期效果还会助长环境管理部门的管理惰性,出现执法疲软松懈的状态,从而导致新一轮的有法不依、执法不严现象再次出现,只能发起下一轮运动式执法来解决问题,造成管理资源的巨大浪费。

第二,对于污染企业来说,运动式执法可以因为直接的监管压力而一时奏效,但由于缺乏持续性激励,所以长此以往企业掌握了环境管理部门的执法规律,无形中会培养起自己的"逃法"精神,不去积极改善环境,而是致力于钻执法的漏洞,导致污染现象出现反弹,引发又一轮执法风暴。

第三,对于公众来说,看到一次次的执法风暴以及风暴过后依然严重的环境问题,甚至是执法者和违法者达成的一种各取所需的"默契",法律的权威自然会遭到巨大的破坏,公众会对法律丧失信心,法律信仰无法养成,环境保护的积极性会遭到极大的破坏。

在多中心合作治理框架下,法律制度的实施问题其实是一个可信承诺问题。即各个主体承诺按照法律规范的要求行为并且遵守这一承诺。可信承诺依赖于两个问题的解决,一是主体地位的认可,即各个主体在法律制度的实施过程中享有主体地位;二是监督责任的分配,即法律政策的实施过程各个主体之间如何相互监督。为了解决这两个问题,结合我国环境执法的现状,我们应该建立一种合作式的环境法律制度实施模式,改变过去以政府和企业为主的两级别分层次系统为多元主体参加的单层次系统。该模式一方面使得多元主体参与到法律实施过程中,另一方面使得原来行政机关独享的执法权变为一种多元主体间相互的监督。戴维·赫尔德认为,"民主要想繁荣,就必须被重新看作一个双重的现象:一方面,它牵涉到国家权力的改造;另一方面,它牵涉到市民社会的重新建构。所谓双重民主化既是国家与市民社会互相依赖者进行转型。"①这一观点告诉我们,要建立合作式的环境法律制度实施模式,必须从政府和非政府主体两个方面入手。政府方面主要是增强回应能力。主要手段包括:转变环境执法部门的执法方式、改革现行的环境管理体制。而对于作为市场主体的企业和社会主体的公众和环境 NGOs 来说,则要扩展它们参与环境法律制度实施的角色和能力。对多中心理论所提出的主体地位的认可和监督责任的分配问题的解决蕴含在这些措施之中。下面将进行具体的论述。

二、环境管理部门执法方式的转变

环境管理部门执法方式的转变包括两个方面:一是加大行政执法力度;二是由单一的高权行政向多元的弹性行政的转化。尽管这两方面方向相反,但都是现实中急需的,而且并不矛盾,都是环境治理多中心合作模式的应有之义。

---

① 孔繁斌:《公共性的再生产》,江苏人民出版社 2008 年版,第 82 页。

1. 改善环境行政执法

一般认为,环境保护最直接的手段就是高权行政手段,如行政处罚、行政命令等。因此,很多学者都呼吁应该建立完善的监管制度,加大执法力度。高权行政的确是一种非常重要的行政执法方式,在现实中发挥着重要的作用。如对破坏环境、浪费资源的违法行为的依法处罚,对高耗能的落后工艺和设备的强制淘汰等。

但必须指出尽管我国的环境治理是一种政府单中心模式,环境治理实践中主要依赖的是政府,但这并不意味着我国的环境行政执法力度已经足够强了。事实上,环境执法不力恰恰是多年来导致我国环境污染加剧的重要原因。主要包括以下几方面问题[①]:

(1)行政处罚力度不够

一直以来,环境保护的执法部门都认为现行环境保护法律对环境违法行为的行政处罚力度太低,构不成足够的威慑。所以,环境保护法律规范无法实现其立法目的。例如,北京某电厂年初即比照环境保护部门的最高处罚度按一年十二个月每月一次的处罚频率制定了环境保护罚款"预算",这种做法无疑是对国家环境保护法律的亵渎和对环境保护行政执法部门的藐视,但也反映出环境保护法律规定对违法者没有足够的处罚,缺乏威慑力。再如,松江水污染事件对某石油国企处以法律规定的 100 万处罚上限。但事上,该处罚并没有产生法律实有的威慑作用,相反该石油企业认为可以马上履行,并认为无须事先告知,不用陈述申辩,也不用听证等行政程序,由此可见,环境保护行政主管部门处于何种被动境地。

(2)行政处罚简单粗暴

与前述行政处罚力度不够的情形相比,有些行政处罚显得过于严苛,而且简单粗暴。在实际的操作过程中,往往会产生与立法初衷背道而驰的后果。例如,《水污染防治法》规定对造成重大、特大水污染事故的企业,行政主管部门责令关闭污染企业。但在实践中,关闭后企业后续的清算工作、职

————————

① 　王树义等:《环境法前沿问题研究》,科学出版社 2012 年版,第 432—435 页。

工安置、国家财产损失如何承担等问题均缺乏解决的法律依据。如此处罚,规定得过于简单。若这类事故是因某个人不当操作引起,则显得处罚与事实之间存在不当。一旦发生重大、特大水污染事故就把企业关停,看似用猛药,实则不对症,倒不如问责直接管理责任者的刑事责任。日本水俣案件中的污染企业索智公司赔偿历时40余年,至今尚有污染损害赔偿诉讼案件在判。而索智公司液晶显示屏业务仍占世界市场份额的一半。这是因为日本并未对造成严重环境公害事件的污染责任公司关闭,而是政府给予补贴和贷款,允许其持续经营以由其赔偿众多公害人群,有效地解决了污染损害赔偿的后续问题。否则,一旦企业关闭,受害者的后续补偿则没有着落。

(3)环境保护部门管制手段过于疲软。

根据法律明文规定,对未经环境影响评价审批先行开工建设的,环境保护部门可以责令限期补办手续,不能处罚;逾期不办的,则处以罚款。执法一线和媒体都认环境保护部门对未经环境影响评价审批先行开工建设的项目只能限期补办手续,不能处罚,管制手段太软。而人民代表大会作为立法机关都在批评环境保护部门,补办手续不合格的可以不批,可见问题还是出在环境保护部门执法不严。可实践中,情况更为复杂。地方抓住此条漏洞,凡急于上马的项目尤其是大项目,地方普遍都要故意未经环境影响评价审批先行开工建设,或者把项目人为拆分由地方越权审批。试想,已经投入了上千亿的巨资项目,补办而不批的在现实中可性较小,环境保护部门实际承受的压力通常要比立法机关的设想更严重。因为一旦项目进入生产运行阶段,将置环境保护部门于更加艰难、更加尴尬的境地。不叫停,老百姓不满;叫停,企业的劳动合同要撕毁,失业工人要上街游行。

从以上几方面问题也可以看出,所谓改善环境行政执法不仅包括加大执法力度,也包括提高执法水平。比如在具体的执法行为上,环境执法部门应该改变那种平时室内办公、定期检查,外加运动式执法的方式,建立起日常的流动巡察方式。这样既可以保证对小型、分散的污染源的监控,又可以加强对执法对象的了解,有利于政府与企业双方合作关系的建立。

2. 由单一的高权行政向多元的弹性行政的转化

尽管高权行政是一种非常重要的行政执法方式,在现实中发挥着重要的作用。但一味依赖单一的高权行政效果可能不好,毕竟单一的高权行政只能禁止某些事情的发生,却无法促使某些事情的发生。所以多中心合作模式的环境执法方式应该由单一的高权行政向多元的弹性行政转化。这也意味着环境执法手段的多样化,是多中心合作模式的内在要求。

(1)应将弹性手段与强制手段配套使用。

不可一味地迷信行政处罚、行政命令等单方高权手段,而应更多地发挥行政指导、行政规划、行政契约等弹性手段的作用,将命令—控制手段与经济手段、社会手段结合起来。① 例如,财税政策可以通过与公共物品的直接投资、政府补贴、税收优惠、收费等灵活手段相结合,起到优化结构、提高资源使用效率等作用,像这样的强制性手段和经济激励政策相配合,往往可以取得更好的效果。再比如,根据自愿环境绩效标准制定相应的激励政策,对超标的企业进行经济制裁,对提前达标的企业给予经济鼓励,则更有利于强制性绩效标准的执行。此外,我国大部分财税政策主要是针对生产领域,而很少制定消费领域的激励政策。实际上,针对需求管理的财税政策往往可以起到事半功倍的效果。例如,提高在城市中心区的道路收费和停车收费,就可以有效抑制私家车的使用,鼓励选择公共交通。

(2)应通过行政指导与行政补贴手段促进节能环保产业的发展。

要适应当今世界信息革命、生物工程革命以及新材料革命的趋势,加强基础研究和高技术研究,推进关键技术创新和系统集成,在关键领域和若干科技发展前沿拥有核心技术和一批自主知识产权,努力实现技术的跨越式发展,用信息化带动工业化,走一条新兴工业化道路,形成有利于减少环境污染的生产模式和消费模式。环保产业的发展是多中心合作模式下作为市场主体的企业所能发挥的最为积极的作用。

---

① 杨解君:《可持续发展与行政法关系研究》,法律出版社 2008 年版,第 201 页。

三、环境行政管理体制的改革

环境行政管理体制是有关联的环境行政管理要素组成的为实现预定的环境行政管理目标而运行的系统,包括相互联系的两个方面:一是国家的环境管理权如何设置,包括国家环境行政管理组织机构的设置、管理权限的分配、职责范围的划分及其机构运行和协调的机制;二是关于环境管理权与社会组织、公民个人的关系的安排。环境管理体制是依照一定的决策原理和环境观念形成的。一国实行什么样的环境行政管理体制,往往与该国的政治、经济制度、环境问题的状况、环境管理工作的难易程度等多种因素有关。一个科学、合理的环境行政管理体制,是进行卓有成效的环境管理所应当具备的先决条件,是实现环境保护目标的基本制度保证。环境行政管理体制的选择直接关系到环境管理的功能定位以及各管理主体的参与程度和参与方法,环境行政管理体制的现状直接反映了该国对环境和环境问题的认识水平,体现着该国环境管理的范围和要求,环境行政管理体制的完善程度显示了该国环境治理的能力,标志了该国环境治理的程度。

1. 我国环境行政管理体制的现状①

我国的环境行政管理体制,是在传统的土地、自然资源国有和集体所有制框架下,以及计划经济体制和资源开发计划管理体系下建立的,并伴随20世纪70年代末以来市场化改革和生态环境问题的恶化,逐步发展形成现在的以政府主导和行政监管为特征的体系,具有统一管理与分级、分部门管理相结合的特征。

(1)横向关系

在中央一级,当前的国务院组成部门,以及相关直属机构、直属事业单位、部委管理的国家局中,有超过十个部门承担着生态保护和污染防治的相关职责。根据职责法律和国务院授权,大致可分为"协调机构、职能部门、

---

① 中国科学院可持续发展战略研究组:《2015 中国可持续发展报告——重塑生态环境治理体系》,科学出版社 2015 年版,第 53—57 页。

支撑部门"三类。

第一类是生态环境协调机构,指由有关政府机构组成、协调政府部门间环境保护与可持续发展事务的协调议事机构。根据是否有高层领导的参与,可分为两类:一类是有国务院领导参与的协调机构,主要有国家应对气候变化及节能减排工作领导小组等,成员一般是国务院领导和各部委部长等;另一类是部际联席会议,如重金属污染防治、生物物种资源保护等部际联席会议,成员级别相较前一种略低,除会议召集人可能是正部级官员外,一般都是各部委的副部长,并根据议事的必要性,邀请地方政府官员作为成员。协调机构是临时性的议事机构,因工作任务而设立,也因任务结束而解散。

第二类是生态环境职能部门,大致可分为综合经济和产业部门、资源管理部门、环境保护部门三类。综合经济部门以国家发展和改革委员会为代表。从职能领域看,国家发改委主要负责环境与发展协调、循环经济发展、应对气候变化、节能减排等工作;从具体职能看,承担生态保护和环境保护方面的规划制定、政策指导、经济政策制定、投资项目等职能。产业部门(如工信、交通、住建等)承担各自领域污染防治职能。

资源管理部门主要承担资源开发保护与生态保护职能,但也承担部分环境保护职能。按照资源门类,我国设置了国土、农业、水利、林业、海洋等部门,负责各自领域的开发与保护工作,包括耕地保护、水资源及水生物、草原、森林、生物多样性、水土保持和荒漠化防治等。根据管理的需要和法律授权,这些部门建立了各种保护区,如国土部门的地质公园、林业部门的森林和湿地公园等。

环境保护部门的职责以污染防治为主,并与其他综合、产业和资源管理部门负责的污染防治职能共同形成"统一监督管理,分工负责"的格局。环境保护部门的职责涉及水体、大气、土壤、噪声、固体废物、机动车等各个领域,对这些领域的污染防治进行监测、监管执法并建立管理制度。

第三类是生态环境的支撑部门,也就是依附于各个职能部门的事业单位,主要指从社会公益角度出发,由行政机关举办从事教育、科技、文化、卫生等活动的社会服务组织。据统计,生态环境职能部门的直属事业单位大都超过 15 个。

（2）纵向设置

纵向关系上,省、地、县等各级地方政府参照中央部门,设置了总体上类似的职能机构,包括国土、农业、水利、林业、海洋渔业、环境保护。为了配合执法监督的需要,地方政府还建立了监察和监测机构。

依照《环境保护法》规定,地方人民政府对本辖区的环境质量负责,环境质量的好坏,地方政府是责任主体。因此,在中央和地方生态环境机构关系上,实行以地方政府为主的双重领导,地方生态环境部门的人事任命、财政预算均由地方政府主导,中央部门对地方部门实行业务指导。

为了监督地方政府落实国家法律法规,中央探索建立了一系列自上而下的监督制约机制。一是在环保、流域、林业等领域设置了区域督查机构,负责各自区域内的生态环境事务协调和督查。二是建立考核评价机制,把资源消耗、环境保护纳入政绩考核当中,并不断提高其所占比重。

2. 我国现行环境行政管理体制的问题

尽管近 30 年来我国环境行政管理体制不断进行改革改进以适应环境治理的要求,但是目前这种体制及其运行效率、效能不能满足环境治理的要求,也不能促进环境治理效果的实现。由于环境行政管理在多中心合作环境治理体系中的重要地位,因此必须深入分析我国现行环境行政管理体制的问题。具体包括如下方面:

（1）职能相对分散,缺乏高效的协调机制。

自然资源和生态保护职能按资源门类分散在国土、水利、林业等部门,尽管有助于根据资源的属性进行专业管理,但也与生态系统的完整性有所冲突。而在污染防治领域,由于环保机构成立时间较晚,原先的管理职能分散在各部门,在环保机构成立后,只注意对新机构的授权,并未完全撤销原部门的环保相关职能,导致存在不协调、相互冲突的局面,而且还缺乏对这些部门的冲突与矛盾进行有效协调的权威性部门或机构。此外还缺乏有力高效的跨行政区环境协调机制,行政区划导致的地方分割性与环境要素的整体性之间存在根本矛盾,以致跨区域的环境纠纷很难得到及时和有效处理。职能分散还导致开发与保护往往由一个部门管理,容易出现"重开发、轻保护"的现象。

(2)环境行政管理机构之间权限不清,责任不明。

行政主体的行政行为必须符合法律法规的规定,要在行政权限的范围内开展行动。但我国目前环境行政管理部门之间的职责权限范围却很不清晰的、自由裁量空间过大。例如我国法律规定各级人民政府的水利管理部门、卫生行政部门、地质矿产部门、市政管理部门、重要江河的水源保护机构,结合各自的职责,协同环境保护部门对水污染防治实施监督管理。但是,对其他的几个协管部门到底管什么,如何进行协作,各自承担什么法律后果,却表达得不清楚。这种权责的不清进一步导致了管理机构和职能的重叠和交叉,业务管理部门行使了环境监督管理部门的职权、综合决策型管理部门行使了专业管理部门的职权、专业管理部门行使了综合决策性部门的职权、政府行使了其所属部门(尤其是环保部门)的职权。还出现了规划职能、监测职能、保护职能和污染纠纷处理职能的交叉和重叠,等等。①

(3)环保部门缺乏独立性与权威性,受制于地方各级政府,难以抵制地方保护主义。

在现行的财政体制下,基层环保执法部门的工资和福利待遇是由当地政府提供,而不是由国家统一拨款的。由于财政不独立,环境管理部门缺乏独立性,受制于地方政府;同时,地方政府又不受上级政府的环保部门的领导,由于缺乏有力的制约力量,导致地方保护主义的久禁不止、长盛不衰;由于受地方财政影响,各地基层环境管理部门发展很不平衡,贫困地区的环保部门执法力量薄弱,有的地方甚至还没有环保部门;由于受制于当地政府,环保部门"权力小、手段软",环保权威十分有限,只有限期治理、停产治理的建议权,没有决定权,环境处罚的主要手段只是罚款,而缺乏查封、扣押、冻结、强制划拨等行政强制性手段。就连唯一的处罚手段,其数额也受到很

---

① 常纪文、杨朝霞:《环境法的新发展》,中国社会科学出版社2008年版,第27页。

大限制,导致企业的违法成本远远低于守法成本。

3.改进我国环境行政管理体制的建议

理顺行政管理体制是提高环境执法效能的关键。在美国、法国和北欧一些国家,环境保护部门实行垂直管理体制,将整个国家分成若干区域,区域环境部门有独立的执法队伍,不受当地政府管辖,可对各州市直接处罚,这样就避免了地方保护。我国的环境行政管理体制的改革也应以此为借鉴。主要包括如下几个方面:

第一,梳理环境管理权,实行集中管理。将分散于各个行政部门的环境管理权进行梳理,主要归入环境管理部门,使环境管理的权力向一个政府部门聚集,解决好职能归属问题,减少部门间的争权夺利,加强部门间的协作同时节约协调成本。

第二,改变地方环保部门的隶属关系,实行垂直管理。改变目前地方环保部门隶属于地方政府的局面,实行环境管理部门从中央到地方的垂直管理。减少地方政府对环境管理部门工作的干扰,防止地方保护主义。

第三,增强环境保护在经济社会发展中的宏观调控职能。包括建立健全生态环境的协调议事机制和程序,建立高规格的部际和府际协调机构。完善环境与发展综合决策机制,在建设项目审批方面要充分保障环保部门的参与。建立有效的考核监督机制,督促各职能部门和地方政府履行保护环境的职责。

第四,新体制要用法律来固定。制定高位阶的环境管理机构组织法;明确各级环境管理机构的职能,合理配置其职权职责;完善环境管理机构的运行程序,使其制度化、法律化;明确各级地方环境管理机构运行的经费来源;健全环境管理机构的责任追究制度。

第五,具体的制度安排包括:①体制设置上每一级的环保部门设立一个社会联络部门,作为与社会力量进行联系的常设机构;②在处理上下级环保部门关系上建立"代为执行制度",参照美国的"联邦代为执行期"制度;③在每一级的环保部门都设立一个环境咨询机构,在日常工作中遇到疑难问题或重要事件时积极听取专家、学者甚至普通公众意见,以增强管理水平;

④通过国家财政拨款、强制性征收环境税费等途径筹集资金设立国家环境基金,实现中央转移支付。这有助于环境收益在不同地区和人群间的公平分配,实现环境污染压力与环境投入的协调和匹配;⑤建立地区间的交流合作机制。交流合作机制的建立可以使区域之间加强技术交流与合作,提高各自的环境管理水平,也可以为它们之间解决因为环境问题而产生的矛盾提供一个交流的平台和合作的空间。

4.区域环境管理体系的建立和完善

以上是从宏观视角探讨如何进行环境管理体制改革,具体到环境治理多中心合作模式的建立,还必须强调的一点就是建立和完善区域环境管理体系,这是与多中心合作模式所强调的客体确定性相一致的。

我国长期以来实行的是以行政区域为单位的环境管理体制,这种行政区域的划分主要是基于政治和经济上的考虑,对自然环境因素的考虑不多。但考察大气污染、水污染等环境问题我们会发现,环境问题的发生并不以现有的行政区划为界限,尤其在经济一体化高度发展的今天,人类的经济活动所导致的日益严重的环境问题的外溢化和无界化愈益突出,早已超出了基于行政区划的地方政府的控制范围。我国这种以行政区划为单位的环境管理体制虽然从历史上看对环境保护发挥了一定的作用,但对于解决今天的环境问题却力不从心,导致环境管理工作没有取得应有的效果,环境问题从整体上看加剧了。环境管理必须遵循自然规律,鉴于环境问题早已跨越行政界限,环境管理也应突破行政界限,构建起以解决环境问题为导向的区域环境管理体系。

(1)区域环境管理体系的设计思路

区域环境管理的一般过程包括五个方面:环境问题的辨识、环境责任的分配、环境法律法规政策的制定、环境法律法规政策的贯彻执行和环境法律法规政策执行的监督反馈。与此相适应,区域环境管理体系的设计要围绕环境管理的一般过程:

第一,关于区域环境管理的主体。区域环境管理应以政府管理为主,辅之以公众参与。西方发达国家的经验表明强有力的政府管制是环境管理高效的基础,而环境问题的广泛性和复杂性又要求公众的有效参与。政府与公众相结合共同作为管理主体这是区域环境管理成功的关键。政府体系内部包括中央、区域和地方三个层面,其中中央政府发挥体制内的宏观调控和对地方政府的争端进行协调裁判的作用,以保证国家环境目标的实现;地方政府在各自的管辖范围内管理地方环境事务;区域环境保护督察机构作为中央环保机关的派出机构对本区域内地方政府的环境管理行为进行监督、检查,对区域内的环境问题的解决提出建议和方案。而公众作为与政府相对应的管理主体,其在区域环境管理中发挥的作用绝不是与政府对立的,二者有各自的优势领域、各自的作用空间。

第二,关于区域环境问题的正确辨识。对环境问题进行正确的辨识是环境管理得以良性开展的前提,区域环境管理也不例外。区域环境问题的辨识涉及到辨识的主体、依据、过程和方法等。辨识的主体即区域环境管理的主体,尤其要发挥具有公正和效率双重优势的区域环境保护督察中心和对环境问题有更切身体会的区域内公众的作用;辨识除了依靠直观体验,应最大限度地寻找科学依据;辨识的过程应围绕可能发生什么、为什么发生和如何发生等问题展开,辨识的结果要作为进一步分析的基础;环境问题辨识的方法包括德尔菲法、头脑风暴法、情景分析法、基于经验和记录的判断、系统分析法、自由讨论法等。

第三,关于区域环境管理法律法规政策的科学制定。区域环境管理法律法规政策的制定权仍在中央国家机关,这是其发挥的一种宏观调控作用;区域环境保护督察机构和地方政府对法律法规政策的制定提出建议;公众也应该积极地参与到制定过程中来。在此基础上,区域环境法律法规政策的目标必须科学合理,这就要求各主体要结合区域的实际情况考虑区域的社会经济发展背景,循序渐进,制定可行的环境保护目标。同时,区域环境法律法规的科学制定要有一个协调机制,尤其是由区域内各地方政府部门的相关领导组成的协调机制。此外我们还应看到,区域环境问题是复杂多变的,所以必须对已制定的区域环境法律法规政策不断进行动态评价,以适应不断变化的新形势。

第四，关于区域环境法律法规政策的贯彻执行。我国现阶段环境法律法规政策的执行存在的问题概括来说就是环境执法能力偏软、地方保护主义严重。中央环保机关无论从成本还是效果来看都不可能对地方环境事务进行直接的管理，而地方的环境保护机构在地方政府的干预下很多时候是执法不严、违法不究。如何才能解决这一问题呢？区域环境管理督察机构的设立提供了一个有效途径。为此我们必须首先组建一支高素质的区域环境管理督察队伍，做到既能运用科学手段进行环境管理，又能杜绝滥用职权、以权谋私的行为。此外，还要拓展环境法律法规政策的实施手段，尤其要注意运用有效的市场手段来鼓励公众和企业自觉遵守和维护相关的法律法规和政策，以提高执法效率。

第五，关于区域环境法律法规政策执行的监督反馈。对管理效果的监督既是整个管理流程中的终点也是起点，是其他各环节切实有效运行的基础。[①] 为此必须针对区域环境法律法规政策的执行建立有效的、多元化的、全方位的监督机制。其中既包括上级政府对下级政府、上级环保部门对下级环保部门的监督，也包括中央环保机关对其派出的区域环境督察机构、区域环境督察机构对地方政府环境管理工作的监督，还包括国家立法机关、司法机关以及社会公众对整个环境管理工作的监督。有了这种有效的、多元化的、全方位的监督机制，区域环境管理工作会获得更多的压力和动力。

（2）区域环境管理的完善

以上我们探讨了我国区域环境管理体系的设计思路，但只作到上述这些是不够的，还应该从以下几方面进行完善。

1. 完善区域环境管理的法律法规体系

要以法律形式确认各级各类环境管理机构的管辖分工、职权范围和活动规范，尤其要以法律形式明确区域环境保护督察机构与国家环保总局和各职能司局办和各省级环保部门的关系，进一步明确区域环境保护督察机

---

① 胡涛、张凌云：《我国城市环境管理体制问题分析及对策研究》，《环境科学研究》2006 年第 S1 期，第 31 页。

构的执法权,以使其工作能合法有效地开展。

目前我国关于区域环境管理方面的立法包括自然资源归属、环境污染预防、环境资源利用规划、环境影响评价以及跨区域环境纠纷管辖及解决等内容,也体现了预防、管理、监督、救济的法律控制思维,但却散见于不同的环境法律法规之中,且在具体控制制度方面存在诸多缺陷,导致实施效果欠佳。有鉴于此,我国应在明确区域环境管理立法的基本原则的基础上,加强独立的区域环境法律法规体系建设,同时健全相关的具体控制制度,改变目前这种实体法与程序法不配套、权利与义务不一致的局面。

此外,我们还应加快环境公益诉讼、失职责任追究等新型法律制度建设,调动公民维护自身及国家环境权益的积极性,以司法审判手段完善国家环境管理。① 这部分将在后文加以论述。

2. 建立地方政府间的交流合作机制

正如有学者所说的:跨边界区域环境保护工作的最大难题在于解决各行政区之间的冲突和争议,正确合理地处理环境冲突与争议是解决跨边界区域环境保护问题的一个突破口。② 要解决这种地方政府之间的冲突和争议,除了依靠区域环境管理体系内的上级政府部门和区域环境保护督察机构,还有一个有效途径就是建立和依靠地方政府间的交流合作机制。这一机制的良性运作可以使区域内的地方政府之间加强技术交流与合作,提高各自的环境管理水平,更可以为地方政府之间解决因为环境问题而产生的矛盾提供一个交流的平台和合作的空间,共同完成环境管理工作,解决本区域内的环境问题。

3. 发挥社会力量在区域环境管理中的作用

我国的经济改革正向纵深推进,作为经济改革所引发的产物,社会的界限越来越清晰,社会主体的力量正呈现出逐渐壮大的趋势。这就要求我们在构建中国的区域环境管理体系时必须保证社会主体的参与,如果忽视了

① 马燕:《我国跨行政区环境管理立法研究》,《法学杂志》2005年第5期,第87页。
② 郭荣星、郭立卿:《关于跨边界区域环境管理的若干问题》,《科技导报》2000年第6期,第51页。

这一力量,将是环境管理资源的一种巨大浪费,最终必将导致区域环境管理无法取得实效。要促进社会主体对区域环境保护的参与,必须做到如下几点:第一,加强环境教育和主体意识教育,保护社会主体尤其是公众的参与热情,客观分析公众不愿、不想参与的原因,有针对性地完善参与制度本身的缺陷和不足,以增强其吸引力;第二,建立和完善信息公开制度,保障社会主体的环境知情权;第三,为环境 NGOs 提供更大的发展空间,发挥环境 NGOs 在社会主体参与区域环境保护中的作用。

四、其他主体参与环境治理制度实施的角色和能力的扩展

法国著名政治学家迪韦尔热曾就民主社会的立法限度分析到:"所谓的政治就是权威地分配价值⋯⋯任何要求都会削弱制度。如果要求过多,就会造成数量上的超额负担,就像一个塔台不能调度太多的飞机同时起飞一样,议会不能一下子审议所有的法律草案,政府不可能满足所有的权利要求。如果要求过于复杂,就会造成质量上的额外负担。"[①]面对复杂的环境问题,无论多么及时的回应性作为,都会显得大大滞后于实际的需要。事实上,复杂性本身和复杂性因素所带来的不确定性,已经使得政府陷入回应性能力困境,而回应力的非均衡加剧了社会的危机。所以,如果政府耽于回应性的角色塑造上,只能在环境风险和危机面前陷入被动、尴尬的境地。摆脱回应性能力的困境,应该重新审视环境治理单中心模式的局限性,在提高政府回应力的同时,积极进行其他主体参与环境治理的能力建设。

现行环境执法模式下,环境行政管理机关与其他主体包括市场主体和社会力量的关系是管理与被管理的关系,在这种关系中,环境行政管理机关主要对其他主体发挥命令—控制作用,其他主体对环境行政管理机关主要是服从和执行命令。而在新的合作式环境治理制度实施模式下,环境行政管理机关对其他主体的作用除了命令—控制,还有引导和服务。即引导其他主体做出有利于环境的行为、为他们做出更多的有利于环境的行为提供

---

① 孔繁斌:《公共性的再生产》,江苏人民出版社 2008 年版,第 236—237 页。

服务,同时接受其他主体对环境执法行为的监督和参与。

在这方面,美国的"合作伙伴关系"值得我们借鉴。在这一关系下,美国环保局与合作伙伴一起,运用四种手段,以最大限度地遵守法律法规:①守法援助:通过提供培训、研讨会、实地访问、电话联系,环保局将继续协助社区遵守环保法律法规。他们的14个守法援助中心直接给需求者提供援助,提供污染防治的信息。他们也将通过访问他们的网站、免费出版物、并通过行业协会和其他团体提供援助。国家环境守法援助中心为联邦政府、州政府、部落、地方政府、学术界、行业协会和其他组织提供一个论坛,分享有关诸如最佳经验做法、新的守法援助内容和绩效测定的信息。作为守法援助的一部分,他们也鼓励建立伙伴关系进行环境管理,旨在减少或消除污染;②守法奖励:给主动解决环境问题的社区提供奖励,促进培养环境管理的意识。环保局提供多种奖励措施,鼓励公共和私人机构,评估其是否符合环保要求,主动披露问题,及时纠正并防止再发生;③守法监督和执行:联邦环保法规建立了一个全国统一遵守的基线水平。已授权各州和部落对特殊项目设定更严格的标准并进行实施。在国家一级,环保局将利用战略目标进行监督和执法活动的检查、评估、民事和刑事调查、行政诉讼、民事和刑事司法执行。找出最严重的违犯者并要求他们尽快改正,可以避免重大风险,减轻对人体健康和环境的危害;④与工业界合作设计制造防治污染的工艺和产品,与各州、部落及各级政府合作寻找创新的具有成本效益的防治污染的方式,他们策略的一个关键是提供污染防治的国家资助计划。每年环保局提供大约500万美元作为技术援助、信息交流和推广所用。

借鉴美国的"合作伙伴关系",我们的主要做法包括:

1.扩展社会力量参与执法的角色和能力

(1)提升社会公众的参与意识

《环境保护部宣传教育司2013全国公众生态文明意识调查研究报告》显示:尽管我国公众对国家建设"美丽中国"的战略目标高度认同,环境意识在不断提升,但公众的生态文明意识还是呈现出"高认同、低认知、行为表现不够"的特点。保护生态环境的行为以律己为主,缺乏影响他人、监督他人的意识;且大多与自身利益相关,出于树立良好个人形象、降低生活开支和自身健康的考虑;公众的生态文明意识在知、行上存在不一致。"知晓者"未必是"认同者",而"认同者"也未必是"践行者"。这是由于长期以来"大政府、小社会"的体制模式,公民缺乏在环保领域进行组织化、公益行动和环境维权的积极意愿和能力,缺乏在具体生活利益之外对环保"公共性"的本体价值的认知与持守。生态文明意识地区发展也不平衡,东部地区不论从知晓度、践行度要比中西部高,而认同度反倒不如中西部。此外,年龄、文化程度、职业、城乡等都是影响生态文明意识的重要因素。①

第一,加强环境教育、法制教育和主体意识教育。环境教育对提高环境意识具有重要意义,必须加强对公众的环境教育,让他们掌握足够的环境知识、树立正确的环境观,对当前危及全球的环境问题有一个正确的认识,提高对环境问题的关注程度;为了增强公众的环境法律意识,应该进行环境法制教育,让公众了解环境法和相关的法律规定,了解依法享有的权利,在知法懂法的基础上将法律内化到具体的行为当中去;要积极吸收公众参与立法过程,增强公众对法律的认同;要充分发挥司法机关在环境保护中的作用,使公众在环境权益遭到侵犯时养成积极求助司法机关和诉诸于法律的习惯和意识;我国传统文化中的一些消极因素如君权神授、官贵民贱等思想至今仍深刻地影响着公众的观念和行为、抑制着公众主体意识的形成。所以应该从观念教育入手,使公众摒弃附庸意识和恩赐意识,号召公众不要独善其身,而要兼善天下,培养公众的主体意识、责任意识和社会正义感,树立权利观念。

第二,要客观分析公众不愿、不想参与的原因,有针对性地完善公众参与制度本身的缺陷和不足,以增强其吸引力。比如要在相关的法律规定中对公众参与做出具体的、可操作的程序性规定,使公众参与有法可循,从而做到切实有效地参与。此外,面对我国公众参与意识差的现状,应该完善和

———————————

① 环境保护部宣传教育司:《2013 全国公众生态文明意识调查研究报告》,中国环境出版社 2015年版,第68—71页。

创新公众参与的激励制度,即解决好公众参与的动力机制问题,从而更好地促进公众参与。诸如此类的手段,其目的都是为了完善公众参与制度本身的缺陷和不足,以增强对公众的吸引力。

第三,保护公众的参与热情,积极引导公众由非理性参与到理性参与。所谓理性参与是指公众对相关环境问题有科学客观的认识,对相关法律法规有全面的了解,能够依法有效地参与。非理性参与则是不具备上述这些科学客观的认识,仅仅出于对环境问题的关注而参与其中。比如在许多听证会上许多代表的发言感性成分大,理性成分少,虽然争论很激烈,但没有拿出充足的事实和数据,不太符合听证会的宗旨、达不到参与的目的。理性参与是我们所倡导的参与,但对于非理性参与,我们也不能完全否定,应该科学对待、合理指导,在保护公众参与热情的基础上,力争把这种非理性的参与转变为对环境有益的理性参与上来。

(2)为环境 NGOs 的形成和发展提供支持

环境 NGOs 既是一种独立的社会力量,又是公众的重要依托,西方发达国家的实践证明环境 NGOs 是改善环境的强大工具。作为推动环境发展的有利因素,其形成和发展应该得到政府的鼓励和支持。但是中国目前的法律框架为环境 NGOs 的成长和维系设置了一些障碍,扫除这些障碍对环境 NGOs 作用的发挥以至整个社会力量作用的发挥至关重要。当前我国环境 NGOs 所面临的问题如图 7.1 所示:

从图 7.1 可以看出我国环境 NGOs 所面临的问题中排在前三位的分别是缺乏政策支持、资金不足和缺少专业人才。

从政策支持看,首先,我国现行的民间组织登记制度制约了发展,由于找不到合适的主管单位,很多基层草根组织多年来一直难以取得合法身份,一些组织不得不转而向工商部门注册,这种迂回方式增加了环境 NGOs 的运作成本,也影响了该组织以民间组织的身份从事相关工作,使得筹集资金、项目合作、吸引人才、开展国际合作等方面的工作都受到了影响;第二,环境 NGOs 从政府部门获得的信息量不够,由于一些政府部门环境 NGOs 了解不够,实质性接触少,所以对其作用和能力心存疑虑,因此一些部门对于

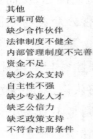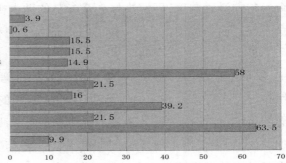

其他　　　　　　3.9
无事可做　　　　0.6
缺少合作伙伴　　15.5
法律制度不健全　15.5
内部管理制度不完善　14.9
资金不足　　　　58
缺少公众支持　　21.5
自主性不强　　　16
缺少专业人才　　39.2
缺乏公信力　　　21.5
缺乏政策支持　　63.5
不符合注册条件　9.9

图 7.1　我国环境 NGOs 面临的问题

（数据来源：《2008 中国环保民间组织发展状况报告》）

发挥环境 NGOs 的作用态度不够积极，向环境 NGOs 传递信息不够主动；第三，政府对引导环境 NGOs 发展的研究还不够，在调动这支力量参与经济社会发展进程方面，政府部门还缺乏明确的指导方针和相应的鼓励政策。

从资金来看，环境 NGOs 筹款能力弱，主要有几方面原因：首先，身份受限导致筹款难度大。很多环境 NGOs 因为社团登记门槛过高，只能在工商部门注册或不注册，失去了向社会筹款的资格；第二，资金来源不稳定。很多环境 NGOs 都是向国外基金会或国外组织分支机构申请项目资金，而这些资助的期限、额度、领域、区域等方面都有很大的不确定性；第三，社会公益捐助意识低。政府的慈善税收优惠与发达国家相比较低，企业的社会责任意识还不强、捐助公益事业的动力还不大，个人对公益事业的捐助意识还有待于大大提升。

从人员来看，人才十分短缺。主要原因首先是收入低，其次是公众认知不足，第三是福利不稳定，还有工作压力大、工作环境差，等等。

这三个问题其实是密切相关的。缺少政策支持导致资金不足；正因为缺少政策支持和资金不足，所以才吸引不来专业人才。所以首要的是解决政策和资金问题，对策主要包括：一、制定和完善与我国环境 NGOs 相关的法律、法规和政策，明确规定环境 NGOs 设立的条件、程序、监管、经费、税收、权利和义务等,特别是从制度上保持环境 NGOs 的独立性。政府可以依法监管环境 NGOs,但不准随意干涉其活动,当它们的权益受到损害时能依法获得救济。通过上述做法为环境 NGOs 的发展创造条件,提供一个完善的制度环境。二、建立多元化的经费筹集渠道,解决经费不足问题。要改变单一的资金筹集渠道,环境 NGOs 可以尝试提供有偿服务,例如提供咨询,与企业合作开发环保产品。同时,环境 NGOs 也可以通过努力吸收企业和一些基金会甚至个人更多的捐赠。目前,环境问题已经越过了国界,所以,我国的环境 NGOs 也可以加强与国际环境 NGOs 及一些国际基金会的合作,争取外援。为了帮助解决它们的资金问题,政府也需要在税收上出台配合措施,特别是制定一些捐赠减免税措施。当然,环境 NGOs 自身要完善内部资金管理体制,杜绝内部资金使用上的浪费、贪污腐败行为的出现。[①] 有了政府的政策支持、有了足够的经费,再加上政府的宣传引导,自然能够吸引有志于环境保护的人才参与进来。

(3)保障社会主体对环境信息的获取

环境信息的获取有助于提高社会主体的环境意识,使公众做出正确的环境行为。社会主体获取环境信息主要通过两个途径,一是各种新闻媒体,二是向相关的环境管理部门申请获取。所以,保障社会主体对环境信息的获取就是要保障这两条途径的畅通。针对第一条途径,就要求国家要保证新闻自由,使得各种媒体能够对各种破坏环境的信息进行自由发布。针对第二条途径,我国目前已经颁布了有关信息公开的规定,但还要进一步落实,具体的措施包括让更多的社会主体了解如何获取信息、对信息公开的例外情形进行明确规定、对信息获取纠纷设立透明、公正的解决机制。

(4)广泛建立和使用通告与评论程序

通告与评论程序指的是将环境管理机关的环境执法行为以通告的形式公布出来,同时让公众评论。参与的前提是知情,所以应该广泛建立和使用

---

① 石秀选、吴同:《论当前我国环境 NGO 存在的问题和完善的对策》,南方论刊 2009 年第 4 期,第 36 页。

通告与评论程序,让公众有更多的机会参与环境执法。通告与评论程序是将公众的意见纳入环境执行过程的一项有效措施,可以提高执法的质量和效果,有利于公众的监督。

2. 企业守法的改进

政府单中心模式的环境治理对企业管得过死,主要偏向于从消极的预防、治理污染和生态破坏的角度去规定行为人的义务,而不是从赋予个体种种权利以最大限度地利用环境资源获得经济利益与环境利益的角度去调动企业环境保护的能动性,严重限制了企业致力于有利于环境的技术进步和制度建设,激励功能不足。深入分析会发现,决定企业守法与否的因素主要包括以下几方面因素:①经济理性。企业作为理性人会权衡守法的成本和利益,如果遵守环境规则成本低于不遵守的成本,他们就会守法;②道德约束。尽管因违法而被发现的概率或成本都较低,但排污者常常还是会遵守规则。因为守法被认为是正确或有道德的。与此相反,不合理的规则更可能被污染者违反,守法的可能性也就更小;③守法能力。如果守法行为极为复杂或者污染者受罚的能力很低,污染者就不大可能守法。

所以企业守法的改进应该关照到这三个方面。主要措施包括:

(1)加强企业环境社会责任建设

企业环境责任的概念源于企业社会责任概念。企业社会责任是指企业在谋求股东利润最大化之外所负有的维护和增进社会利益的义务。相应的,企业环境责任就是指企业在生产经营过程中在谋求股东利润最大化之外还应当合理利用资源、采取措施防治污染,对社会履行保护环境的义务。

企业环境责任不仅关系到企业长远发展,也关系到社会的可持续发展。企业在从事生产经营活动时,时时要与生态环境发生联系。企业的社会责任促使它从人与自然和谐共处的社会需要出发,自觉减少污染物排放,保护生态环境。企业社会责任所导致的企业自律行为,无须外部力量的强制,企业出于社会利益考虑而产生一种自觉、主动的行为。它使企业的环保行为从"要我做"变为"我要做"。既可以大大降低政府干预中由于信息不对称而产生的"道德风险",又一定程度上减少了政府监测的成本,对推进可持续发展具有不可估量的作用。

目前,我国绝大多数企业环境社会责任意识较差,使得企业成为环境的主要污染者。从原因看,我国企业环境社会责任意识差主要是因为:①企业价值观建设滞后导致企业缺乏履行环境社会责任的内在动力;②相关法律制度缺失使得企业缺乏履行环境社会责任的外在动力;③政府部门执法不力助长企业逃避承担环境社会责任。

从这些原因入手,我们应该采取如下对策以加强企业的环境社会责任建设:①政府应该加大对企业环境责任的宣传,让全社会都来关注企业环境责任,营造良好的社会氛围,推动企业社会环境责任建设,从外部环境促使企业认识到:承担社会责任有利于企业发展,如若不然,就会给企业的长远发展带来负面影响;②建设激励机制,通过税收、财政等优惠政策引导企业进行环境社会责任建设;③加大执法力度,杜绝企业的侥幸心理。

(2)建立合作关系

第一,建立政府与企业的合作关系。现行环境执法模式下,政府与企业的关系是管理与被管理的关系,在这种关系中,政府对企业发挥命令—控制作用,企业对政府是服从和执行命令。而在新的执法模式下,政府对企业的作用除了命令—控制外,还有引导和服务。命令—控制针对企业基于经济理性而做出的污染环境的行为;引导指的是引导企业接受道德约束,自觉地做出有利于环境的行为;服务的目的是为了提高企业的守法能力,包括帮助企业进行技术改进、向企业提供环境信息等,还有重要的一点是支持环境产业的发展。此外,政府还要接受企业的参与和监督。

第二,建立社会力量与企业的合作关系。现行环境执法模式下,企业与社会之间缺乏沟通,公众对企业的影响力很小,相反却往往成为企业污染环境的受害者。而在新的环境执法模式下,企业和社会会进行更多的互动,社会力量将发挥更多的引导和监督作用。社会力量通过对环境友好产品的选择引导企业的行为,同时对企业破坏环境的行为进行监督。

(3)发挥行业管理部门的作用

行业管理部门对企业的指导和管理作用不容忽视。环境管理部门应建立与行业管理部门的合作伙伴关系,提高执法效果。

第三节 建立多元的环境冲突解决机制

环境冲突解决机制对于多中心合作环境治理模式的构建具有重要的意义。这种控制机制要易于运用,且低成本。环境冲突解决机制包括正式途径和非正式途径,前者包括环境司法、环境行政复议、环境仲裁;非正式途径是指环境纠纷的民间协调、解决方式等。其中最基础和最重要的冲突解决机制是正式途径。因此,作者将详细论述环境冲突解决中的环境司法和环境行政复议两种正式途径。

环境冲突纠纷的有效解决具有三方面意义。

一是保证环境治理体系的有效运行。从环境治理的整个链条来看,环境法律制度的有效实施和实施效果必须得到公开公正的司法环节的保障。

二是环境冲突的解决必然成为多中心合作环境治理的重要环节。在主体多元化、权利多向度的情况下,各权利主体间的矛盾和冲突必然加剧,而从某种意义上说,这种矛盾和冲突也必然是多中心合作治理的一种表象。

三是有效的环境冲突解决机制是形成良好的多中心合作治理状态的重要保障。环境冲突的有效解决意味着良好的治理状态的形成。

因此,环境冲突解决机制是多中心合作治理模式的重要支持系统和保障平台。

一、政府单中心模式下的环境冲突解决机制

传统的环境冲突从其直接对象来看主要有以下三种类型:针对环境客体的环境冲突、针对环境行政执法行为的冲突和针对抽象环境行政行为的冲突。

所谓针对环境客体的环境冲突指的是平等主体的当事人之间就具体的环境客体所产生的纠纷。对于这类环境纠纷,我国目前的处理方式包括行政裁决和民事诉讼。其中以行政裁决为主,民事诉讼只占了一小部分。行

政裁决方式的提起主体是纠纷当事人,而处理主体则是行政机关。民事诉讼的提起主体也是纠纷当事人,处理主体是人民法院。

针对环境行政执法行为的冲突指的是环境执法的相对人对环境行政机关的具体环境执法行为不服所产生的纠纷。针对这类纠纷我国目前主要有两种处理方式,即行政复议和行政诉讼。环境行政复议指的是具体环境执法行为的相对人对行政执法机关的行为不服,向其上级机关申请复议。所以其提起主体是行政执法相对人,而处理主体则是行政执法机关的上级行政机关。环境行政诉讼指的是环境行政执法相对人对行政机关的具体执法行为不服,向人民法院提起的以该行政机关为被告的诉讼。即其提起主体时行政执法相对人,处理主体是人民法院。

抽象环境行政行为指的是行政机关发布具有普遍性的环境行为规范的行为,包括制定环境行政法规、规章和其他具有普遍约束力的环境方面的决定、命令的行为。针对抽象环境行政行为的纠纷如何处理目前我国法律的规定还很不完善。首先,我国对抽象行政行为的监督主要是权力机关的监督和上级行政机关的监督,但是,法律对权力机关的监督只作了原则性规定,没有对具体的操作规范作出任何规定,公民、法人或者其他组织应通过何种程序提出以及向哪个机关提出,都无行为准则,而且对于处理的时限也没有明确的规定,因此这种方法显然不具有可操作性;上级行政机关对下级行政机关的监督是行政机关之间或行政机关内部的监督,由于缺少有效的组织保障、程序规则与责任机制,无法顺利进行,造成备案只备不查,法规只定不清的局面,使监督流于形式。其次,我国的行政诉讼法将抽象行政行为排除在受案范围之外,司法机关无权监督。

可见,我国现行的环境冲突解决存在两方面问题,一是冲突处理手段不完善,比如诉讼方式运用不充分、权力机关的监督不完善;二是针对具体的冲突处理方式,提起主体和处理主体都不充分。归根结底,现行环境冲突存在的问题还是政府单中心的固有缺陷导致的,所以问题的解决之道还在于多中心合作模式的建立。

表7.1　政府单中心模式下的环境冲突解决方式

冲突类型	冲突解决方式	处理主体	提起主体
针对环境客体的环境	行政裁决	行政机关	纠纷当事人
冲突	民事诉讼	人民法院	纠纷当事人
针对环境行政执法	行政复议	上级行政机关	行政执法相对人
行为的冲突	行政诉讼	人民法院	行政执法相对人
针对抽象环境行政	权力机关的监督	权力机关	权力机关
行为的冲突	上级行政机关的监督	上级行政机关	上级行政机关

二、建立多元环境冲突解决机制的关键因素

按照环境治理多中心合作模式的框架设计,环境纠纷处理体系主要应该解决如下问题:纠纷处理方式的选择、主体的确定、客体边界的确定和客体信息的提供。其中客体的边界和客体的信息是环境纠纷的基础信息,根据这些信息可以确定纠纷的处理方式有哪些,然后纠纷的提起主体通过选择具体的纠纷处理方式,可以确定纠纷的处理主体。针对我国环境纠纷处理体系的现状,建立多中心合作模式的关键因素是主体的扩展问题,包括处理主体的扩展和提起主体的扩展两个方面。

1.处理主体的扩展

处理主体的扩展意味着纠纷处理方式的扩展,首先体现在针对抽象环境行政行为的纠纷上,将在后文论述。除此以外,针对环境客体的环境纠纷的处理主体也需要扩展。即应该将环境NGOs、包括社区、农村村民自治组织在内的微观自治组织等社会力量纳入进来,这也意味着社区规则、乡民规约等非正式规则作用的发挥。当然,这些非正式规则发挥作用的空间并非无限制,也并非所有的非正式规则都可以适用,非正式规则必须不与法律法规相抵触、必须不违反公序良俗,导致环境纠纷的环境损害必须是有限的、在非正式规则可以调控的范围之内。非正式规则作用的发挥我们称之为非正式约束。

2.提起主体的扩展

提起主体的扩展是一个具有普遍性的问题,应该体现在各类纠纷的各

种处理方式上。目前各种纠纷处理方式的提起主体都仅限于直接利害关系人,如针对环境客体的环境纠纷中的纠纷当事人和针对环境行政执法行为的纠纷中的行政相对人,针对抽象环境行政行为的纠纷甚至没有规定具体的提起主体。上述主体往往存在力量薄弱、精力、财力和知识水平有限的问题,所以导致他们在纠纷中处于弱势地位,也直接导致了诉讼方式运用不足,法院的作用得不到发挥。所以笔者认为,提起主体除了直接的利害关系人以外,还应该扩展到检察院、环境 NGOs 等社会力量。具体如表 7.2 所示:

表7.2 多中心合作模式下的环境冲突解决方式

冲突类型	冲突解决方式	处理主体	提起主体
针对环境客体的	行政裁决	行政机关	纠纷当事人、环境 NGOs 等社会力量
环境冲突	民事诉讼	法院	纠纷当事人、环境 NGOs 等社会力量
非正式约束	环境 NGOs	社区等社会力量	纠纷当事人、社区、环境 NGOs 等社会力量
针对环境行政执法	行政复议	上级行政机关	行政相对人、环境 NGOs 等社会力量
行为的冲突	行政诉讼	人民法院	行政相对人、检察院、环境 NGOs 等社会力量
针对抽象环境行政	权力机关的监督	权力机关	权力机关、环境 NGOs 等社会力量
行为的冲突	上级行政机关的监督	上级行政机关	上级行政机关、环境 NGOs 等社会力量
	司法监督	法院	检察院、环境 NGOs 等社会力量

三、加强对抽象行政行为的监督

1. 对抽象环境行政行为进行监督的重要性

抽象环境行政行为指的是行政机关针对不特定多数人制定环境方面具有普遍约束力的行为规则的行为。包括制定环境行政法规、环境行政规章、环境行政措施、发布具有普遍约束力的环境方面的决定和命令,等等。在我国,抽象环境行政行为包括两类:一是由享有行政立法权的行政主体(如国务院、国务院各部委、省级人民政府、省会市及国务院批准的较大市的人民政府)制定环境行政法规、行政规章的行为,即环境行政立法行为;二是由各级人民政府依职权制定的除行政法规和规章以外的环境方面的决定、命令等的行为,即制定其他环境规范性文件行为。

我国目前的环境法律体系包括《环境保护法》、《环境影响评价法》等环境保护方面的法律9部,《可再生能源法》、《清洁生产促进法》、《循环经济促进法》等资源节约和保护方面的法律18部,环境和资源保护相关的行政法规50余件,军队环境保护法规和规章10余件,地方法规、部门规章和政府规章660余项,国家标准800多项,司法解释1件,缔结或参加国际环境与资源保护条约30多项、环境保护双边协定或谅解备忘录20多项。从中可以看出,行政法规、规章等在我国的环境法律体系中占了大部分,抽象行政行为在我国环境法律规范的制订中发挥着重要作用。

尽管我国的抽象环境行政行为具有如此重要的地位,但却不能排除抽象环境行为本身也存在很多问题。正如我们在前文分析过的,我国的环境法治是行政权力公民义务本位的,所以不可避免地抽象环境行政行为存在着利益部门化、部门利益法律化的倾向,还存在重复立法、越权立法等破坏法制同一性的现象。再加上环境立法本身具有很强的技术性,行政机关毕竟能力有限,在单中心模式下又缺少其他主体的参与,导致有些问题在立法时并没有认识到,要等实施一段时间以后才能发现,所以对其监督没有引起重视。

2. 现行监督存在的问题

(1)现有监督没有得到具体落实

我国现行立法确立了对抽象行政行为的监督方式,主要有两种:一、立法机关对抽象行政行为的监督。根据宪法、组织法的规定,全国人大常委会有权撤销国务院制定的同宪法、法律相抵触的行政法规、决定和命令;县以上地方各级人民代表大会常务委员会有权撤销本级人民政府的不适当的决定和命令。二、上级行政机关对抽象行政行为的监督。依照宪法和法律规定,行政机关上、下级之间是领导和被领导、监督与被监督的关系,上级行政机关享有对下级行政机关行政行为的监督权。国务院有权改变或者撤销各部委以及地方各级人民政府不适当的命令、指示和决定、规章;县以上地方各级人民政府有权改变或者撤销所属各工作部门的不适当的命令、指示和下级人民政府的不适当的决定、命令。

但是,这些监督方式并没有得到有效的落实。首先,立法机关监督缺乏具体的程序规定。尽管根据宪法、组织法的规定全国人大及其常委会有权撤销国务院制定的同宪法、法律相抵触的行政法规、决定和命令;县级以上地方各级人大及其常委会有权撤销本级人民政府不适当的决定和命令。然而我国法律并没有进一步规定具体监督程序,如立法机关如何启动监督机制、哪一个部门具体负责监督等没有具体规定,导致在实践中虽然有一些行政法规、规章等规定存在问题,但是立法机关却很难真正对其进行撤销,使得这一监督机制形同虚设。第二,行政机关的监督也同样缺乏必要的程序和方式。依据宪法和有关组织法的规定国务院有权改变或撤销国务院各部委发布的不适当的命令、指示和规章以及地方各级国家行政机关的不适当的决定和命令;地方各级人民政府有权改变或撤销下级人民政府与上级人民政府不一致的命令、指示和决定。但以上监督方式存在以下弊端。首先,规定较为原则,对抽象行政行为监督并没有形成制度化,既没有规定行政机关如何启动监督程序,也没有规定行政机关监督不力应承担的后果等;其次,作为上级行政机关监督重要方式的行政复议,其受案范围并不包括行政法规和行政规章;此外,行政机关监督依靠行政机关系统内部自我纠错方式实现,对于行政机关制定的抽象行政行为是否合法、正当,上级监督机关判断的时候可能会基于人情、面子等因素考虑,往往不会否定下级机关的命令、决定等。上述几点都削弱了监督的有效性。

(2)司法监督缺乏

根据《行政诉讼法》的规定,人民法院只对具体行政行为的合法性进行审查,这就意味着对属于抽象行政行为的规范性文件排除在司法审查之外。该法还规定:人民法院不受理公民、法人或其他组织对行政法规、规章、具有普遍约束力的决定、命令提起的诉讼。这也就意味着原告既不得单独针对抽象行政行为提起诉讼,也不能在对具体行政行为司法审查时一并审查其行为依据——抽象行政行为。由此可见,我国的行政诉讼法是将抽象行政行为排除在司法审查之外的。

　　与此相反,近年来我国针对抽象环境行政行为被诉的案件越来越多。例如北京市私家车主刘工超状告北京市环保局、北京市交通局及北京市公安交通管理局关于尾气排放通告案。该案中,原告在自家轿车上安装了韩国生产的尾气净化器,尾气排放明显低于北京市的地方标准限值,达到北京市机动车年检执行的尾气监测标准,但不符合被告北京市环保局、北京市交通局及北京市公安交通管理局三家联合发布的《关于对具备治理条件情形小客车执行新的尾气排放标准的通告》中关于"化油器小客车必须安装电控补气和三元净化器,经验收达标区的绿色环保标志后方可获准年检"的要求。刘工超由于未安装该通告所指的尾气净化系统,其车当年未获准年检。刘经行政复议后向法院提起诉讼,请求法院确认前述通告有关内容违法。但就因为我国的法院对抽象行政行为没有审查权,所以这样的请求得不到法院的支持。

　　3. 加强对抽象行政行为的监督。

　　针对我国抽象环境行政行为的现状,按照多中心合作模式下环境治理的内在要求,笔者认为应从以下几方面加强对抽象环境行政行为的监督。

　　(1)现有监督要落实

　　首先,应该完善立法机关的监督。包括:设立专门的机构负责审查抽象行政行为。行政机关在作出一个抽象行政行为前,应将文件草案连同可行性报告一并报该专门机构审查;权力机关要对抽象环境行政行为在实践中的实施情况进行经常性的监督检查,一经发现违法,及时予以撤销;行政机关在作出抽象行政行为时要接受立法机关的质询,并在规定的时间内予以答复。

　　第二,对于上级行政机关的监督,要将这种监督制度法、法律化,明确上级行政机关不履行职责应承担的责任;制定具体的程序性规定,使监督有据可依,能真正得到落实;将行政复议的受案范围扩大到行政法规和行政规章。

　　(2)提起主体要扩展

所谓提起主体要扩展至的是当出现针对抽象环境行政行为的纠纷时,向立法机关、上级行政机关提请监督处理的主体要扩展。除行政复议的主体是行政管理相对人外,当前的法律对立法机关和上级行政机关的监督并没有规定明确的提起主体,只能推断是立法机关和上级行政机关依职权自行进行监督。但仅仅如此是不够的,应该将提起主体扩展到包括广大公众和环境NGOs在内的社会力量。这样既有利于发挥社会力量的监督作用,又可以避免立法机关和上级行政机关怠于行使职权。

(3)监督主体要扩展

监督主体的扩展意味着监督方式的扩展。本书认为抽象环境行政行为的监督主体应该扩展到司法机关,这就意味着针对抽象环境行政行为的纠纷可以用诉讼方式来解决。用诉讼方式监督抽象环境行政行为,充分发挥司法机关的作用对行政权力进行制衡,可以防止行政权的滥用,其结果更易为广大公众接受,有利于提高行政效率,进而提高整个环境治理的效率。同时还要看到,监督主体扩展到司法机关,同时也意味着检察院作用的发挥,既检察院和公众、环境NGOs等社会力量一起,承担提起主体的责任。

四、确立环境公益诉讼制度

之所以对环境公益诉讼制度单独论述是因为它是环境冲突解决的多中心合作模式的集中体现,同时,它又渗透在各种环境冲突的处理过程当中,无论从国外的实践看还是从我国的现实需要看,都具有重要的意义。

1. 关于环境公益诉讼的基本理论

(1)环境公益诉讼的内涵和特点

环境公益诉讼制度是指由于自然人、法人或者其他组织的违法行为或不作为,使环境公共利益受到侵害或即将遭受侵害时,其他的法人、自然人或者社会团体为维护公共利益而向人民法院提起诉讼的制度。由于环境公益诉讼并非基于传统的利害关系提起,它与传统的诉讼模式有着明显不同的特点,主要有以下几方面:第一,起诉主体不同。由于环境公益涉及的利益主体非常广泛,任何人都可能是环境的受益者,同时也可能是环境损害的受害者。而且任何人也很难是特定的受益者与受害者,按照传统的诉讼法律制度,任何人也就很难提起诉讼请求。因此,环境公益诉讼制度的设计,首先应该是放宽起诉资格,使起诉者不限于直接利害关系人,使具有潜在的利害关系人,可以就环境损害提起诉讼,从而维护环境公益;第二,诉讼目的不同。传统环境民事诉讼和环境行政诉讼,从本质上讲是为私益,尽管这种对私益的保护也维护了法秩序,从客观上讲也有利于维护公益,但这不同于本文所论的公益诉讼。环境公益诉讼的目的是为保护环境公益,这里对环境公益应作广义的理解,包括"保护和改善环境,合理利用自然资源,防治环境污染和其他公害;第三,请求救济的内容不同。传统诉讼中,对于损害的救济,只能是现实的、已经发生的损坏,如我国《环境保护法》第四十一条的规定只限于"造成环境污染危害的,有责任排除危害,并对直接受到损害的单位或者个人赔偿损失"。但由于环境问题的不可逆转性,要求环境公益诉讼必须能体现预防为主的原则,对于潜在的可能造成环境损害的环境行政行为(如环境决策、开发计划等抽象环境行政行为)和环境民事行为可以提起禁止诉讼;第四,受益主体的不确定性。由于环境公益诉讼的原告并非基于传统的利害关系人提起诉讼,最终的诉讼结果也并非仅惠及于本人(当然原告本人也是受益者之一),环境公益诉讼的诉讼主体和利益对象具有不确定性。这就可能产生诉讼中的"搭便车"行为,个人提起环境公益诉讼付出精力、金钱,甚至还要承担可能败诉之风险,一旦赢得诉讼,本人又非受益主体,个人可能就会缺乏提起环境公益诉讼的动力,如果大家都不愿提起环境公益诉讼,那么环境公益又如何维护呢? 因此有必要及鼓励提起环境公益诉讼的制度,如规定诉讼费用的合理分担等。

(2)环境公益诉讼的类型

按照不同的标准环境公益诉讼可以分为不同的类型。

按照诉讼提起人的不同,环境公益诉讼可以分为检察机关提起的公益诉讼、环境 NGOs 等非赢利组织提起的公益诉讼和公众个人提起的公益诉讼。

按照被诉人的不同,环境公益诉讼可分为环境民事公益诉讼和环境行政公益诉讼。环境民事公益诉讼是针对污染者提起的公益诉讼,在这类诉讼中,提起诉讼的公众或其他社会力量与政府之间是合作的关系,是借两者的合力迫使污染者遵守法律;而在环境行政公益诉讼中,提起诉讼的公众等社会力量与政府是监督与被监督的关系,尽管从单一的诉讼范围内看二者是对立的关系,但对于整个环境法治来说,这种监督与被监督本身还是一种合作关系。

(3)国外的相关理论和实践

20世纪以来出现了有别于解决"一对一"纠纷的传统诉讼的"现代型诉讼",包括环境权诉讼、消费者诉讼、社会福利关系诉讼等。现代型诉讼所解决的纠纷往往是围绕着扩散型、集团型利益的纷争,或是当事人之间缺乏相互性和对等性的纠纷,当这类纷争进入诉讼领域时,就会表现出极其强烈的公益性色彩。[1]

关于环境公益诉讼的理论依据各国基本都采用了环境权理论,但除此之外,还有不同的提法。美国环境公民诉讼制度的理论基础主要包括环境权理论、私人检察总长理论和私人实施法律理论。私人检察总长理论的核心在于针对行政不法行为,法律授权检察总长、公民、组织为维护公共利益提起诉讼。该理论的实质就在于私人基于公共利益的维护而享有法律授权的类似于检察总长享有的起诉资格。而依据私人实施法律理论,提起环境公民诉讼并非是公民原告的最终目的,环境公民诉讼只是美国民众实现环境保护、保障环境法律实施的一个重要途径。而日本,环境公益诉讼除了依据环境权理论,还在20世纪70年代提出了"环境共同利用权"的概念。环境共同利用权是众多居民以可以共存的内容和方法共同利用特定环境的权利,是保障作为基本人权的环境权的法律手段。

正是在这些理论的基础上,环境公益诉讼在美、日等发达国家蓬勃地发展起来,不仅如此,一些发展中国家也开始了环境公益诉讼的实践。以印度

---

[1] 陈刚、林剑锋:《论现代型诉讼对传统民事诉讼理论的冲击》,《云南法学》2000年第4期,第59—64页。

为例,印度法院在公益诉讼领域有很大的突破,法院成为保护公共利益的司法能动主义者。具体到环境保护方面,20 世纪 80 年代印度环境公益诉讼的领域主要是在大气、水、矿山和森林的保护中。20 世纪 90 年代公益诉讼则涉及到废弃物管理、生物多样性的保护、获取环境信息和地下水管理等,范围进一步扩大。

2. 我国的环境公益诉讼现状

环境公益诉讼制度最早是以介绍美国环境保护法律制度的方式进入中国的,经历了一个从理论到实践的过程。

(1)我国环境公益诉讼的立法实践

2002 年颁布的《环境影响评价法》被认为是中国明确环境公益的最早立法。该法第 11 条规定:"专项规划的编制机关对可能造成不良环境影响并直接涉及公众环境权益的规划,应当在该规划草案报送审批前,举行论证会、听证会,或者采取其他形式,征求有关单位、专家和公众对环影响报告书草案的意见。"这一规定按照"有权利必有救济"的法律理念,环境公益当然应该得到保护,保护这一利益的诉讼机制应该包括环境公益诉讼。

2005 年 12 月 3 日,国务院发布了《关于落实科学发展观加强环境保护的决定》。该决定要求"研究建立环境民事和行政公诉制度",明确提出:"发挥社会团体的作用,鼓励检举和揭发各种环境违法行为,推动环境公益诉讼。"这是我国行政法规中首次明确环境公益诉讼的概念。

2005 年,原国家环保总局在起草有关环保工作决定过程中,曾专门征求最高人民检察院的意见。最高人民检察院 2005 年 8 月 5 日回复指出:"近年来,环境污染致害事件呈明显上升趋势。由于缺乏相应的诉讼救济机制,因行政机关明显违法行政、滥用许可权造成公害事件的情形,无法通过诉讼途径解决,因此,建立环境民事、行政公诉制度是必要而可行的。"该回复就建立环境公诉制度建议:"通过修改、完善相关法律,国家建立环境民事、行政公诉制度,明确民政公诉的相应程序。"这是国家司法机关首次明确在我国建立环境公益诉讼的态度,并提出相关建议。

2005 年 3 月,在全国政协十届三次会议上,梁从诫、赵忠祥、敬一丹、宋祖英等 28 名全国政协委员联合提交了《关于尽快建立健全环保公益诉讼法的提案》，"我们迫切地呼吁尽快着手建立环境民事公益诉讼制度，以便更加有效地保障公众的环境权利，维护社会公共利益和国家利益。"该提案被列为当年第 223 号提案，并交"由全国人大常委会法工委会同环保总局研究办理"。

2006 年 3 月，在十届全国人大四次会议上，吕忠梅等 30 名全国人大代表提出了《关于建立环境公益诉讼制度的议案》，明确提出："我国应建立环境公益诉讼制度，以便更加有效地保障公众的环境权利，维护社会公共利益和国家利益，为构建人与自然和谐共生的社会环境提供制度保障。"并对环境公益诉讼的建提供了具体方案，提出在修改《民事诉讼法》、《行政诉讼法》的过程中建立中国公益诉讼制度的意见。该议案被全国人大列为当年第 691 号议案。2008 年 3 月，在十一届全国人大一次会上，全国人大代表王恩多提出了《建立公益诉讼制度，以更好维护国家、社会和特殊群体利益》的议案，呼吁公益诉讼应广泛应用于保护环境，维护包括消费者、女性、有色人种在内的弱势群体，以及其他社会共同利益；全国人大代表韩德云也建议我国应该建立"公益诉讼"制度，允许公民或团队提起"公益诉讼"。

2012 年 8 月 31 日由第十一届全国人大常委会第二十八次会议通过了《全国人民代表大会常务委员会关于修改〈中华人民共和国民事诉讼法〉的决定》，并自 2013 年 1 月 1 日起施行。新《民事诉讼法》第五十五条规定："对污染环境、侵害众多消费者合法权益等损害社会公共利益的行为，法律规定的机关和有关组织可以向人民法院提起诉讼。"这条规定被认为是新法为保护社会公共利益特别创立的一项新制度，即"民事公益诉讼制度"，将为各个地方已经在实践中进行试验的民事公益诉讼提供法律依据，因为其率先在程序法层面明确了包括环境公益诉讼与消费者公益诉讼在内的公益诉讼制度，填补了我国环境公益诉讼的立法空白。

2015 年 2 月 4 日施行的《最高人民法院关于适用〈中华人民共和国民事诉讼法〉的解释》则在新《民事诉讼法》的基础上对公益诉讼的法律适用进行了细化规定，特别是对环境公益诉讼的立案条件、管辖法院、调解、和解与撤诉等相关问题进行了规定。上述规定为环境公益诉讼提供了程序法上的法律依据,进一步强化了环境公益诉讼制度的操作性。

2014年4月24日,十二届全国人大常委会第八次会议审议通过了1989年《环境保护法》修订案,并于2015年1月1日起施行。此次《环境保护法》修改的一个亮点就是授予社会组织以环境公益诉讼权。第五十八条规定:"对污染环境、破坏生态,损害社会公共利益的行为,符合下列条件的社会组织可以向人民法院提起诉讼:(一)依法在设区的市级以上人民政府民政部门登记;(二)专门从事环境保护公益活动连续五年以上且无违法记录。符合前款规定的社会组织向人民法院提起诉讼,人民法院应当依法受理。提起诉讼的社会组织不得通过诉讼牟取经济利益。"这一规定为我国环境公益诉讼在实体法层面提供了明确的法律依据。第一,新《环境保护法》明确了环境公益诉讼的主体——社会组织,并从"质"和"量"两方面对社会组织进行了明确规范。在质的方面,要求社会组织具备依法在民政部门登记、专门从事环境保护公益活动、无违法记录等条件,确保享有诉权的是那些专业性强、社会公信力高的社会组织;在量的方面,根据新《环境保护法》生效后最高法出台的司法解释,我国目前符合条件的700余家社会组织都可以提起环境公益诉讼。其次,新《环境保护法》扩大了环境公益诉讼的范围。《民事诉讼法》仅仅规定对污染环境的行为可以提起公益诉讼,对于破坏生态环境的行为是否可以提起公益诉讼没有做出明确规定,而新《环境保护法》则将破坏生态环境的行为也纳入到环境公益诉讼的保护范围内,体现了环境公益诉讼救济范围的全面性。这意味着环保组织对污染企业提起公益诉讼"于法无据"的局面已经消失,有利于最大限度地保护公民的公共环境权益,推动环境公益诉讼制度在我国的全面建立。

2014年12月8日最高人民法院审判委员会第1631次会议通过了《最高人民法院关于审理环境民事公益诉讼案件适用法律若干问题的解释》并于2015年1月7日起施行。该《解释》进一步明确了环境民事公益诉讼程序、受理条件、原告资格、办理程序、赔偿责任方式等内容。

(2)我国环境公益诉讼的司法实践

立法实践令人鼓舞,但司法实践不容乐观。尽管我国的学术界和政府官员对于推进环境公共利益诉讼制度的现实迫切性已达成一定共识,但将环境公共利益诉讼从观念转化为行动、从理论转化为现实的路程还很遥远。

前文已经论述过,司法本是环境法治的一个重要环节。但在我国目前的情况下,环境纠纷的司法救济途径远未顺畅,司法对环境纠纷介入的深度与广度都有待于进一步提升。据统计,我国每年的环保纠纷案件有 10 多万件,但真正通过诉讼渠道解决的不足 1%。而各级人民法院受理的环境侵权案件更是屈指可数,受害人胜诉的案件就更少了。80% 以上的环境法律是由环境行政机关执行的,80% 以上的环境纠纷也是由环境行政机关处理的。司法机关作为重要的国家机关其在环境法治方面的作用远没有发挥出来,当然就更谈不上司法救济本身所具有的宣示、教育和引导作用了。

表 7.3 2007–2013 年各地法院受理的环境公益诉讼案件数量①

诉讼主体	2007	2008	2009	2010	2011	2012	2013
环保组织	0	0	2	1	4	3	2(9)
检察机关	0	5	4	4	3	6	1
职能部门	1	0	2	2	1	5	0
其他	0	5	8	7	8	1	1
合计	1	10	16	14	16	15	4

注:这里统计的数量包括环境民事公益诉讼和环境行政公益诉讼案件的数量。"其他"指公民个人或其他社会组织;( )表示已经提起,但未被受理的案件。

表 7.3 是 2007 年至 2013 年我国各地法院受理的环境公益诉讼案件数量。2007 年 11 月以来,贵阳、无锡和昆明等地,借成立专门审理案件的环法庭的机遇,提出以"先行先试"的方式来建立环境公益诉讼制度,规定各级检察机关、各级环保局等相关职能部门、环境保护社团组织等相关机构,

① 林燕梅、王晓曦:《2013 环境公益诉讼回到原点》,载《环境绿皮书:中国环境发展报告(2014)》,社会科学文献出版社 2014 年版,第 147 页。

可以作为环境公益诉讼的原告。5 年后,立法机关通过立法初步肯定了这一做法,解决了环境民事公益诉讼无法可依的瓶颈问题,十分鼓舞人心。特别是在付出努力之后,新《民事诉讼法》最终通过的有关公益诉讼主体资格的条文,把原来草案限定的主体资格由"法律规定的机关、有关社会团体"放宽为"法律规定的机关、有关组织",这表明了立法机关愿意向民间环保组织提起环境公益诉讼打开大门的立法意图。但现实情况却是:自该法生效以来,各地法院未受理一起由环保社团组织提起的环境民事公益诉讼,其中包括中华环保联合会提起的 7 起诉讼。法院要么以主体不适格为由驳回起诉或不予立案,要么干脆不接受诉讼材料,不予答复。根据公开媒体的报道,2013 年的环境民事公益诉讼实践可以用"停滞不前"来形容,法律的突破并没有为环境民事公益诉讼打开方便之门。

2014 年修订的新《环境保护法》赋予了社会组织以环境公益诉讼权,法学界曾期待环境民事公益诉讼出现"井喷"。但该法实施至今,环境公益诉讼并没有如预期般出现立法一旦彻底放开即可能引发公益诉讼井喷或司法资源浪费的后果。相反,环境公益诉讼在司法实践中频频遇冷,个别地区甚至出现了"零诉讼"的尴尬局面。原本被寄予厚望的环保组织除少数跃跃欲试,准备从事公益诉讼之外,大多数仍处于观望状态。符合诉讼主体要求的 700 多家社会组织仅提起 7 起环境公益诉讼。[①]

(3)现状分析

这种现象的出现正是我国环境治理政府单中心模式的必然结果。

首先,在单中心传统下,我国公众认为环境纠纷的解决是政府的责任,习惯于靠政府、依赖政府,产生了环境纠纷,如果后果不十分严重,当事人也不愿提起高成本、低效率、高难度的环境民事诉讼。尤其在缺乏环境保护的专业知识以及环境法律知识的情况下,自然更不愿通过司法途径解决纠纷因此公众个人提起环境公益诉讼的积极性当然不高。具体到环境公益诉

---

① 田荣娟、卢义杰、白皓:《环境公益诉讼"难度大":700 多组织仅 7 起起诉》,《新华网》2015 年 7 月 9 日,http://www.he.xinhuanet.com/gongyi/2015 - 07/09/c_1115873044_2.htm。

讼,形势就更不容乐观了。

第二,正如学者常纪文分析的,环保社会组织自身存在着先天和后天的不足。一方面,他们难以坚持原则和真正独立。因为环境民事公益诉讼必然涉及多方经济利益,一些企业、地方政府和行政部门可能成为"阻力源",而问题就在于,众多环保社会组织与这些"阻力源"均有着千丝万缕的关系,或依附,或合作。常纪文发现,"如果一些社会组织热衷于提起环境民事公益诉讼,其挂靠单位往往会感觉压力巨大"。另一方面,社会组织会受到经费不足的制约。"环境民事公益诉讼的每一步,都花费甚多,鉴定费少则 3 万—5 万元,多则 100 多万元。"常纪文认为,以河北省为例,3 家符合条件的环境保护公益组织的经费,前几年最多也就一年几万元,"这些环保社会组织的自身生存已难以为继,其提起公益诉讼便成为'无源之水,无本之末'"。①

第三,从法院方面看,法院与当地政府和企业关系也很微妙,很难保证完全的司法独立,再加上执行困难等因素,法院自然对环境公益诉讼积极性不高,所以实践中经常要么以主体不适格为由驳回起诉或不予立案,要么干脆不接受诉讼材料,不予回复。

3. 多中心合作模式下环境公益诉讼制度的建立

尽管环境公益诉讼在我国遭遇了困境,但不等于我们可以放弃这项制度。发达国家的经验表明,环境公益诉讼作为国际上一种相对成熟的诉讼制度,有利于打击环境违法行为,有利于保护公共环境利益,有利于强化环境执法,有利于发挥司法机关在环境治理中作用的发挥。所以本书将深入探讨如何在多中心合作模式下建立和完善我国的环境公益诉讼制度。

在多中心合作环境治理模式下,环境公益诉讼的地位是至关重要的。它不但有利于司法机关作用的发挥,而且其可以应用在所有用诉讼手段处理环境纠纷的场合。环境公益诉讼是环境治理多中心合作模式的保证和具

---

① 田荣娟、卢义杰、白皓:《环境公益诉讼"难度大":700 多组织仅 7 起起诉》,《新华网》2015 年 7 月 9 日,http://www.he.xinhuanet.com/gongyi/2015 - 07/09/c_1115873044_2.htm。

体体现。同时应该看到,环境公益诉讼在我国的实施也是有现实可能性的,实践中我国的一些地方如贵阳、昆明等地的环保部门、法院和检察院从落实科学发展观的实际需要出发,着眼于保护公众环境利益,针对突出的环境污染行为,在环境公益诉讼方面迈出了坚实步伐。

但是,有关环境公益诉讼还有一些理论问题需要澄清,尤其是在多中心合作的环境法治模式下,环境公益诉讼制度如何构建、怎样发挥作用,这还是需要深入研究的问题。本来在中国构建环境公益诉讼制度就是一个复杂的问题,既涉及到诉讼理论的变革与发展,又关乎司法资源的整合与配置,要在多中心的法治模式下构建环境公益诉讼制度就更不是一件容易的事,不能简单地将国外经验拿来就用,必须立足中国的国情,结合多种新模式环境法治的特点和要求,完成如下几个关键性的问题。

(1)原告资格的确定

新《环保法》第58条虽明确了哪些组织可以提起环境公益诉讼,但确立的范围太过于保守,对于《民诉法》第55条的"法律规定的其他机关"未做解释,使其仍然处于一种模糊的状态。检察机关、环保行政机关若提起环境公益诉讼,仍无明确的法律依据。环境公益诉讼目的的公益性,要求诉讼中的原告不能从公益诉讼中谋取利益,新《环保法》第58条也证实了这一点。但环境公益诉讼自身具有内容的专业性、诉讼成本的高昂性、原被告地位的不对等性的特征,这些特征迫切需要"有关机关"能以原告的身份参与到环境公益诉讼中去,使诉讼中的原被告双方处于相对平衡的状态。

确定原告主体资格的一般考量是诉讼经济和防止滥诉。但从我国环境诉讼的情况来看,确定环境公益诉讼的原告主体资格除了考虑诉讼经济外,还应该考虑有利于增加诉讼手段的应用,以让司法机关的作用得以发挥,为公众、环境NGOs等社会力量参与环境法治提供另一个平台。处于这两方面考虑,我们应该把环境公益诉讼的原告主体资格扩大到检察机关,扩大到环境NGOs等社会组织,扩大到普通公众,使任何人在可能的条件下都可以成为提起环境公益诉讼的主体,从而为多种新模式的环境法治提供司法保障。

首先包括检察机关。检察机关作为国家法律监督机关提起公益诉讼,能够使侵犯公共利益的违法行为处于严密的监督和有效的遏制之下,并保证起诉标准的统一公正,实现诉讼的效率。尤其是在环境行政公益诉讼中,面对力量强大的行政机关,公众等社会力量可能会产生畏难情绪,这时让检察机关作为原告提起公益诉讼无疑更有力。但检察机关在环境公益诉讼的司法救济中,主要其监督作用,因此只有在找不到其他权利主体,或其他权利主体没有能力提起诉讼,或提起诉讼难度过大时,检察机关可以以国库为财力保障,利用较强的侦察技术实力和素质较高的专职法律工作队伍代表国家提起环境公益诉讼,达到对行政权力制约的目的,弥补公众监督无力的不足,有利于依法行政目标的实现。

从我国司法实践来看,检察机关也确实在不断尝试扮演环境公益诉讼案件的原告资格这一角色。如四川省阆中市检察院起诉群发骨粉厂环境污染损害纠纷一案就是由检察院向人民法院提起诉讼,法院受理了该案并判决检察院胜诉。再从国外的司法实践来看,由检察机关提起环境公益诉讼已成为一种惯例。在法国,检察机关可用"代表社会"的名义,作为当事人参加各类公益诉讼。德国也确立了行政诉讼的公共利益代表人制度,检察官可以作为公共利益的代表人,代表联邦或地方独立提起环境公益诉讼或参加行政法院的环境行政诉讼。

环境NGOs当然可以作为原告提起诉讼。环境NGOs是以环境保护为主旨、不以营利为目的、不具有行政权力、并为社会提供环境公益性服务的民间组织。环境NGOs在保护生态环境免受人类经济活动破坏方面发挥着重要作用,其组织的宗旨和目标具有超脱性而成为最具权威的环境保护者身份。在环境纠纷的非正式解决方式中,环境NGOs提供咨询、进行调查、调解、和解、提供建议等;在环境纠纷行政解决中,环保组织不仅可以进行调查、提供咨询与建议,也可以根据有关法律法规直接检举、控告、上访,要求行政机关对有关纠纷进行解决;在环境纠纷诉讼解决中,环境NGOs可以进行支持诉讼、咨询、调查和提出建议等。环境NGOs的主要功能是对环境公益的维护,以及对政府活动的参与和监督,当环境公益受到侵害时,环境

NGOs 以其科技和法律上专业知识与实力强大的侵权人形成法律上的对抗和制衡。环境 NGOs 无论是在推动环境法的制定，还是参与环境执法，监督环境法的实施中都发挥着不可替代的作用。因此，在建立环境公益诉讼制度过程中，必须将环境 NGOs 的作用发挥出来，使之成为环境公益诉讼的主要主体。

中国的环境 NGOs 力量正在逐步壮大，其活动领域从早期的环境宣传及特定物种保护逐步发展到组织公众参与环保、为国家环保事业建言献策、开展社会监督、维护公众环境权益、推动可持续发展等诸多领域。所以我们有理由相信环境 NGOs 能够在环境公益诉讼中发挥重要的作用。而且这既是国际上通行的做法，也符合环境 NGOs 设立的宗旨。特别是当行政机关的职权行为或其他活动导致环境的污染与破坏时，或是当政府机关疏于监督污染企业或放纵污染企业时，公民个人无论是面对权力强大的政府机关，还是面对经济实力、环境资讯处于优势的污染企业时都显得弱不禁风和无能为力，此时由环保社团代表公民个人起诉，不失为一种良策。

最后，公众个人也可以提起环境公益诉讼。有学者认为公众个人不应该作为环境公益诉讼的原告，一是因为中国的公众意识还达不到这个高度，而且个人参加环境公益诉讼从人力和财力上难度都太大，而是因为担心滥诉。本书不同意这种观点，因为能力与资格的获取是两码事，越是能力不够，越是应该有更多的机会在实践中锻炼。公众不仅可以作为环境公益诉讼的原告，而且其资格不应以受到直接的环境侵害为限，共享一个地球，一旦发生环境污染，每个公民的健康权、财产权和环境权都不可避免地受到侵害或威胁。至于滥诉就更不必担心了，因为我国的问题就是环境诉讼太少，法院的作用没有发挥出来。将公益诉讼的原告资格赋予公众个人是克服政府单中心所导致的弊端的需要。是对公众环境诉求日益强烈的需要的回应。从环境公益诉讼历史发展看，正是公众日益高涨的环境公益诉求直接推动了公益诉讼的产生及发展。可以说，环境公益诉讼制度的确立及发展过程本身就是公益诉讼原告资格的不断拓展以及公民提起环境公益诉讼渠道越发通畅的过程。

（2）激励机制的建立

从经济学的角度看，环境公益诉讼具有很强的外部性，小部分人提起诉讼，胜诉的结果却对大多数人有利。所以毋庸讳言，如果不提供一定的激励，出于"搭便车"的心理，一般的公众不会倾向于提起环境公益诉讼。这种激励主要有两种类型，一是经济上的，另一种是程序上的。所谓经济上的激励主要涉及诉讼费用的负担，程序上的激励则涉及举证责任的承担。

按照我国现行诉讼法规定，诉讼费用由败诉方承担，但由原告预付。环境公益诉讼案件的特殊性决定其诉讼费用的高昂非一般公民或组织所能承受，为了不使诉讼费用成为环境公益诉讼的阻碍，一些国家在环境公益诉讼费用的负担上实行有利于原告的原则，并建立了相应的保障和激励机制。如美国法律规定申诉原告的律师费用、鉴定费以及其他诉讼费用由被告承担，《反欺骗政府法》还规定，败诉的被告将被处以一定数额的罚金，原告有权从被告的罚金中提取 15%—30% 的金额作为奖励。我们可以借鉴这一做法。而对于败诉的原告，我们可以借鉴法国的行政诉讼制度。提起环境公益诉讼的原告可以向法院提出缓交诉讼费，在败诉的情况下比照私益诉讼降低收费标准，减收诉讼费。法国的行政诉讼制度还规定，当事人提起越权之诉，可以免除律师代理，事先不缴纳诉讼费用，败诉时按规定标准收费，费用极为低廉。这样的规定值得我国的环境公益诉讼借鉴。①

关于举证责任的承担也应该做出有利于原告的规定。环境污染侵权案件常常是被告一方掌握着所排废物的种类、数量、性质、迁移转化途径和规律、致害机理等，而且其工艺流程通常都是保密的，因而加害人往往具有离证据近、容易取证的方便条件，而原告却不易接近证据。因此在环境污染侵权诉讼中，国外立法、司法普遍实行了举证责任倒置或转移规则。我国虽然在有关的司法解释（见最高人民法院《关于适用〈中华人民共和国民事诉讼法〉若干问题的意见》第 74 条、《关于民事诉讼证据的若干规定》第 4 条中确立了环境污染侵权诉讼中的举证责任倒置规则，但在环境保护法、民法通

---

① 王名扬：《法国行政法》，中国政法大学出版社 1988 年版，第 167 页。

则和民事诉讼法中都没有得到确认。由于法律没有规定,最高人民法院的解释在实践中往往不能得到很好的执行。2004 年 12 月 29 日,十届全国人大常务委员会第十三次会议审议通过了重新修订的《中华人民共和国固体废物污染环境防治法》该法第 86 条明确规定"因固体废物污染环境引起的损害赔偿诉讼,由加害人就法律规定的免责事由及其行为与损害结果之间不存在因果关系承担举证责任。"这是我国首次以法律的形式明确肯定了环境污染损害赔偿诉讼中的举证责任倒置和因果关系推定制度。今后,如果排污者不能举证证明其可以依法免责或者不能证明其行为与损害结果之间不存在因果关系,他就必须承担污染损害赔偿责任。① 环境公益诉讼应该也应用这样的规定,原告一方只需证明损害的存在,而加害行为与损害结果之间的因果关系是否存在则由被告方负责证明。

（3）合作模式的探索

从前文对我国环境公益诉讼司法现状的分析来看,当前环境诉讼陷入困境的原因是多方面的,既有能力的,也有资金的,还有担心破坏与地方政府的关系等顾虑。在这种情况下,单独依靠任何一种力量都无法突破当前的困境,应该探索一种合作式的环境公益诉讼模式,以实现优势互补,这也是环境治理多中心合作模式的题中应有之义。

案例:广州天河:三方合作创建环境公益诉讼新模式②

2015 年 5 月 5 日,广州市天河区人民检察院、天河区环境保护局和广东省环境保护基金会联合签订了《关于办理环境公益诉讼案件的实施意见》,开创了起诉人、检察机关和行政监管部门联动的全新环境公益诉讼模式,三方共同签署的《实施意见》在网络公共平台正式进行发布,这是广东省内第一个三方环境公益诉讼合作协议。

---

① 段欢欢、魏慧贤:《论环境公益诉讼的理论基础及其构建》,成都行政学院学报 2009 年第 1 期,第 51—53 页。
② 成希:《广州天河:三方合作创建环境公益诉讼新模式》,《南方日报》2015 年 5 月 6 日,http://gz. southcn. com/content/2015－05/06/content_123692868. htm。

9 年只提起了 10 余起公益诉讼

广东省环境保护基金会常务理事长袁征介绍，在环境诉讼中，立案难、举证难等问题普遍存在。在我国的大气污染、水污染、土壤污染案件中，由于缺乏法律意义上的直接受害人，司法救济往往被拒之门外。

另一方面，对一个公益组织来说，由于自身专业技术力量的不足，很难圆满地完成举证责任分配的界定。诉讼存在举证周期长、鉴定周期长，费用昂贵等问题，使得一些社会组织对公益诉讼缺乏热情。

天河区检察院副检察长倪瑞兰指出，公益诉讼是一个大的概念，环境公益诉讼只是其中一部分。事实上，天河区检察院从 2006 年就开始积极探索公益诉讼，但是，由于法律规定的限制，天河区检察院一直在探索的是刑事附带民事公益诉讼。据了解，自 2006 年以来，天河区检察院已经提起了 10 多起刑事附带民事的公益诉讼。

新环保法实施打开合作突破口

袁征介绍，今年 1 月 1 日，随着新环保法的实施，环境公益诉讼同时启动。1 月 7 日，"两高"司法解释的出台，使得公益诉讼从一个法律原则成为一个可操作性高、程序完备的制度。司法解释中，特别提到检察机关、行政部门、社会组织甚至企事业单位，都可以通过法律咨询、提交书面意见、协助调查取证等方式支持公益诉讼。

现在，天河区建立的检察院、环保局和基金会三方的协同合作，对于环境公益诉讼的有序、高效的开展起到重要作用，为维护公共环境权益、强化社会监督、公众监督开辟了一个新的法律途径，为广东全省各地提供一种可资参考的环境公益诉讼的新模式。他进一步指出，公益诉讼最重要的意义在于，当公共利益受到损害的时候，司法救济的作用能够充分发挥。

天河区环保局局长曾东标认为，通过环境公益诉讼对违法企业或个人进行司法审判，高额的索赔可以给环境污染企业或个人一记重拳，增加其违法成本，起到惩治和震慑环境违法行为的作用；更在于其司法救济作用，假如某个居民群体受到了环境侵害，也许他们难以组织起来进行集体诉讼。按照新的环保法规定，公益组织就可以代替他们作为起诉人进行起诉，而以前只有直接受害人才能提起诉讼。

倪瑞兰指出，党的十八届四中全会通过了《中共中央关于全面推进依法治国若干重大问题的决定》中明确指出：探索建立检察机关提起公益诉讼制度。指出了检察机关在公益诉讼方面的努力方向，并明确了检察机关的公益诉讼资格。这一文件的出台，为检察机关探索公益诉讼，在法律等多方面注入了根本的动力。之前，在环境公益诉讼的探索收效甚微，现在借助十八届四中全会的东风，才促成了现今的三方合作协议。"以人民群众最关心的环境问题为着力点，探索检察机关提起公益诉讼制度，我认为这是非常积极的探索和举措。"她说。

社会组织可提起环境公益诉讼

袁征介绍，广东省环境保护基金会是法律授权，可以对环境污染、生态破坏、损坏环境公共利益这些行为提起公益诉讼的社会组织。在以后的合作中，广东省环境保护基金会将作为环境公益诉讼的提起人，检察机关和环保局作为支持起诉人，这是广东省内第一个三方环境公益诉讼合作协议。

其中，支持起诉人并不直接提起诉讼，而在调查取证等方面给予支持。他强调，检察机关本身是法律监督机构，其作为支持起诉人，可以大大增强公益诉讼的力度，同时对于是否可以列入公益诉讼，可以提供法律把关；而环保局本身就是环保的监督部门，对于环保案件的调查取证、环境损害的评估可以提供非常有力的帮助，也可以大大降低公益诉讼的成本。

曾东标指出，区环保局将主动加强与检察机关的沟通和联系，在办理环境案件中提供更多的便利和支持。同时发挥执法中的工作优势，协助民间环保组织调查取证，提供相关法律咨询等服务，支持民间环保组织通过环境公益诉讼，迫使环境污染者置于公众的监督之下，自觉遵守环保法律法规，使其不敢违法，不想违法，不能违法。

倪瑞兰表示，天河区检察院将严格按照《实施意见》的相关规定，注重从刑事案件中发现环境公益诉讼的线索，及时向区环保局和广东省环境保护基金会移送相关线索，为环境保护基金会提起的环保公益诉讼案件依法予以支持起诉，充分发挥联席会议、案件咨询、协助调查等协助机制的作用。

希望三者共同努力,提高天河区环境公益诉讼的质量和效果。

　　如何探索一种可操作的、能够发挥各方优势的环境公益诉讼模式呢? 在这方面,广州市天河区人民检察院、天河区环境保护局和广东省环境保护基金会的实践可以给我们很好的启示。

第八章 环境治理多中心合作模式的应用
——以渤海环境治理为例

模式设计的最终目的是在实践中应用,本文将以渤海的环境治理为例,对多中心合作模式在现实中的应用加以说明和论证。渤海是我国沿海诸多海域中生态环境最为脆弱的海域,由人类活动导致的污染和破坏问题最为突出。而环渤海的天津市、辽宁省、河北省和山东省是我国经济社会高速发展的地区,目前正逐渐成为我国新的区域经济增长点。如何治理和改善渤海的环境,使其不致成为环渤海地区经济发展的牺牲品和制约,这是我们目前亟需解决的问题。在这种背景下探讨多中心合作环境治理模式在渤海环境治理中的应用无疑具有重要的现实意义。

第一节 构建渤海环境治理多中心合作模式的必要性

应用多中心合作模式对进行渤海环境治理的必要性分析建立在对渤海环境治理现状和问题的分析之上。而对渤海环境治理现状的分析,正是环境治理多中心合作模式所主张的对环境治理客体、主体及主体围绕客体所进行的权力运行的分析。

一、渤海环境的现状

渤海是半封闭的浅海,由辽东湾、渤海湾、莱州湾和中部海域组成,由辽东半岛、华北平原和山东半岛环抱。渤海平均水深 18m,海岸线总长3784km(其中陆地岸线 3024 公里),而面积 7.7 万多平方公里。但渤海环境问题所涉及的不仅仅是渤海 7.7 万平方公里的海域,还包括辽宁省、河北省、山东省的沿海 12 个地级市和天津市(以下简称"13 个沿海市")13.2 万平方公里的陆域(2005 年人口约 6 千万)以及辽河、海河、黄河等入海河流的部分流域。通常我们所说的环渤海地区的范围则更广,学术界比较倾向"三省两市"的划分方法,即以京津冀为核心、以辽东半岛和山东半岛为两翼的区域,包括北京、天津两个直辖市和辽宁、山东、河北三省。这一区域目前已成为我国经济新的增长极。因为渤海的环境问题与环渤海地区的经济增长密切相关,所以后文的分析会涵盖整个这一地区。

随着环渤海地区经济一体化进程的加快,市场要素得到了更大的解放,新的生产潜力被激活,客观上也产生了更多的污染排放和资源消耗,再加上环渤海地区的工业仍然是资源依托型占主导,且区内产业趋同化严重,所以渤海环境面临着前所未有的压力。主要的环境问题包括:一、流域淡水入海量明显减少,水环境基础条件逐年降低;二、陆域入海污染物排污总量居高不下,部分区域海洋功能受损;三、湿地面积萎缩,生态防护林体系未建成;四、溢油风险加大;五、赤潮发生概率增大。

环渤海地区的经济增长以及特殊的地理环境也给渤海的环境问题带来了一些不同于其他地区的特点,主要包括:

第一,污染严重。渤海是一个近乎封闭的浅海,纳污能力差,水交换能力更差,海水自净能力有限。目前渤海沿岸有大小港口近百个,黄河、小清河、海河、滦河、辽河等 40 余条河水流入渤海,每平均径流量约 792 亿立方米,而入海排污口多达 105 个。随着环渤海区域经济的发展,工业企业排放的废水、港口城市排放的生活污水、旅游带来的固体废弃物和违章倾废等使渤海成为排污纳垢的场所。渤海每年承受来自陆地的 28 亿吨污水和 70 万吨污染物,污染物占全中国海域接纳污染物的 47.7%。沿岸由国家海洋局实施监测的陆源入海排污口有 96 个,却以平均 82% 的比例超标排放,导致高达 83% 的排污口邻近海域水质不能满足所处的海洋功能区水质要求,44% 的排污口邻近海域水质为四类和劣四类,22% 的排污口邻近海域生态环境质量处于极差状态。此外,油气资源开发、港口建设及其经济开发过程中业产生的大量废弃物和生活垃圾也造成了渤海水域的严重污染。近些年来,渤海水域水质恶化,海洋生态环境遭到破坏,有的海域出现了局部无底栖生物的"无生命区"。

第二,污染越界转移。环渤海地区的经济发展也存在不平衡,招商引资是相对落后城市或地区寻求经济增长的一个重要手段。在这一过程中,由于相对发达地区治污力度较大,所以一些污染严重的企业就会另外寻找机会。而有些相对落后地区的政府因为片面追求经济效益、急于求成,就会降低准入条件,造成污染企业向本地区的转移。这样的情况在环渤海地区并不少见。

第三,环境公平缺失。环渤海地区的经济增长带来的环境公平缺失主要体现在以下几方面:首先,城市和农村之间的不公平。环渤海地区的污染防治资金大部分都投入到了城市和工业。这一点在《渤海环境保护总体规划(2008—2020年)》中也能看出,规划的近期投资为456.2亿元,其中用于农业和农村污染防治的为41.7亿元,仅占9.1%,而用于城市和工业污染防治的资金则为25亿元,占近期总投资的53.7%;其次,发达地区和落后地区之间的不公平。环渤海地区的经济发展是不平衡的,比如北京、天津等地在过去几十年已经通过高环境污染和资源消耗完成了资本的原始积累,在这种情况下让落后地区与它们平均分摊环保成本无疑是不公平的;最后,穷人与富人之间的不公平。随着经济的发展,环渤海地区的贫富差距也越来越明显,富人和掌握公权力的人开始享受优质的环境,而穷人则只能因为居住地、职业等原因而忍受恶劣的环境。

二、渤海环境治理的问题及原因

环渤海地区的经济发展给渤海环境造成了巨大的压力和严重的损害。面对严峻的环境形势,国务院于2001年批准实施《渤海碧海行动计划》,要求控制近岸海域污染,恢复渤海生态环境。国家海洋行政管理部门也制定了《渤海综合整治规划》、《渤海沿海资源管理行动计划》以及《渤海环境管理战略》等专项计划。同时,环渤海三省一市也积极行动,纷纷根据《渤海碧海行动计划》制定各省市自己的行动计划,表明了治理渤海环境污染、拯救渤海的决心。但是,因为《渤海碧海行动计划》在实施过程中仍然是环渤海地方政府各自为政,互相之间缺少协调和配合,而企业和社会公众等的积极性又没有调动起来,所以在经济增长和环境治理的角逐中,各地方政府还是陆续选择了前者,最终导致《渤海碧海行动计划》中的大多数项目都没有完成,渤海环境形势依然严峻。

面对这种情况,2008 年 11 月,国务院批准了《渤海环境保护总体规划(2008—2020 年)》。规划范围包括渤海全部 7.7 万平方公里海域;山东省、辽宁省、河北省的沿海 12 个地级市和天津市 13.2 万平方公里陆域;辽河、海河、黄河等入海河流的部分流域。规划强调海陆统筹、河海兼顾;防治并举、综合整治;科学规划、分步实施;因地制宜、突出重点;整合资源、创新机制。根据这一规划,渤海沿岸的各省、市也纷纷制定了自己的规划。目前,《渤海环境保护总体规划(2008—2020 年)》已有部分项目开始启动。可以说,从该规划内容本身来看,其目标是令人振奋的,其所关注的重点任务也是目前非常紧迫的。

可以说,国家对这唯一内海,投入了大量的精力。但从近年来渤海环境治理效果来看,虽局部有所改善,总体的污染依然严重。2006 年以来,渤海河口、海湾等重点海域生态系统均处于亚健康或不健康状态。2012 年,渤海符合第一类海水水质标准的海域面积比例已降低至约 47%,第四类和劣于第四类海水水质标准的海域面积与 2006 年同期相比增加了近 3 倍,达到 1.8 万平方公里,约占渤海总面积的 23%。自《海洋环境保护法》出台以来,相继实施的有关拯救渤海的行动计划和措施未能从根本上遏制渤海生态环境继续恶化的结果,恰恰显示出现行环境治理的软肋,如排放量的增长超过削减量的速度、已建成的环境治理设施未能发挥应有效应、污水处理收费不到位导致运行经费不足、只重视处罚收费却忽视清污修复措施等。尽管我们现在评价其效果还为时过早,但可以肯定的是,如果现行的这种环境治理模式不改变,那么该规划也很有可能像《渤海碧海行动计划》那样得不到完成。

渤海环境问题久治不愈的原因不能简单地归结为技术问题,甚至也不是哪个部门的问题,其实质性原因还是环境治理模式的问题。集中表现为对三个基本问题认识不清、处理不当,即渤海环境治理的客体、主体以及主体围绕客体所进行的权力运作。

1.客体方面

渤海作为一个海域是一个统一体,渤海环境的整体性特征决定了环境治理活动也应该是跨区域性的和整合性的,应以渤海这个统一体为对象进行。但现行治理却人为地进行了行政分割,忽视了环境的整体性功能。环渤海的三省一市都只对自己行政范围内的海域负责,这些省市内的各地级市再继续以行政管辖划分范围,各自为政。除了各省、市,渤海环境治理还涉及到海洋、环保、水利、建设、林业、渔业、交通、科技、财政等多个部门,这些部门之间管理存在交叉,造成了许多矛盾。尤其是其中的环保部门、海洋部门、交通部门、渔业部门及部队,在具体管理过程中这五个部门经常发生扯皮现象,被戏称为"五龙闹海"。甚至在国家层面都存在这样的职能交叉,比如环境保护部建立的全国近岸海域环境监测网与国家海洋局建立的全国海洋环境监测网之间就存在职能交叉,还有有近岸海域环境功能区划与海洋功能区划管理职能交叉、"海域"与"河域"管理职能交叉等问题。海洋不可能像土地那样可以清晰地划分,因此这种各自为政的治理模式既违背了海域环境治理的科学规律,不可避免地走向"公地悲剧",又造成了信息流通的不畅和治理资源的浪费。此外现行治理对与渤海环境的相关信息掌握得也不够,包括环渤海地区相关产业的发展与渤海某些环境问题的关系、渤海海洋污染与陆地污染物的关系,等等。对环境客体的信息掌握得不充分必然会影响治理的实际效果。

2.主体方面

尽管渤海环境的治理主体很多,但类别却单一,都是政府主体,而且他们是作为管理者的角色出现的。而作为市场主体的企业和作为社会主体的公众等则除了是被管理者,在环境治理中没有什么发挥积极作用的空间。此外在政府内部,重要的治理规划和决定也多是由中央政府作出,环渤海的各地方政府和各政府部门主要承担了执行的职能,缺少针对性强的、实效性高的主动行动。比如国家制定《渤海碧海行动计划》,则环渤海三省一市纷纷制定各省市自己的行动计划,国家出台《渤海环境保护总体规划(2008—2020年)》,则各省市也纷纷出台自己的规划,但在执行中的细节方面则缺乏具体的考虑和相互的沟通。

此外因为渤海环境治理主要是依靠政府,企业和公众的作用没有得到发挥,所以实践中经常会出现政府为了经济发展和牺牲环境的行为,政府之间为了经济利益而争夺环境资源,从而给环境造成更大的破坏,这样的现象屡见不鲜。

表 8.1　环渤海地区经济发展规划

重点海域		规划面积（Km²）	主要产业
辽宁沿海经济带	长兴岛临港工业区	129.7	船舶制造、大型装备制造、能源、化工
	营口沿海产业基地 鲅鱼圈船舶工业区	18	化工、冶金、重装备工业
	营口沿海产业基地 盘锦船舶工业园区	100	
	锦州湾沿海经济区 锦州西海工业区	146.8	港口、石油勘探开发、石油化工、金属冶炼
	锦州湾沿海经济区 葫芦岛北港工业区	35	
河北曹妃甸循环经济示范园区		310	码头、钢铁、化工、电能
天津滨海新区		2270	港口、物流、重装备制造、石油化工
河北沧州渤海新区		3321	化工、装备制造、能源、新型材料、物流
山东黄河三角洲高效生态经济区		初步规划面积 4400 Km²,尚未进入高效开发阶段	

数据来源: 中国海洋局《2008 年渤海海洋环境公报》

中国海洋局北海分局发布的《2008 年渤海海洋环境公报》显示:进入21 世纪,环渤海地区成为我国社会经济发展的热点地带,相继有天津滨海新区、河北曹妃甸循环经济示范区、辽宁沿海经济带、黄河三角洲高效生态经济区等经济开发区被纳入国家"十一五"发展规划。从表8.1我们可以看出,环渤海地区在上述重点开发海域所进行的几乎都是大型装备制造和化工等投资门槛较低但高耗能、高污染的行业。渤海环境所承受的压力不仅会使渤海环境服务功能和可持续利用功能严重减退,更会危及到环渤海地区经济的可持续发展。

3. 权力运行方面

对客体的认识不足和治理主体的单一必然会导致权力运作上的弊端。在现行的渤海环境治理中,正如我们前文所说的,环渤海各级政府与该渤海区域内的相关企业和公众之间是单向的管理与被管理的关系,无论是企业和公众在渤海环境治理上的主动作用还是企业和公众对政府行为的监督作用都没有得到充分的发挥。政府部门内部也是从上到下的单向的权力运作,缺少反向的作用。地方政府之间以及政府各部门之间则缺乏沟通和交流,没有形成协作机制,没有形成合力。此外,渤海的陆源污染物60%—70%都来自沿海13和市以外,但现行渤海环境治理却缺少域内和域外的互动。

综上所述,在渤海的环境治理问题上,首先,环渤海地方政府并没有处理好发展经济与保护环境之间的关系,很多情况下仍然是以牺牲环境为代价来发展经济;此外,在渤海环境问题上矛盾是多元的,而解决矛盾的主体却是单一的,这正是我国行政单中心的环境治理模式所具有的通病;而且在具体的治理过程中,以行政区划为界限来治理渤海环境也违背了海域治理的科学规律。在这种情况下,构建渤海环境治理的多中心合作模式是极其必要的,其可以通过多元主体之间的合作,达到多元利益之间的协调和制衡,进而实现环境与经济的协调发展。鉴于《渤海环境保护总体规划(2008—2020年)》地位的重要性及其所关注的任务在现实中的紧迫性,本书对渤海环境治理多中心合作模式的构建将结合该规划进行,当然也包括对其问题的剖析。

第二节 渤海环境治理多中心合作模式的构建

环境治理多中心合作模式的构建是一个过程,核心是在三个有效性条件基础上形成治理网络,并形成制度供给、运行和冲突解决的基本机制。治理网络的完善和成熟以及运行的效率、效果等与所在区域的行政管理能力、多元主体的状况以及区域文化等多种要素相关。本文结合渤海环境治理的现状,重点围绕治理主体的分析,进行渤海环境治理网络构建的探讨。

一、渤海环境治理的多元主体及其功能

构建渤海环境多中心合作治理网络首先以主体多元性、客体确定性和权力多向性为基础。根据渤海目前的治理体系,本文认为目前渤海环境多中心合作治理网络形成的重点在于多元主体的安排,这不仅关系有效的治理网络能否形成,也是实现客体确定性和权力多向性的前提。因此须对目前环渤海多元主体进行深入分析。

1. 目前渤海环境治理体系各主体分析

（1）中央政府

无论是从所处的地位来看,还是从其考虑问题的角度来看,中央政府都是全国范围内环境公共利益的代言人。具体到渤海环境治理问题上,中央政府也给予了高度的重视,采取了积极的行动。这种重视和行动主要体现在两方面:一是加强法律法规建设,先后出台了《中华人民共和国海洋环境保护法》、《中华人民共和国渔业法》、《中华人民共和国港口法》、《中华人民共和国海域使用管理法》、《防止陆源污染物损害海洋环境管理条例》、《海洋石油勘探开发环境保护管理条例》、《防止陆源污染物污染损害海洋管理条例》、《海洋倾废管理条例》、《防止海岸建设项目污染损害海洋环境管理条例》等相关法律、法规;二是针对环渤海地区制定具体的规划,采取切实的行动,包括实施《渤海碧海行动计划》并投资 555 个亿进行综合治理,也包括制定和发布《渤海环境保护总体规划(2008—2020 年)》。

必须认识到,尽管在渤海环境治理中中央政府的作用是非常重要的,但是主要依靠中央政府、地方政府仅仅被动跟随是解决不了问题的,这也正是我国目前环境管理模式的弊端所在。此外,中央政府的作用怎样发挥是新模式形成过程中需要不断探讨的问题。

(2)环渤海各地方政府

环渤海地方政府在渤海环境治理问题上具有两面性。一方面,作为地区公共利益的代言人,它们要在渤海环境治理上有所作为。所以他们积极出台各项环境治理的法规和政策,同时进行大量的资金投入。国家审计署的审计结果表明仅在水污染防治一项上,2006 至 2007 年沿海 13 个市就投入治理资金 351.13 亿元,取得了一定成效。另一方面,同样作为地区公共利益的代言人,环渤海地方政府还承担着提高地方居民收入、为地方居民提供充分就业机会以及保障地方居民教育、医疗等权利的责任,而这些责任的承担,离不开地方经济的发展。所以我们会看到环渤海地方政府纷纷在渤海沿岸设立开发区,而且所进行的几乎都是大型装备制造和化工等高收益但高耗能、高污染的行业。而在环保投入上则做得还不够。

表 8.2　环渤海地区环境保护投入力度分析表

	地方环境保护财政支出(亿元)	地方财政支出总额(亿元)	地方环境保护支出占支出总额比重	地区生产总值(亿元)	地方环境保护支出占地区生产总值比重
天津	5.9143	674.3262	0.88%	1919.09	0.31%
河北	43.7978	1506.6482	2.91%	5516.76	0.79%
辽宁	30.729	1764.2805	1.74%	5033.08	0.61%
山东	33.9445	2261.8495	1.50%	9195.04	0.37%
全国	961.2377	38339.29	2.51%	109655.2	0.88%

(数据来源:《中国统计年鉴 2008》,中国统计出版社 2008 年版。)

据表 8.2 显示:2007 年,除河北省外,其余三省市用于环境治理的财政投入占该省(市)财政投入总额的比例都低于全国平均水平,地方环境保护财政支出占该区国内生产总值的比例也低于全国平均水平。正是环渤海地方政府这样的经济行为,使得环保海地区在成为我国经济的一个新的增长极的同时也承担者巨大的环境压力。

针对环渤海地方政府在渤海环境治理问题上的这种两面性,新的治理模式设计必须考虑如何抑制地方政府盲目的经济开发行为、如何在维护渤海环境功能的基础上实现环渤海地区的经济发展。

（3）企业

渤海环境问题与其他海域的环境问题相比既有共性又有特殊性,其特殊性就在于环渤海地区是我国老工业基地所在地,众多大型的重工业企业是主要的污染者。从沿海13市的发展规划来看,未来相当长一段时期内这一情况仍将延续。但是在污染治理过程中,这些老的重工业企业尤其是一些国有企业却陷入了困境,因为它们本就面临经营的困难,高成本的排污处理设备如果再运转起来,会使本就举步维艰的经营更加雪上加霜。再加上企业逐利的本性,在守法成本高、违法成本低的社会大环境下,出现企业利用政府监管漏洞偷排污染物的现象也就不足为怪了。

在这种情况下构建渤海环境治理的多中心合作模式,一来可以发挥多元主体相互监督、相互制约的作用;二来可以找到新的解决问题的思路,收到传统的政府单中心模式所达不到的效果;三来也可以为那些主动承担环境治理责任的优秀企业提供切实发挥辐射作用的平台;当然还有一些特殊的企业,比如旅游企业、环保企业则更是可以直接在渤海环境治理中获益。

（4）作为社会力量的公众

"公众"是一个宽泛的概念,在渤海环境问题上,公众可以细分为渔民、环渤海地区的居民、旅游者、其他可以从渤海环境获益的公众以及其他关注渤海环境问题的公众。

事实上,公众行为是渤海环境破坏的原因之一,但公众更是渤海环境问题的直接受害者。尤其是渔民,在渤海由"天然鱼仓"变成"准死海"的过程中,他们受到的影响最大,面临着无鱼可捕后的生计问题。近年来,渤海近海渔业资源日益减少,而且受沿海港口等重大海上项目开发建设等因素影响,传统渔区日渐萎缩,渔民生产作业渔场急剧减少。河北与辽宁、河北与山东渔民常常为争夺捕捞资源产生摩擦。2010年3月,辽宁河北数百渔民为争地盘展开海战,造成了1人死亡1人失踪的惨剧。可见,渤海环境治理关系到公众的基本生存权利,必须让他们在渤海环境治理中占据一席之地并发挥重要作用。但现行的渤海环境治理包括《渤海环境保护总体规划(2008—2020年)》对公众的作用都重视不够,构建多中心模式可以为其提供发挥作用的平台,从而帮助政府纠偏,减少政府行为的失误。同时也维护公众自身的权利。整个渤海环境的破坏,将严重制约环渤海地区经济的发展,将直接和间接地长期影响环渤海地区公众的生活质量。

(5)作为社会力量的环境NGOs

按照"中国环境NGO在线"的统计,渤海沿岸三省一市较有影响的环境NGOs有15家,整个环渤海地区的环境NGOs数量就更多了,仅北京就有知名的环境NGOs26家。它们理应在渤海环境治理中发挥重要的作用,但是现行的渤海环境治理对环境NGOs的作用重视不够,《渤海环境保护总体规划(2008—2020年)》甚至没有提到环境NGOs,不能不说是一个重大缺陷。因此,新模式下环境NGOs应该实质性进入渤海环境治理的舞台。

(7)作为社会力量的知识组织

在《渤海环境保护总体规划(2008—2020年)》的五项重要任务中,每一项都需要科学技术的支撑,其中第四项更是直接表明要"着力攻克关键技术,建立渤海环境保护科技支撑系统",所以以大学为主的知识组织的力量不可忽视。据统计,环渤海地区拥有高等院校402所,占全国的21.1%,高等院校教职工47万人,占全国的23.8%,在校学生数410万人,占全国的21.7%,人口占全国的23%,从事科技活动人员数占全国的25.7%,其中科学家与工程师数占73.6%,比全国平均水平高出5个百分点。他们凭借在科技研发上的优势,应该在环境治理中发挥重要作用,能够积极参与到渤海环境治理的系统之中。

2.渤海环境治理多中心合作模式下的主体多元性

目前,渤海环境治理多中心合作模式中政府(包括中央政府和地方政府)、企业和社会(包括环境NGOs、公众以及知识组织等)三类主体,宏观层面应突出各类主体,尤其是企业和社会主体在制度供给、制度实施以及冲突解决环节的权益,包括立法、决策的参与权,实施过程的监督权,以及冲突环节中环境公益诉讼权等。另外,政府作为目前仍然发挥核心作用的主体,必须依据环境客体的特点进行调整,进而形成一种多向度的权力体系,为治理网络的形成和高效运行奠定基础。政府主体的调整包括以下几方面。

(1)成立专门的渤海管理机构

如前所述,渤海环境是一个完整的有机整体,其治理主体的权责需要与环境客体的完整边界相吻合,而无论是中央政府还是地方政府均不能完整的发挥这种作用,需要成立专门的管理机构。渤海的环境治理实际上是一个多元利益协调和重组的问题,所以需要一个统筹全局者来协调各方的利益,中央政府有能力承担这一责任,但无论是出于中央政府各部门职能交叉的考虑,还是出于渤海环境问题特殊性考虑,中央政府直接进行是低效率的,而需要一个针对渤海的专门的管理机构。

渤海专门管理机构的建立可以借鉴辽河保护区管理局的经验。2010年初,辽宁省针对辽河的治理成立了正厅级的辽河保护区管理局,这是我国第一家大河的河流"划区设局",统一行使原省水利厅、环境保护厅、国土资源厅、交通厅、农委、林业厅、海洋与渔业厅等部门承担的关于辽河保护区的相应职能,实现了辽河治理和保护工作由以往的多龙治水、分段管理、条块分割向统筹规划、集中治理、全面保护的转变,是河流治理和保护的思路创新和体制创新,在全国河道管理与保护方面开创了先河。借鉴这一经验,渤海的专门管理机构也应该将现在由环保部门、海洋部门、交通部门、渔业部门及部队等承担的管理职能收归一个部门所有,当然级别要高于辽河保护区管理局,可采取副部级建制,作为一个常设机构来负责整个渤海的管理。渤海环境治理网络的建立需要这样的专门管理机构来发挥引导作用。

(2)成立独立的渤海环境质量监测评价部门和环评机构。渤海环境质量评价关系环境治理网络的制度供给、运行和冲突解决等各环节,直接影响环境规划、决策以及环境责任、环境质量效果等在时间和空间范围内的正确评价,因此要建立独立的渤海环境质量监测评价部门。同时,要建立独立的环评机构,各个建设项目环评必须包括针对渤海环境综合影响的评价,综合评价结果应拥有"一票否决"权。

二、渤海环境治理网络的形成

环境治理网络是环境治理多中心合作模式的运行机制,它可以保证多元主体平等参与、多元主体针对环境客体所形成的权责体系合理、保证多元主体在环境治理不同环节的参与渠道都畅通、保证多元主体可以通过博弈对权责体系进行动态调整,从而持续改进。本案例将以治理主体研究为核心探讨治理网络的构建。

1.渤海环境治理网络权责体系设计

渤海环境治理网络包括各类子网络(例如排污治理子网络、海产品可持续捕捞治理子网络等等),这里仅从渤海海域综合环境质量的客体边界角度进行分析。

环境治理网络形成机制的基础是环境权益分析。专门的渤海管理机构应该在分析前面提到的对渤海环境享有权益的多元主体的环境权益,从而引导他们形成环境治理网络。在进行环境权益分析时有三点需要注意:一、要充分认识哪些主体享有权益,不能忽略或将任何享有权益主体排除在环境治理网络之外。尽管前文我们已经分析了渤海环境的利益相关方,但这只是一个概括的讨论,在具体的问题上情况将要复杂得多;二、要分析不同权益的重要程度,保证重要的、基本的环境权益能够率先得到保障。比如对于渤海沿岸的渔民来说,渤海关系到他们的生存,所以在开发活动决不能危害到他们的生存,即使不能再捕鱼,也必须为其提供他们力所能及的其他生存方式;三、要分析不同主体的优势领域,引导多元主体在各自的优势领域发挥主要作用。比如在渤海环境治理问题上,公众的优势领域应该是监督、环境NGOs的优势领域可能是宣传、环保企业的优势领域是技术,所以要有针对性地引导他们发挥不同的作用。

以权益分析为基础,相应设置各主体相应的责任、权力和义务,即形成系统化的权责体系。目前,专门的渤海环境管理机构须发挥积极的权责体系设计任务和引导作用。

2.渤海环境治理网络基本属性

"根基"、"位置"、"宽度"、"密度"和"深度"描述了环境治理网络的基本属性,是在形成渤海环境治理网络的过程中发挥引导作用的主体即渤海环境专门管理机构必须考虑的问题。"根基"要求专门管理机构必须引导能够在具体的环境治理过程中发挥主要作用的主体加入治理网络,调动他们的积极性;"位置"和"宽度"要求客体的边界必须确定、信息必须充足,所以要引导掌握环境客体信息的主体加入治理网络;"密度"要求要引导尽可能多的相关主体加入环境治理网络,而且要充分挖掘各主体之间的关系;"深度"要求要引导多元主体尽可能深入地思考和解决该环境问题。通过这些基本属性,渤海环境专门管理机构将布置出环境治理网络中都包括哪些主体、各自的作用是什么、他们相互之间的关系是怎样的以及他们在渤海环境保护中的权利责任状态。

三、多元主体在渤海环境治理网络中的博弈

环境治理网络是多元主体参与渤海环境治理的平台,为他们表达和实现自己的环境利益诉求提供了保障。多元主体在渤海环境治理网络中不是单一的管理与被管理的关系,而是一种法律地位平等的关系。治理网络依靠平等主体之间的博弈向前运行。在环渤海环境治理过程中,多元主体在经济增长和环境保护问题上存在"多重利益博弈",多中心合作模式的目的不是为了消除这种多重利益博弈,而是让博弈主体更加充分,并通过主体之间的相互制约,实现多重利益的协调和保护。

博弈的类型主要包括:

第一,企业与企业之间的博弈。企业与企业之间的博弈也有两种形式。一种形式是博弈双方都以低成本、高收益为目标,这种"个体行为理性"必然导致渤海环境资源的浪费或掠夺性使用渤海环境资源的"集体行为非理性",其结果就是渤海环境陷入"公地悲剧"。而另一种形式的博弈则结果完全相反,比如具有供求关系的需方出于渤海环境的考虑要求供方达到较

高的环境标准,为了将产品卖出,供方只能选择遵守这一标准,这一博弈的结果则是对渤海环境有利的。多元主体在环境治理网络中应该尽可能多地促成第二种博弈。

第二,政府与企业之间的博弈。政府与企业之间的博弈也有两种,一是监督博弈。当渤海水体及环渤海地区环境出现严重污染,政府必须对污染企业进行处罚。我国目前的处罚规定对于大多数企业来说都远远低于其守法成本,如果加之企业自我约束机制缺失,环保意识和法制观念淡薄,严重缺乏社会责任感,必然导致偷排漏排,所以处罚力度要适宜。当然,罚款力度与监督概率存在一定的替代性。所以政府在博弈中也可以选择增加现场检查的次数。渤海环境治理的多中心合作模式可以充分发挥社会主体对企业的监督作用,从而弥补政府在处罚力度和检查次数上的不足;政府与企业之间的另一种博弈是利益合谋,这主要发生在地方政府和对地方经济增长贡献率大的企业之间。具体说来,很多地方政府会因为企业对本地方经济和解决就业上的贡献而对其污染行为放任不管,从而导致企业的污染行为得不到约束,,更没有改进技术设备减少污染的动力。当然这种放任一方面是为了地方经济利益,另一方面也是为了个人的政绩。在环渤海地区经济高速增长的情况下,尤其要注意这种地方政府与企业之间的利益合谋,所以要充分发挥多中心模式的这种多元主体的相互监督作用。

第三,地方政府之间的博弈。因为渤海环境资源的有限性,所以在地方政府将更多的精力放在地方经济的增长和地区间相对经济实力的提高的情况下,地方政府之间的博弈不可避免地表现为零和竞争博弈。环渤海三省一市在《渤海碧海行动计划》的实施中应是密切合作的关系。然而现实的结果却是它们之间在合作治理环渤海环境问题上"治而反污",其根源就在这些地方政府之间面对渤海环境资源的这种零和竞争关系。通过环境治理网络,可以为地方政府间提供协调机制和约束机制,从而避免"公地悲剧"的发生。

第四,社会主体与企业之间的监督博弈。在存在社会主体有效监督的情况下,企业就会倾向于少排污,而在缺少社会主体有效监督的情况下,企业就会倾向于多排污。反过来,在企业违法排污严重的情况下,社会主体会更多地进行监督,在企业违法排污不严重的情况下,社会主体的监督也相应较少。这是对社会主体与企业之间的监督博弈的描述。这一博弈在现行的行政单中心模式下因为社会主体的缺失而较少出现,而在多中心模式下则必然会出现。

第五,社会主体与政府之间的监督博弈。在存在社会主体有效监督的情况下,政府会加强对企业的监管、加强环境治理力度,而在缺少社会主体有效监督的情况下,政府就会出现放松管制以及其他为了经济利益而牺牲环境的行为。这一博弈在现行的行政单中心模式下也较少出现,而在多中心模式下则必然会出现。

可以看出,在环渤海环境治理过程中,多元主体在经济增长和环境保护问题上是一种"多重利益博弈",同行政单中心模式下的博弈相比,多中心合作模式下博弈主体更加充分、博弈类型更加多样、各博弈主体之间的制约作用更加明显,从而对多重利益的协调和保护也更加完善。

第三节 渤海环境治理多中心合作模式运行中的具体措施

环境治理的多中心合作模式的运行环节由制度供给环节、制度实施环节和冲突解决环节构成,其运行就是在不同的环节针对渤海环境问题的特点解决不同的问题。

一、制度供给环节

现行渤海环境治理的制度供给主要是国家法律、政策和地方法规、政策的发布。从国家层面来看,主要有《中华人民共和国水法》、《中华人民共和国海域使用管理法》、《中华人民共和国渔业法》、《防治船舶污染海洋环境管理条例》等一系列与海洋环境保护相关的法律、法规,以及《国务院关于落实科学发展观加强环境保护的决定》、《关于进一步加强海洋管理工作若干问题的通知》、《海洋石油勘探开发重大溢油应急计划》、《赤潮灾害应急预案》、《中国海上船舶溢油应急计划》、《辽河浅海油田溢海应急计划》、《渤海生物资源养护规定》、《防止船舶污染内河水域管理规定》、《船舶油污染事故等级》等相关政策措施。可见,没有专门针对渤海的法律,相关政策也很少。地方立法的问题则更多,主要表现为地方保护、重复立法、缺乏针对性。由于行政区划的分割、地方利益的驱动和立法协调的缺乏,有的地方立法存在地方保护主义、针对不同对象规定不同政策优惠的问题;有的地方法规"大而全"、"小而全",照抄照搬国家法律,缺少地方特色,缺乏解决渤海特定环境问题的针对性。

而无论是国家立法还是地方立法,现在都存在供给主体单一的问题,即从法律草案的提出、到立案、再到审议,都是由国家机关进行,其他利益群体尤其是社会主体的参与程度、博弈程度较低。这也是现行渤海环境治理的法律、法规缺少针对性、难以贯彻实施的一个重要原因。在这种情况下,渤海环境治理的多中心合作模式的优势就显露出来了,因为它可以保证多元主体对立法的参与,尤其是在草案提出和审议阶段的参与,从而创造政策改善的机会及空间。在具体的操作上,应该充分发挥信息公开制度和听证制度的作用。在公开信息时要保证多元主体能够方便、有效地得到信息并有充分的准备时间,而进行听证时则要保证多元主体能够进行充分的利益表达和利益博弈。此外,多元主体针对具体的环境客体还应该形成明确的权责界定,这也是有效治理的一个基本保障。

总之,渤海环境治理的制度供给需要多元主体的积极参与,同时制度供给更要完成多中心治理模式的法律化、规范化问题。

目前渤海环境治理的多中心合作模式在制度供给环节亟需完成以下几项任务:

1.专门的渤海环境立法

我国目前没有专门针对渤海的法律,目前的情况是在国家宏观的海洋环境保护等宏观立法前提下,通过地方性立法来补充。但渤海环境问题的特点又是区域性和开放性并存,地方性立法以补充的方式无法解决国家法律在本区域难以贯彻的问题,还产生了许多连带的问题,最终导致有法律无秩序。制定专门的针对渤海环境治理的法律是首要任务和环境治理模式创新的重要基础和保障。

专门的渤海环境治理立法要首先确定以下问题:各环境治理主体的地位、权利和责任等的确认,决策机制、管理机制等规则的明确和规范,治理决策、实施和冲突解决等环节的参与、监督等制度,以及听证会制度等参与和监督的形式的规定等。

立法的内容还应满足以下要求:一、更严格的标准。渤海沿岸城市密集,像天津、大连这样的超大城市、大城市很多,而这些城市的生活污水和工业废水又是渤海污染物的重要来源,因此控制沿岸城市生活污水和工业废水的排放量就成为防止渤海环境污染的关键。再加上渤海是一个相对封闭的内海,水体循环能力较差,生态系统较其他海域更为脆弱,所以应该制定更为严格的标准和制度予以保护;二、立法空白的填补。现行渤海立法仍存在大量的立法空白,也还存在立法资源分布不均现象。如仍将注意力集中在对传统产业的保护上,而促进高新产业和环保产业发展的立法则非常缺乏,既不能满足经济进一步发展的需要,也不利于渤海环境的保护。所以,专门的渤海环境立法应加重对环保产业和高新产业的扶持力度,促进它们的迅速发展;三、专门的渤海环境立法应该通过具体的程序性规定保障多元主体对渤海环境治理的参与权;四、专门的渤海环境立法应该保障对下文将提到的渤海近岸海域环境功能区划分以及污染物容量的测算和分配的遵守。

以上是渤海环境治理的多中心合作模式在制度供给阶段亟需完成的任务。需要注意的是,在这些法律、制度的产生过程中,必须充分保证多元主体的参与权,让他们充分表达自己的环境主张从而维护自己的环境权益,这也是制度科学供给、有效实施的保障,是多中心合作模式的意义所在。

2. 环境功能区的划分

制度供给环节还应该完成对近岸海域环境功能区划分,以实行环境功能分区管理,优化渤海开发空间,促进渤海开发利用规模、强度与渤海资源、环境承载能力相适应。目前,环渤海地区的一些省市已经制定了本地区的海洋功能区划,但这种单兵作战是远远不够的,应该在专门管理机构的带动下,集合多元主体的作用,通过环境治理网络尽快制定环渤海地区近岸海域环境功能区划,对渤海海域实行综合的环境功能分区管理。

在划分环境功能区的基础上,还要考虑渤海的优先使用政策,即应该优先考虑具有非排他性的、公益性的项目,优先考虑有利于环境恢复的项目。对自然保护区建设、滨海旅游区建设、海岸防护林建设、海洋公园建设、海洋人工渔礁建设、海洋污染控制与治理工程、海岸防护堤坝建设等项目应予以优先使用权;对于港口工程、清废工程、管道工程、油气开发工程等,应发挥多元主体的作用,进行充分的调研和论证,并适当增加限制条件;对于排污工程、围海造陆工程、等应进行严格的限制。

此外还应注意,环境功能划区管理要想实施到位,必须与生态补偿机制相配合。

3. 对年污染物容量的测算和分配

环境容量是指在环境质量目标的控制下,环境单元所能承纳的最大污染物负荷总量。要尽快测算出渤海年陆源污染物容量,这也是多中心模式下客体确定性的具体要求,以准确把握渤海环境的质量边界。在此基础上,以一定的标准和方法向排污主体分配污染物排放量,并在多元主体的监督和制约下严格实施,从而实现污染物入海总量不超过渤海环境的承载力。

对年污染物容量的测算和分配也是实施排污权交易制度的基础。所谓一种环境治理的市场手段,排污权交易制度有利于多元主体的参与。2008年9月,我国首家排放权交易所在天津成立,为环渤海地区实施排污权交易提供了便利条件。2008年10月,天津市首例污染物排放总量有偿转让完成。这次交易是在开发区的一家企业和汉沽区环保局之间进行的,尽管还不是排入渤海的污染物排放权的交易,但却为多元主体参与渤海污染物排放权交易提供了非常有益的经验和借鉴。

二、制度实施环节

渤海环境治理多中心模式的制度实施环节也就是在制度充分供给的基

础上多元主体所进行的针对渤海环境具体问题的微观治理环节。在渤海环境问题上,微观治理环节所要解决的一个最主要的问题就是污水的达标排放问题,本节将以污水处理为例来具体说明制度实施环节的相关问题。《渤海环境保护总体规划(2008—2020 年)》对这个问题给予了高度重视,该规划的建设项目清单显示:渤海沿岸 13 市 2008 年至 2012 年将续建污水处理厂 33 座,处理规模达 137.5 万立方米/日,投资达 268151 万元;改造污水处理厂,处理规模达 260.9 万立方米/日,投资达 215000 万元;新增污水处理厂 99 座,处理规模达 449.5 万立方米/日,投资达 611642 万元,另有配套管网投资 409793 万元。

如此多的项目、如此大的投资,可见国家对该问题的重视。但是建设资金如何落实、污水处理厂建成后如何有效运行,这些规划并没有给出具体的解决办法,而这些问题恰恰是先前的《渤海碧海行动计划》没有完成的重要原因。为了避免《渤海环境保护总体规划(2008—2020 年)》走上《渤海碧海行动计划》的有始无终老路,本文将探讨将多中心模式应用于污水处理厂的建设和运行,同时也以此例说明渤海环境治理的多中心合作模式在制度实施环节的运行。

1. 环渤海地区污水处理的现状和问题

2008 年 3 月—9 月,审计署对渤海沿岸 13 市 2006 至 2007 年水污染防治情况进行了专项审计调查。审计表明:13 市"十五"期间计划投入 63 亿元建设 86 座污水处理厂,截至 2007 年底,有 14.5 亿元没有到位,23 座污水处理厂尚未开工建设。"十一五"期间计划建设的 146 座污水处理厂,有 71 座未开工建设,仅完成计划投资的 21%。2007 年,7 个市的城市污水处理率低于全国 60% 的平均水平。调查的 51 座已运行污水处理厂中,有 18 座占 35% 处理后的水质和污泥不达标,占被调查总数的 35%。

环渤海地区已建成的污水处理厂主要以政府直接运营和社会化运营两种方式运营。政府直接运营的污水处理厂从资金筹措和运行管理都是由政府直接进行,其弊端已经是社会所公认的,所以目前的趋势就是社会化运营。而社会化运营的问题也不少。首先从资金筹措上看,工程建设费 60%

以上还是由政府负担,且企业所承担的部分还是难以按时按量到位;运转费用实际上也是由国家承担,政府通过对排污企业和居民征收排污费实现对污水处理企业的转移支付。再从污水处理厂的运作上看,排污企业的排污量和排污费的收费标准都是由政府直接确定,缺乏市场机制的作用;污水处理厂的运行管理规定也主要由政府制定,企业只是按规则办事,导致缺乏竞争,从而丧失了效率。再从污水处理厂对环境的影响来看,由于自身管理的原因或者超负荷运行的原因,污水处理厂经常会出现出水不达标的情况;因为无害化处理不够,污水处理厂还存在污泥污染的问题;污水处理厂散发的恶臭会影响周边居民的生活环境,从而经常引发纠纷。

从上述情况可以看出,环渤海地区的污水处理说到底还是以政府为主进行的,虽然所谓的社会化运营引入了企业的参与,但是这种参与并不深入,从而也说明了只有企业的参与是不够的,还有许多根本性的问题没有解决,所以本书将探讨可以实现更广泛参与的多中心合作运作方式。

2. 多中心合作模式在污水处理中的运行

在污水处理多中心合作模式的运行过程中,多元主体主要在以下几方面发挥作用:

(1)排污主体自己上污水处理设施。

这里的排污主体包括各种类型,可以是单独的排污企业,也可以是多家企业组成的工业园区,还可以是大学、社区,等等。经过处理的污水按照不同的标准做不同的处理,包括排入市政管网、直排入海或者循环利用。大连市旅顺口区北海街道袁家沟村的实践为污水处理的多中心模式的运行提供了经验。2008年,通过政府投入和村民自筹相结合的方式,建设了6个小型污水处理站,采用氧化循环回用系统,实现了污水统一达标排放和中水的回收利用。

(2)参与污水处理厂的规划、设计。

污水处理厂的规划和设计要考虑多种因素,比如自然环境、人口分布、工业密集程度、投资规模以及地域发展规划等等。为了能够更全面地考虑这些因素,需要以知识组织等为主的多云主体的参与,从而获得更准确的数据和更全面的认识。尤其在污水处理厂的选址过程中,必须要有周边居民等多元主体的参与,因为污水处理厂的气味等会对周边环境造成负面影响,选址过程中的多元参与可以避免后期出现不可调和的矛盾。

(3)参与污水处理厂的投资、建设和运营。

目前污水处理厂的社会化运营程度不够,除了投资主体和运营主体还较单一以外,运营的实际过程也不够独立,大多是按政府的规则办事,管理僵化,效率低下,而且污水处理厂招投标的过程公开不够,缺少社会监督。应该引入更多的主体参与污水处理厂的投资、建设和运营,给予他们更大的管理自主权,在加强政府监管的同时,加强社会力量的监督和企业的自律。

(4)参与中水的循环利用。

环渤海地区年人均占有水资源量仅 660 立方米,为全国平均数的 23.6%,是我国水资源短缺最严重的地区之一,所以,水的循环利用至关重要。目前我国的中水利用程度普遍较低,这既有中水相对市政自来水成本较高的原因,也有政府垄断中水价格导致市场积极性得不到发挥的原因。多元主体参与中水的循环利用一是要改变政府垄断中水价格的局面,让市场来决定中水价格;二是要在敞开价格后客观上中水价格较高的情况下,单纯出于环境的考虑仍然选择更多地使用中水。排污主体自己上污水处理设施是目前提高中水利用率的一个重要举措,通过这种方式,排污主体不仅可以获得经济效益,而且客观上对环境有利,也缓解了城市基础设施的压力。

(5)参与污泥的处置和综合利用。

污水经过处理后产生的污泥含有丰富的养分,同时也含有大量病原菌、寄生虫(卵)、铜、锌、铬、汞等重金属、盐类以及多氯联苯、二噁英、放射性核素等难降解的有毒有害物,环渤海地区因为重工业比重大,所以污泥中的重金属含量尤其高,因此污泥的无害化处置和综合利用十分重要。但我国目前的污泥处置 20% 是填埋,不到 10% 是通过堆肥等技术处理后回用于土地,剩余 70% 以上都是没有经过无害化处理就弃置,常常造成二次污染,严重影响了环境治理的实际成果。环渤海地区的污泥处置状况与全国的情况基本相同,可以说处于严重滞后状态。那么如何发挥多元主体在污泥的无害化处置和综合利用中的作用呢？本书认为,污水处理厂应当重视污泥处理和处置,加强污泥管理力度;政府相关管理部门应当加速建立和完善污泥处理处置的法规;广开融资渠道、组建一批按市场经济规律运转和管理的大型城市污泥处理处置中心;发挥社会主体对企业污泥处置的监督作用。

三、冲突解决环节

以上本文以污水处理为例探讨了渤海环境治理的多中心合作模式在制度实施环节也即微观治理环节的运行,接下来就进入了冲突解决环节。多中心合作模式下的冲突解决强调冲突解决方式的多样化,即针对不同类型的冲突能够由相应的主体找到相应的有效解决途径和方式。环境治理网络的构建对于冲突的高效解决提供了重要的保证,使冲突解决的要素容易确定,例如责任追究主体的确定和责任主体的确定、制裁手段的选择、受损环境资源或环境利益的边界的确定以及受损的环境资源或环境利益的信息的提供等。

冲突解决的途径包括司法、仲裁、行政。以下从冲突类型角度进行分析。

1. 域内与域外的冲突

渤海上承海河、黄河、辽河三大流域,黄河、小清河、海河、滦河、辽河等40余条河水流入渤海,这些河流将柳丁地的许多污染物带入了渤海,因此,《渤海环境保护总体规划》(2008—2020)指出:渤海60%—70%污染物来自13个沿海市以外区域,其中当然有相当一部分来自环渤海区域外。在这种情况下就不可避免地产生域内与域外的冲突。

从该冲突解决的提起主体上看,虽然理论上说环渤海区域内多元主体的任何一方都有权提起冲突解决程序,但从实际操作上来看,因为并不涉及本地方的直接利益,所以地方政府提起冲突解决的动力不足,最恰当的主体应该是渤海的专门管理机构,有能力的环境NGOs和公众也可以提起冲突解决。解决的方式则包括协商解决、行政手段和诉讼、仲裁等。而在受损环境的边界确定和信息提供方面,则应该由多元主体共同发挥作用。

2. 地方政府之间的冲突

造成渤海环境问题的原因固然很多,但地方主义则是其中最重要的一个原因。面对同一环境资源,环渤海区域内的地方政府之间存在零和竞争关系。所谓零和即指双方博弈时一方得益另一方必然吃亏,一方得益多少另一方就吃亏多少,将胜负双方的"得"与"失"相加,总数为零。环渤海地方政府之间在治理环渤海环境问题上"治而反污",就其根源就在于他们之间面对是同一资源的零和竞争关系。所以无论是出于环境利益本身考虑,还是出于经济利益考虑,地方政府政府之间的冲突都是不可避免的,而且污染责任认定比较困难,容易相互推诿。地方政府有相对独立的利益是客观存在的,必然会影响其环境行为。地方政府而言追求的主要是两种利益的最大化,即管理区域利益最大化和官员自身利益最大化。管理区域利益最大化包括了地方居民经济收入的增加、地方充分就业的稳定及地方如教育、医疗、环境保护等公共物品的保障。为谋求管理区域利益最大化,地方政府会选择成本最低、收益最大的决策。同时,地方官员也追求包括政绩和经济利益在内的自身利益的最大化。在这样的动机下,一旦政策监督机制不严,就会产生寻租违规等行为。再加上现实中缺乏各地方政府间强有力的综合协调部门,缺乏相关约束机制和制度,以至于"公地悲剧"难以避免的频繁发生。

多中心合作模式就是致力于提供这样一个强有力的综合协调部门,即渤海的专门环境管理机构,也提供了一个约束机制,即环境治理网络。当然地方政府之间的环境冲突还可以诉诸于传统的解决方式,即由共同的上级行政机关以行政手段解决。同样,在受损环境的边界确定和信息提供方面,则应该由多元主体共同发挥作用。

3. 专门管理机构与地方政府之间的冲突

专门的管理机构的职能是保护渤海环境,而地方政府则多是为了发展经济的目的来利用渤海,导致环境的恶化,所以二者之间会产生冲突。该冲突可以在环境治理网络中解决,也可以由他们共同的上级行政机关以行政手段解决。

除了上述三种环境冲突之外,在渤海环境治理的多中心合作模式下还有可能产生政府与企业之间的冲突、企业与公众之间的冲突、企业与企业之间的冲突以及公众与公众之间的冲突。这些环境冲突的解决方式是多元的,都是既可以在环境治理网络中通过协商手段解决,也可以诉诸行政手段、诉讼手段或者通过仲裁的方式解决。需要注意的是,无论选取哪种解决方式,都要保证发挥多元主体的作用,这也是多中心模式的意义所在。冲突解决环节多元主体的作用主要表现为提起冲突解决程序、提供证据支持以及监督冲突解决过程等。

结　论

我国的环境治理始于 1978 年,三十多年来,尽管力度在逐渐增强,但效果却不尽如人意,环境治理效率还很低下,环境群体性事件的集中爆发就是突出表现。重要的原因也在于我国现行的环境治理模式。因此,本书针对环境治理模式的创新问题进行了研究,得出如下结论:

1. 环境群体性事件是我国长期累积的环境问题、环境风险的暴露和凸显,是各种环境矛盾的集结点和环境冲突的阶段性的总爆发,它集中体现了我国现行环境治理模式的弊端。

2. 环境治理模式是决定环境治理绩效的重要因素之一,它作为一种结构性力量,在决定着环境治理的制度供给方式的同时,又决定着具体的治理行为的运作方式。我国现行的环境治理模式是一种政府单中心模式,即一种主要包括政府和企业两类部门的二元对立型的环境治理模式,政府与企业之间构成一种两级别、分层次的管理与被管理关系,社会公众在其中发挥的作用及其有限。面对日益复杂的环境问题,该模式所固有的在主体构成上的要素缺陷必然导致包括权力结构、行为结构和知识—心智结构在内的结构性缺陷,并最终导致在利益协调、行为激励和管理效率等方面功能性的削减与不足。

3. 以多中心理论为基础构建的我国环境治理的多中心合作模式在基本特征上应该包括主体多元性、客体确定性和权力多向性三个方面。其中主体多元性强调的是多中心合作模式下环境治理的主体要素,是多中心合作模式的形式要件,其解决的是谁来治理的问题;客体确定性决定了这些主体要素如何组合、各主体间权力如何配置,它是多元主体参与的载体和权力多向度运行的保障;权力多向性是对整个环境治理系统运行的描述,是多中心合作模式的核心问题。该模式还包括三个主要环节:多中心的环境治理制度供给环节、合作式的环境治理制度的实施环节以及多元的环境冲突解决环节。结合前述三方面基本特征,可以确立环境治理各主要环节所要完成的主要任务。

4. 多中心合作模式所要求的客体确定性、主体多元性和权力多向性不是自发实现的,要依靠环境治理网络的建立,环境治理网络是多中心合作模式的运行机制。其主旨是通过各种主体的重新组合,最大限度地实现主体的潜能以推动环境治理效果的提升,这也是多中心合作模式的环境治理向前发展的根本动力和条件。本书分析了治理网络的形成,指出:治理网络的形成应是一个自发的过程,其建立的基础正是一种针对客体的相互承诺的信任关系。只要有了这种相互承诺的信任关系,多元主体自会通过相互作用而形成合作网络。但是在我国目前的情况下,治理网络的形成还需要引导,这种引导主要由政府来承担。本书还分析了环境治理网络的特点,即:多元的关系主体构成相互依赖的行动者,形成复杂的关系联结;政府在治理网络中发挥主导作用;治理网络有自己的根基、位置、宽度、密度和深度。本书还用博弈论方法分析了环境治理网络的运行,指出环境治理网络存在于环境治理的各个环节;具有合作和竞争两种运行状态;其运行过程包括共同学习的政策过程和合作互惠的行动过程两个主要阶段。

5. 环境治理的多中心合作模式能否最终建立,取决于环境治理的几个主要环节能否在治理网络这一多中心秩序中运行,这也是多中心合作模式在环境治理实践中的展开。首先,要建立多中心的环境制度制度供给体系,包括:转变环境立法的价值导向,确立"公民权利、社会利益"本位;调整环境立法模式,变单向度立法为开放式双向度立法;完善和协调立法内容,给予非正式规则发挥作用的空间。第二,要建立合作式的环境治理制度实施模式。这一模式的建立有赖于两个方面:一是从政府主体来说的建立高效的行政执法体系,这就需要执法方式和管理体制的变革。另一方面就要对市场主体和社会主体参与环境治理的角色和能力进行扩展。第三,建立多元的环境冲突解决机制。主要措施是加强对抽象行政行为的监督和确立环境公益诉讼制度。

　　本书只对多中心合作模式如何建立进行了论述,并没有涉及该模式实施效果的评价问题,尽管尝试着将该模式应用到了渤海环境治理中,但许多细节性的问题以及应用后的实际效果如何,还需要进一步的实证研究。

参考文献

中文文献

著作类

1.［美］埃莉诺·奥斯特罗姆:《公共事物的治理之道:集体行动制度的演进》,余逊达、陈旭东译,上海三联书店 2000 年版。

2.［美］迈克尔·麦金尼斯主编:《多中心治道与发展》,王文章、毛寿龙译,上海三联书店 2000 年版。

3.［美］文森特·奥斯特罗姆主编:《制度分析与发展的反思——问题与决策》,商务印书馆 1992 年版。

4.王兵:《环境约束下中国经济绩效研究:基于全要素生产力的视角》,人民出版社 2013 年版。

5.韩艺:《公共能量场:地方政府环境决策短视的治理之道》,社会科学文献出版社 2014 年版。

6.［加拿大］约翰·汉尼根:《环境社会学》,洪大用等译,中国人民大学出版社 2009 年版。

7.［美］贝尔特,克兰德尔曼斯:《抗议的社会建构和多组织场域》,载［美］艾尔东·莫里斯、卡洛尔·麦克拉吉·缪勒《社会运动理论的前沿领域》,刘能译,北京大学出版社 2002 年版。

8.［日］饭岛伸子:《环境社会学》,包智明译,社会科学文献出版社 1999 年版。

9.曲格平:《中国环境问题及对策》,中国环境科学出版社 1984 年版。

10. 李康:《环境政策学》,清华大学出版社 2000 年版。

11. 童志峰:《对我国环境污染引发群体性事件的思考》,载《环境绿皮书:中国环境的危机与转机(2008)》,社会科学文献出版社 2008 年版。

12. 李红利:《环境困局与科学发展:中国地方政府环境规制研究》,上海人民出版社 2012 年版。

13. 许继芳:《建设环境友好型社会中政府环境责任研究》,上海三联书店 2014 年版。

14. 李波:《民间环保组织在环境群体事件中的初次探索》,载《中国环境发展报告(2014)》,社会科学文献出版社 2014 年版。

15. 肖建华、赵运林、傅晓华:《走向多中心合作的生态环境治理研究》,湖南人民出版社 2010 年版。

16. 张建伟:《政府环境责任论》,中国环境科学出版社 2008 年版。

17. 布小林:《立法的社会过程——对草原法案例的分析与思考》,中国社会科学出版社 2007 年版。

18. 杨解君:《可持续发展与行政法关系研究》,法律出版社 2008 年版。

19. 孔繁斌:《公共性的再生产:多中心治理的合作机制建构》,江苏人民出版社 2008 年版。

20. 钭晓东:《论环境法功能之进化》,科学出版 2008 年版社。

21. 俞可平:《全球化:全球治理》,社会科学文献出版社 2003 年版。

22. [美]迈克尔·波兰尼:《自由的逻辑》,冯银江、李雪茹译,吉林人民出版社 2002 年版。

23. 王树义等:《环境法基本理论研究》,科学出版社 2012 年版。

24. 王明远:《环境侵权救济法律制度》,中国法制出版社 2001 年版。

25. [美]悉尼·胡克:《理性、社会神话和民主》,金克等译,上海人民出版社 1965 年版。

26. 中国科学院可持续发展战略研究组:《2015 中国可持续发展报告——重塑生态环境治理体系》,科学出版社 2015 年版。

27. 常纪文、杨朝霞:《环境法的新发展》,中国社会科学出版社 2008

年版。

28. 王名扬:《法国行政法》,中国政法大学出版社 1988 年版。

29. 环境保护部宣传教育司:《2013 全国公众生态文明意识调查研究报告》,中国环境出版社 2015 年版。

30. 吴继霞:《当代环境管理的理念建构》,中国人民大学出版社 2004 年版。

31. 朱庚申:《环境管理学》,中国环境科学出版社 2002 年版。

32. [美]丹尼尔贝尔:《后工业社会的来临》,高铦译,新华出版社 1997 年版。

33. [美]蕾切尔·卡逊:《寂静的春天》,吕瑞兰译,科学出版社 1979 年版。

34. 毛寿龙:《政治社会学》,中国社会科学出版社 2001 年版。

35. [英]安德鲁·多布森:《绿色政治思想》,郇庆治译,山东大学出版社 2005 年版。

36. [美]科斯:《财产权利与制度变迁》,上海三联书店 1994 年版。

37. 李惠斌,杨雪冬:《社会资本与社会发展》,社会科学文献出版社 2000 年版。

38. 俞可平主编:《治理与善治》,社会科学文献出版社 2000 年版。

39. 王前军:《国际环境合作问题分析》,中国环境科学出版 2007 年版。

40. [美]巴里·康芒纳:《封闭的循环》,侯文惠译,吉林人民出版社 1997 年版。

41. 林尚立:《国内政府间关系》,浙江人民出版社 1998 年版。

42. 金瑞林主编:《环境法学》,北京大学出版社 1999 年版。

43. 杨华:《中国环境保护政策研究》,中国财政经济出版社 2007 年版。

44. 中国科学院可持续发展战略研究组:《2015 中国可持续发展报告——重塑生态环境治理体系》,科学出版社 2015 年版。

45. 刘德海:《群体性事件的演变与评估》,中国社会科学出版社 2012 年版。

46.王金南:《中国水污染防治体制与政策》,中国环境科学版社2003年版。

50.尹艳红:《地方政府间公共服务合作机制》,国家行政学院出版社2013年版。

51.宋煜萍:《生态型区域治理中地方政府执行力研究》,人民出版社2014年版。

52.李同,孙若梅:《中国环境问题》,河南人民出版2000年版。

53.周训芳:《环境权论》,法律出版社2003年版。

54.夏光:《环境政策创新》,中国环境科学出版社2002年版。

55.李红利:《环境困局与科学发展:地方政府环境规制研究》,上海人民出版社2012年版。

56.朱源:《美国环境政策与管理》,科学技术文献出版社2014年版。

57.王凤:《公众参与环保行为机理研究》,中国环境科学出版社2008年版。

58.[瑞士]克里斯托弗·司徒博:《环境与发展:一种社会伦理学的考量》,邓安庆译,人民出版社2008年版。

59.蔺雪春:《绿色治理:全球环境事务与中国可持续发展》,齐鲁书社2013年版。

60.戴星翼、董骁:《"五位一体"推进生态文明建设》,上海人民出版社2014年版。

61.汪伟全:《地方政府合作》,中央编译出版社2013年版。

62.李英:《居民参与城市生态文明建设研究》,科学出版社2013年版。

63.崔浩等:《环境保护公众参与研究》,光明日报出版社2013年版。

64.李欣:《环境政策研究》,经济科学出版社2013年版。

65.龙斧,王今朝:《社会和谐决定论:中国社会与经济发展重大理论探讨》,社会科学文献出版社2011年版。

66.奥兰·扬:《直面环境挑战:治理的作用》,赵小凡、邬亮译,经济科学出版社2014年6月。

67. 秦颖:《新的环境管理政策工具——自愿协议(VAs)的理论、实践与发展趋势》,经济科学出版社 2011 年版。

68. 徐再荣等:《20 世纪美国环保运动与环境政策研究》,中国社会科学出版社 2013 年版。

69. 周鑫:《西方生态现代化理论与中国生态文明建设》,光明日报出版社 2012 年版。

70. 中国环境与发展国际合作委员会:《面向绿色发展的环境与社会 2013》,中国环境出版社 2014 年版。

71. 秦鹏、杜辉:《环境义务规范论:消费视界中环境公民的义务建构》,重庆大学出版社 2013 年版。

72. 卢洪友等:《外国环境公共治理:理论、制度与模式》,中国社会科学出版社 2014 年版。

73. [美]约翰·克莱顿·托马斯:《公共决策中的公民参与》,孙柏瑛等译,中国人民大学出版社 2010 年版。

论文类

1. 曹明德:《从"环保风暴"看环境法治存在的问题》,《华东政法学院学报》2005 第 2 期。

2. 张欣、郝春旭、董战峰:《2014 年全球环境绩效指数(EPI)分析与思考》,《环境保护》2015 年第 2 期。

3. 郇庆治:《80 年代末以来的西欧环境运动:一种定量分析》,《欧洲》2002 年第 6 期。

4. 张金俊:《国外环境抗争研究述评》,《学术界》2011 年第 9 期。

5. 陈文铂:《从公共资源利用的视角看环境群体性事件——从浙江东阳环境群体性事件切入》,《理论观察》2008 第 3 期。

6. 荣启涵:《用协商民主解决环境群体性事件》,《环境保护》2011 年第 7 期。

7. 冯晓星:《环境群体性事件频发,公众如何理性维权》,《环境保护》2009 年第 17 期。

8. 房影:《环境危机引起的群体性事件的成因与对策研究——基于科塞的功能冲突论的分析》,《法制与社会》2015 年第 1 期。

9. 张新文:《协同治理:环境群体性事件治理创新模式》,《江汉学术》2013 第 6 期。

10. 朱德米:《地方政府与企业环境治理合作的关系》,《中国社会科学报》2012 年 11 月 21 日。

11. 张谦元:《农村环境治理与法制协调》,《甘肃环境研究与监测》1993 年第 1 期。

12. 张纯元:《试论环境治理与观念更新》,《西北人口》1993 年第 4 期。

13. 魏美慕、李红岩:《环境治理中的几个内在关系》,《自然辩证法研究》2000 年第 10 期。

14. 王笑歌、朱旭峰:《论"环境治理公平"》,《中国行政管理》2007 年第 9 期。

15. 聂国卿:《我国转型时期环境治理的经济分析》,《生态经济》2001 年第 11 期。

16. 陆文聪、樊一士:《企业化经营:区域性环境治理新模式》,《经济论坛》2001 年第 22 期。

17. 钱箭星、肖巍:《环境治理中的政府行为》,《复旦学报》(社会科学版)2003 年第 3 期。

18. 陶志梅:《从公共经济视角看城市环境治理中的政府职能创新》,《特区经济》2006 年第 11 期。

19. 于晓婷、邱继洲:《论政府环境治理的无效与对策》,《哈尔滨工业大学学报》(社会科学版)2009 年第 6 期。

20. 朱锡平:《论生态环境治理的特征》,《生态经济》2002 年第 9 期。

21. 朱留财:《现代环境治理:圆明园整治的环境启示》,《环境保护》2005 年第 5 期。

22. 杨曼利:《自主治理制度与西部生态环境治理》,《理论导刊》2006 年第 4 期。

23. 曾光辉、张建政:《人口增长压力下的环境治理途径分析与启示》,《人口学刊》2006 年第 6 期。

24. 李勇:《论环境治理体系》,《安徽农业科学》2007 年第 18 期。

25. 匡立余、黄栋:《利益相关者与城市生态环境的共同治理》,《中国行政管理》2006 年第 8 期。

26. 赵细康、任志宏:《公共治理新模式与环境治理方式的创新》,《学术研究》2006 年第 9 期。

27. 肖晓春:《民间环保组织兴起的理论解释——"治理"的角度》,《学会》2007 年第 1 期。

28. 邓集文、肖建华:《多中心合作治理:环境公共管理的发展方向》,《林业经济问题》2007 年第 1 期。

29. 胡小军、丁文广、雷青:《环境管理中的公平问题探析》,《环境与可持续发展》2007 年第 4 期。

30. 姜爱林、钟京涛、张志辉:《城市环境治理模式若干问题》,《重庆工学院学报》(社会科学版)2008 年第 8 期。

31. 朱香娥:《"三位一体"的环境治理模式探索——基于市场、公众、政府三方协作的视角》,《价值工程》2008 年第 11 期。

32. 曾正滋:《环境公共治理模式下的"参与—回应"型行政体制》,《福建行政学院学报》2009 年第 5 期。

33. 杨妍:《环境公民社会与环境治理体制的发展》,《新视野》2009 年第 4 期。

34. 朱德米:《地方政府与企业环境治理合作关系的形成——以太湖流域水污染防治为例》,《上海行政学院学报》2010 年第 1 期。

35. 王兴伦:《多中心治理:一种新的公共管理理论》,《江苏行政学院学报》2005 年第 1 期。

36. 于水:《多中心治理与现实应用》,《江海学刊》2005 年第 5 期。

37. 陈艳敏:《多中心治理理论:一种公共事物自主治理的制度理论》,《新疆社科论坛》2007 年第 3 期。

38. 朱查松、罗震东:《解读多中心:形态、功能与治理》,《国际城市规划》2008 年第 1 期。

39. 张振华:《公共领域的共同治理——评印第安纳学派的多中心理论》,《中共宁波市委党校学报》2008 年第 3 期。

40. 李成威:《中国政府间职责划分的基本理论——单一中心与多中心之间的均衡》,《经济体制改革》2006 年第 2 期。

41. 韩锋:《公共物品多中心合作供给机制的构建——基于公共选择的视角》,《甘肃理论学刊》2009 年第 3 期。

42. 欧阳恩钱:《多中心环境治理制度的形成及其对温州发展的启示》,《中南大学学报》(社会科学版)2006 年第 1 期。

43. 张元友、叶军:《我国环境保护多中心政府管制结构的构建》,《重庆社会科学》2006 年第 8 期。

44. 邓集文、肖建华:《生态环境治理的困境及其克服》,《云南行政学院学报》2007 年第 1 期。

45. 杜常春:《环境管理治道变革——从部门管理向多中心治理转变》,《理论与改革》2007 年第 3 期。

46. 宣琳琳:《论区域森林资源多中心管理有效实施研究》,《商业研究》2008 年第 9 期。

47. 张玉林:《政经一体化开发机制与中国农村的环境冲突》,《探索与争鸣》2006 年第 5 期。

48. 冬梅、贺少成:《国家环保总局局长:三项制度应对"三个高峰"》,《工人日报》2006 年 2 月 13 日。

49. 郑永年:《论中央政府与地方政府关系》,《当代中国研究》1994 年第 6 期。

50. 迈克尔·麦金尼斯、文森特·奥斯特罗姆:《民主变革:从为民主而奋斗走向自主治理(上)》,李梅译,《北京行政学院学报》2001 年第 4 期。

51. 张元友、叶军:《我国环境保护多中心政府管制结构的构建》,《重庆社会科学》2006 年第 8 期。

52. 王书明、张曦兮、鸟越皓之:《建构走向生活者的环境社会学——鸟越皓之教授访谈录》,《中国地质大学学报》(社会科学版)2014 年第 6 期。

53. 刘海霞:《中国环境弱势群体状况分析》,《中南林业科技大学学报》(社会科学版)2013 第 1 期。

54. 孙佑海:《影响环境资源法实施的障碍研究》,《现代法学》2007 年第 2 期。

55. 王芳:《结构转向:环境治理中的制度困境与体制创新》,《广西民族大学学报》(哲学社会科学版)2009 年第 7 期。

56. 严法善、刘会齐:《社会主义市场经济的环境利益》,《复旦学报》(社会科学版)2008 年第 3 期。

57. 马小明、赵月炜:《环境管制政策的局限性与变革》,《中国人口资源与环境》2005 年第 6 期。

58. 樊根耀:《我国环境治理制度创新的基本取向》,《求索》2004 年第 12 期。

59. 姜爱林:《论城市环境治理制度创新的含义、取向及其创新思路》,《黄河科技大学学报》2009 年第 3 期。

60. 杜常春:《环境管理治道变革——从部门管理向多中心治理转变》,《理论与改革》2007 年第 3 期。

61. 彭光灿、戚海茹:《"复杂人"假设审思:一种马克思主义的视角》,《重庆科技学院学报》(社会科学版)2009 年第 6 期。

62. 王萃萃、刘宏杰:《"复杂人"假设对 NGO 志愿精神持久化的启示》,《中共郑州市委党校学报》2008 年第 1 期。

63. 肖晓春、段丽:《论民间环保组织的环境利益冲突协调功能》,《环境保护》2008 年第 2 期。

64. 张密生:《论环境 NGO 与政府的协作关系》,《环境与可持续发展》2008 年第 2 期。

65. 方言奇:《NGO 参与环境管理:理论与方式探讨》,《自然辩证法研究》2006 年第 5 期。

66. 焦志强、祝真旭:《增强社区自治 拓宽公众参与思路——记一次社区环境圆桌对话会议》,《环境教育》2008 年第 2 期。

67. 易志斌:《地方政府环境规制失灵的原因及解决途径——以跨界水污染为例》,《城市问题》2010 年第 1 期。

68. 王津、陈南、姚泊:《环境 NGO——中国环保领域的崛起力量》,《广州大学学报》(社会科学版)2007 年第 2 期。

69. 夏光:《通过扩展环境权益而提高环境意识》,《环境保护》2001 年第 2 期。

70. 凌江:《对环境责任与环境权益界定的探讨》,《环境保护》2014 年第 24 期。

71. 张洪武:《社区治理的多中心秩序与制度设计》,《中共南昌市委党校学报》2006 年第 2 期。

72. 马小娟:《公民政策参与的功能分析》,《北京行政学院学报》2007 年第 2 期。

73. 张梓太:《经济转型与环境立法嬗变》,《南京大学法律评论》1995 第 2 期。

74. 金雪军、章华:《制度兼容与经济绩效》,《经济学家》2001 年第 2 期。

75. 李朝旗、何秀芝:《我国环境治理政策的制度缺陷及其纠正——以"太湖蓝藻暴发事件"为例》,《湖北经济学院学报》(人文社会科学版)2009 年第 3 期。

76. 胡涛、张凌云:《我国城市环境管理体制问题分析及对策研究》,《环境科学研究》2006 年第 S1 期。

77. 马燕:《我国跨行政区环境管理立法研究》,《法学杂志》2005 年第 5 期。

78. 郭荣星、郭立卿:《关于跨边界区域环境管理的若干问题》,《科技导报》2000 年第 6 期。

79. 林燕梅、王晓曦:《2013 环境公益诉讼回到原点》,载《环境绿皮书:

中国环境发展报告(2014)》,社会科学文献出版社2014年版。

80.陈刚、林剑锋:《论现代型诉讼对传统民事诉讼理论的冲击》,《云南法学》2000年第4期。

报纸类

1.刘秀凤:《环境保护部最近新命名6家国家环境友好企业》,《中国环境报》2008年9月12日。

2.胡元娥:《长沙市开福区环保志愿者联盟促成村里污水处理厂上马,区域自治让治污成共同选择》,《中国环境报》2007年12月19日。

3.步雪琳:《层面高了,心态好了——从参与〈规划环评条例〉意见征集看NGO的新变化》,《中国环境报》2008年4月23日。

4.季英德、王学鹏:《圆桌对话:和谐社区的润滑剂》,《中国环境报》2008年11月12日。

5.陈媛媛:《尊重表明政府开明,合作体现公众智慧,碰撞中寻求沟通与合作》,《中国环境报》2010年3月24日。

网络类

1.习近平:《坚持节约资源和保护环境基本国策努力走向社会主义生态文明新时代》,《新华网》2013年5月24日,http://news. xinhuaneL com/politics/2013 – 05/24/c_115901657. htm。

2.周生贤:《环保形势依然严峻 努力建设美丽中国》,《中国网》2012年11月12日,http://news. china. com. cn/18da/2012 – 11/12/content_27087381. htm。

3.霍仕明、张国强:《"三河三湖"治理中率先摘掉重度污染帽子,辽河管理"大部制改革"获得成功》,《法制网》2013年2月16日,http://www. legaldaily. com. cn/bm/content/2013 – 02/16/content _ 4200218. htm? node =20731。

4.郄建荣:《政府出资购买NGO服务》,《法制日报》2015年1月12日,http://news. sina. com. cn/o/2015 –01 – 12/065931387801. shtml。

5.《环保NGO,政府购买之路如何走》,《中国环保网》2012年11月16

日，http://www. huanbao. com/news/details17159. htm。

6. 陈媛媛：《加把劲，让灵魂跟上脚步》，《中国环境报》2013 年 12 月 18 日，http://www. cenews. com. cn/sylm/hjyw/201312/t20131218_753769. htm。

7. 陈媛媛：《污染在黑幕下蔓延 苹果供应链再遭污染指控》，《中国环境报》2013 年 1 月 30 日，http://www. antpedia. com/news/57/n – 281557. html。

8. 田荣娟、卢义杰、白皓：《环境公益诉讼"难度大"：700 多组织仅 7 起起诉》，《新华网》2015 年 7 月 9 日，http://www. he. xinhuanet. com/gongyi/2015 –07/09/c_1115873044_2. htm。

9. 成希：《广州天河：三方合作创建环境公益诉讼新模式》，《南方日报》2015 年 5 月 6 日，http://gz. southcn. com/content/2015 – 05/06/content_123692868. htm。

10. 蔡敏、海明威、任沁沁、许晓青：《"环境群体事件"警示中共建设生态文明须保障公众决策参与权》，《新华网》2012 年 11 月 12 日，http://cpc. people. corn cn/18/n/2012/1112/c350825 – 19551413. hhtml。

11. 王秀强《中国单位 GDP 能耗达世界均值 2.5 倍》，《21 世纪经济报道》2013 年 11 月 30 日，http://finance. stockstar. com/MT2013113000000140. shtml。

12. ［美］文森特·奥斯特罗姆：《多中心》，毛寿龙译，http://www. docin. com/p – 475029. html。

13. 林涛：《着力环保，履行企业社会责任》，《信息时报》2015 年 6 月 4 日，http://epaper. xxsb. com/showNews/2015 – 06 – 04/240540. html。

14. 晏利扬、赵晓：《温州市瓯海区环境保护局：行业协会撑起环保一片天》，《中国环境报》，2012 年 9 月 24 日，http://www. ohepb. gov. cn/newsinfo. asp？did = 2426。

外文文献
著作类

1. M. Redclift, G. Woodgate(eds.). International Handbook of Environmental Sociology. Cheltenham & Northampton M. A.; Edward Elgar, 1997.

2. Diani Mario. Green Networks: A Structural Analysis of the Italian Environment Movement. Edinburgh: Edinburgh University Press, 1995.

3. Taylor Michael. The Possibility of Cooperation, New York: Cam－ridge University Press, 1987.

4. Gittell, Vidal. Community Organizing: Building Social Capital as a Development Strategy, Sage Publication, 1998.

5. Ophuls, W. Leviathan. In Toward a Steady State Economy. San Francisco: Freeman, 1973.

6. Michael Saward. Democratic Innovation, Routledge, 2000.

7. Donahue, John. The Privatization Decision: Public Ends Private Means. New York: Basic Books, Inc., 1989.

8. Richard Falk. This Endangered Planet: Prospects and proposals for Human Survival. New York: Vintage Books, 1971.

9. Donald F. Kettl, The Globat Public Management Revolution: A Report on the Transformation of Governance, Washingtown, D. C.; Brookings Institution Press, 2000.

10. Douglas Yates. Bureaucratic Democracy : The Search for Democracy and Efficiency in American Government. Harvard University Press, 1982.

11. John Forester. Critical Theory, Public Policy and Planning Practice: Toward a Critical Pragmatism. State University of New York Press, 1993.

12. Coyle S, Morrow K. The Philosophical foundations of environmental law property. Right and Nature. Hart Publishing, 2004.

13. Hancock J. Environmental human rights. Ashgate Publish

Company, 2004.

14. Robinson D, Dunkley J. Pubic Interest Perspectives in Environmental Law. Chancery Law Publishing Ltd UK, 1995.

15. Smith Z A. The Environmental Policy Pardox. Prentce Hall. Inc, 2000.

16. Wilson W. Making environmental law work: an anglo American comparison. Hart Publishing Oxford UK, 1999.

17. Wolf S, White A. Principle of Environmental Law. (3th edition). Cavendish Publishing Limited, 2002.

18. Anand R. International environmental justice. Ashgate Publishing Limited, 2003.

19. Benjamin J. Environmental regulation through financial organizations. Kluwer Law International, 2002.

20. Bowen W M. Environmental justice through research – based decision – making. Garland Publishing, 2001.

论文类

1. Spence David B. The Shadow of the Rational Polluter: Rethinking the Role of Rational Actor Models in Environmental Law. California Law Review. 2001,89(4).

2. Savan Beth, Gore Christopher, Morgan Alexis. Shifts in environmental governance in Canada: how are citizen environment groups to respond? Environment & Planning. 2004,22(4).

3. Arentsen Maarten. Environmental governance in a multilevel institutional setting. Energy & Environment. 2008,19(6).

4. Newig Jens, Fritsch Oliver. Environmental governance: participatory, multi – level – and effective? Environmental Policy & Governance. 2009, 19 (3).

5. Mark Pennington. Classical liberalism and ecological rationality: The case

for poly – centric environmental law. Environmental Politics. 2008,17(3).

6. Marshall Graham R. Nesting, subsidiarity, and community – based environmental governance beyond the local level. International Journal of the Commons. 2008,2(1).

7. Eckerberg Katarina, Joas Marko. Multi – level environmental governance:a concept under stress? Local Environment. 2004,19(5).

8. John R Parkins. De – centering environmental governance:A short history and analysis of democratic processes in the forest sector of Alberta, Canada. Policy Sciences. 2006, 39(2).

9. Forsyth Tim. Cooperative environmental governance and waste – to – energy technologies in Asia. International Journal of Technology Management & Sustainable Development. 2006,5(3).

10. Lockwood Michael, Davidson Julie, Curtis Allan, et al. Multi – level Environmental Governance:lessons from Australian natural resource management. Australian Geographer. 2009,40(2).

11. Tsang Stephen, Burnett Margarett, Hills Peter, et al. Trust, public participation and environmental governance in Hong Kong. Environmental Policy & Governance. 2009,19(2).

12. Gunningham Neil. The New Collaborative Environmental Governance:The Localization of Regulation. Journal of Law & Society. 2009,36(1).

13. Harald Demsetz, "Private Production of Public Goods", Journal of Lawd Economics, 1970(13).

14. David Sloan Wilson, Elinor Ostrom, Michael E. Cox. Generalizing the core design principles for the efficacy of groups. Journal of Economic Behavior & Organization, 2013, 90(6).

15. T. K. Ahn, Elinor Ostrom, James Walker. A common – pool resource experiment with postgraduate subjects from 41 countries. Ecological Economics, 2010,69(12).

16. Amy R. Poteete, Elinor Ostrom. Fifteen Years of Empirical Research on Collective Action in Natural Resource Management: Struggling to Build Large – N Databases Based on Qualitative Research. World Development, 2008, 36 (1).

17. Elinor Ostrom. Frameworks and theories of environmental change. Global Environmental Change, 2008, 18(2).

18. Demsetz, H. , "The Private Production of Public Goods", Joumal of-Law and Economics, 1970(10).

19. Roger Cobb, Jennie – Keith Ross, Marc Howard Ross. "Agenda Building as a Comparative Political Process. " The American Political Science Review. 1976, 70.

20. Maurie J. Cohen. Ecological modernization and its discontents: The A-merican environmental movement's resistance to an innovation – driven future. O-riginal Research Article Futures, 2006, 38(5).

21. Arthur P. J Mol. The environmental movement in an era of ecological modernisation. Geoforum, 2000, 31(1).

22. Tim Forsyth. Are Environmental Social Movements Socially Exclusive? An Historical Study from Thailand Original Research Article. World Develop-ment, 2007, 35(12) .

后　记

　　《环境治理多中心合作模式研究——基于环境群体性事件》一书是在我的博士学位论文基础上修改而成的,本书对论文框架进行了调整和补充,对文中的部分数据进行了更新和替换,并加入了笔者在近期的一些研究成果和思考。

　　作为本书的基础,我的博士学位论文得到我的导师王子彦教授的悉心指导。王子彦教授既是我的博士导师,也是我的硕士导师。自2003年进入大连理工大学学习到现在留校任教已经过去了12年,在这12年中,王老师在学习和生活上给了我极大的关心和帮助。在论文的写作过程中,王老师更是付出了很大的心血,从论文的选题、开题、写作和修改,直至最后定稿,王老师都给予了耐心细致的指导。特别是在论文后期的修改工作中,他不厌其烦,逐字逐句地对论文进行审阅,不仅将疏漏一一指出,而且给我提出了很多宝贵的建议,常常让我在思而不得其解的困惑中感到"柳暗花明又一村"。同时还要感谢一直关心和指导我的刘则渊教授、王前教授等几位老师,他们以深厚的理论素养和严谨的治学态度给我树立了榜样,并在我论文的开题、中期等各个阶段都给予了许多有益的指导和建议,令我受益匪浅。如果没有各位老师的指导和关心,我就不会顺利地完成学位论文,更遑论本书的出版了。

　　从学位论文的完成到本书的出版,我得到了来自同事、朋友和家人的大力支持和诸多关爱。感谢大连理工大学人文社会科学学部、马克思主义学院的诸位领导、同事给予我在工作和学业上的关心和帮助,有了他们的帮助才有我的点滴进步。还有很多同学和朋友,他们不但令我的学习生活因为有了友谊而更加丰富多彩,还给我的论文写作提供了很多帮助。尽管由于篇幅所限,我无法一一列出他们的名字,但我会永远记得他们给我的关心和帮助。感谢我的父母、爱人和女儿多年来对我学业的坚定支持,他们的关爱是我前行的不竭动力。

本书能够最终出版还获得了人民出版社陈寒节先生的大力帮助和支持。从选题、申报到书稿的完成,陈寒节先生给了我极大的帮助,他的专业素养和认真负责的工作态度让我获益良多。

本书是在借鉴学习现有研究成果的基础上完成的,谨对本书中所有引用和参考文献的作者表示敬意! 鉴于本人学术水平的限制,本书难免存在疏漏和谬误之处,鉴于研究视角、方法以及占有资料和数据的有限,本书的研究仍具有一定的局限性,敬请各位专家学者谅解包容并批评指导,这也是我在今后继续努力的动力和目标。

李雪梅

2015 年 7 月于大连

责任编辑:陈寒节

装帧设计:朱晓东

图书在版编目(CIP)数据

环境治理多中心合作模式研究:基于环境群体性事件/李雪梅 著.

－北京:人民出版社,2015.10

ISBN 978 - 7 - 01 - 015483 - 1

Ⅰ.①环… Ⅱ.①李… Ⅲ.①环境管理 - 研究 - 中国

Ⅳ.①X321.2

中国版本图书馆 CIP 数据核字(2015)第 267269 号

环境治理多中心合作模式研究

HUANJING ZHILI DUOZHONGXIN HEZUO MOSHI YANJIU

——基于环境群体性事件

李雪梅 著

人民出版社 出版发行

(100706 北京市东城区隆福寺街 99 号)

北京龙之冉印务有限公司印刷 新华书店经销

2015 年 10 月第 1 版 2015 年 10 月北京第 1 次印刷

开本:710 毫米×1000 毫米 1/16 印张:17

字数:287 千字 印数:0,001—1,500 册

ISBN 978 - 7 - 01 - 015483 - 1 定价:48.00 元

邮购地址:100706 北京市东城区隆福寺街 99 号

人民东方图书销售中心 电话:(010)65250042 65289539